지구를 생각한다

지구를 생각한다

한국과학창의재단 기획
김수병 · 박미용 · 박병상 · 이성규 · 이은희 지음

해나무

점점 뜨거워지는 지구, 무엇이 문제인가

지구온난화, 화석에너지 고갈, 식량난, 신종 질병 출현, 물 부족…. 인류는 현재 전 지구적으로 나타나고 있는 문명사적 위험에 직면해 있습니다. 지구가 나날이 병들어 가고 있으며 이를 위한 대응책을 마련해야 한다는 경고의 메시지는 어제오늘 제기된 것이 아닙니다.

온실기체 농도는 계속 증가하여 지구의 평균온도는 지난 100년간 0.74도(1906~2005년) 상승했고, 해수면도 매년 1.8밀리미터씩 높아지고 있습니다. 2009년 3월 코펜하겐에서 열린 기후변화국제회의에서는 지금처럼 지구온난화가 가속화되면 2020년에는 양서류가 멸종되고, 2080년에는 생물 대부분이 멸종된다는 끔찍한 시나리오를 제시하기도 했습니다. 에너지 고갈도 심각해 석탄은 약 225년, 가스는 약 65년, 석유는 약 40년 후면 모두 다 써버리게 된다고 합니다. 2008년에 열린 세계미래회의에서는 앞으로 10년 안에 제3차 세계대전이 발발한다면 물 전쟁이 될 것이라고 예측했습니다. 기후변화와 에너지, 물 부족 등이 심각한 전 지구적 현안이 된 지는 이미 오래입니다.

2008년 한국과학창의재단이 과학기술국민이해도를 조사한 결과에서도, 지구와 인류의 현안을 묻는 질문에 다수가 압도적으로 '기후변화'(58.8퍼센트)와 '에너지 고갈'(23.9퍼센트)을 꼽았습니다.

1992년 리우 세계환경정상회의에서는 기후변화의 심각성을 공유함에 따라 기후변화협약을 체결했으며, 1997년 교토에서는 각국의 정상들이 온실기체 감축을 명문화하는 의정서를 채택한 바 있습니다. 2007년 다보스포럼에 참가한 전 세계 CEO의 38퍼센트는 기후변화를 최우선 의제로 꼽았고, 반기문 유엔사무총장은 취임 후 지구온난화에 대한 각국 정상의 노력을 촉구하기도 했습니다.

한국과학창의재단이 기후변화, 에너지, 식량, 질병, 물 등 다섯 가지 키워드를 주요 글로벌 이슈로 묶어, 지구와 인류의 현재와 미래를 점검하고자 한 것은 지구의 위기에 대한 명확한 현실 인식이 변화를 이끌어낼 것이라는 기대 때문입니다. 즉 기후변화, 에너지, 식량, 질병, 물이라는 키워드를 통해 전 지구적인 위기상, 과학자들의 고군분투, 국제사회의 역학 관계, 공동체로서의 지구, 인류의 책무감 등 여러 갈래로 얽힌 문제와 실상들을 심도 있게 들여다볼 수 있는 기회를 제공하고자 한 것입니다.

이 책에서 독자들은 지구의 온도가 몇 도 오르는 것이 어떠한 문제를 파생하는지, 탄소시장이 세계를 어떻게 바꾸는지, 지속가능한 대체에너지는 무엇인지, 먹을거리의 위기를 극복할 수 있는 방안은 무엇인지, 새로운 질병은 어떻게 발생하고 있으며 그 극복방안은 무엇인지, 물 부족을 해결하려는 첨단과학의 해법은 무엇인지 등 지구가 당면한 문제들을 다양한 측면에서 접하게 될 것입니다.

사실 '기후변화'와 '에너지 고갈'은 동떨어진 현안이라기보다는 서로 연결된 현안들입니다. 19세기 이후 산업화, 도시화, 인구증가 등으로 인간이 화석연료를 너무 많이 사용한 것이 기후변화의 원인이 되고 있기 때문입니다. 화석연료 사용이 늘어나면 늘어날수록 대기의 온실 효과를 부추기는 이산화탄소의 발생량은 급증했고 지구 온난화는 더욱 가속화되었습니다.

지난 세기 인류는 경제이냐 환경이냐 라는 질문에 거의 예외 없이 '경제'를 선택했지만, 지금의 인류는 양자택일이 아니라 '경제'와 '환경' 둘 다를 선택해야 하는 시대가 되었습니다. '그린Green화'가 '저성장'이 아니라 '성장'과 손을 잡을 수 있다는 패러다임의 전환, 이것은 세계적인 추세라 할 수 있습니다.

장기적인 경기 침체 속에서 새로운 성장 동력을 필요로 하는 전 세계는 산업화, 정보화 이후 화석연료는 고갈되어가고 있으나, 인류의 삶과 안전을 위해서는 에너지가 더 필요하다는 절박한 상황에 대처하기 위해 '그린화'를 눈에 띄게 진전시키고 있습니다. IT고도화와 금융경제의 위기도 그린화를 가속화시키고 있습니다. 〈뉴욕타임즈〉의 저명한 언론인 토머스 L. 프리드먼은 '코드레드'를 '코드그린'으로 전환해 '뜨겁고 평평하고 붐비는 지구'를 '청정지구'로 바꾸자고 역설한 바 있습니다. 이제 지구적 패러다임의 변화는 우리 앞에 닥친 현실이며, 이에 따른 산업구조의 개편 또한 불가피할 것입니다.

이미 많은 국가들이 '그린화 전략'을 전면에 내세우고 있습니다.

미국의 오바마 정부는 친환경에너지에 10년간 1500억 달러를 투자해 500만 개 일자리를 만든다는 '뉴아폴로 플랜'을 추진하고 있습니다. 이웃나라 일본은 1998년에 지구온난화대책추진법을 제정했고, 중국은 2012년까지 에너지소비량을 감축하는 계획을 발표했으며, 영국은 기후변화부담금 제도를 신설했습니다. 우리 정부도 온실기체와 환경오염을 줄이며 지속가능한 성장을 추진하는 이른바 녹색성장 대열에 합류했습니다.

그린화를 진전시키기 위해서는 이산화탄소포집기술CCS 등으로 기존 산업의 효율을 높여야 하고, 수소, 연료전지, 바이오에너지 등 신에너지로 신산업을 만들어내면서, 풍력, 태양광, 수력, 원자력 등 재생에너지를 개발하는 다각적인 노력을 동시에 기울여야 할 것입니다.

일본과 독일은 오래 전부터 그린산업에 집중적으로 투자하면서 에너지 정책에 역점을 기울여온 그린화 선발국가입니다. 일본은 2007년부터 '저탄소사회'를 국가비전으로 제시했고, 2008년에는 'Cool Earth'라는 에너지혁신기술계획을 발표했습니다. 민간산업에서 도요타의 하이브리드카나 태양연료전지 등 부품소재 기술은 매우 앞선 그린 기술입니다.

독일은 정책적으로 신재생에너지 개발에 역점을 두고 신재생에너지법EEG과 탄소세를 도입했습니다. 베를린의 경우는 환경기술 개발이나 장비에 시당국이 50퍼센트까지 경비를 지원하고 있고 하이델베르크는 녹색산업 투자에 대해서는 세금감면 혜택을 주는 등 정책적 지원을 아끼지 않고 있습니다.

과학기술과 의학의 빠른 발전에도 불구하고, 인류는 여전히 질병 문제로 고통받고 있습니다. 에이즈나 암, 조류독감, 사스 그리고 최근의 신종플루에 이르기까지 인류는 갖가지 질병에 맞서 힘겨운 전쟁을 치르고 있습니다. 세계 굴지의 연구소와 관련 과학자들은 인류를 질병의 위협으로부터 구하고자 신약이나 백신 개발에 매진하고 있습니다.

기아와 식량부족도 21세기 지구 인류의 문제로 남아 있습니다. 선진국을 비롯한 각국은 식량 문제를 해결하고자 녹색혁명을 통한 농업생산력의 증가, 안전한 LMO개발 연구 등에 노력하고 있습니다.

물 문제도 글로벌 이슈 가운데 하나입니다. 물 부족이나 수질오염에 대한 과학적인 해결을 위해 선진국에서는 상하수 시설의 과학적 개혁, 과학적 치수, 정수과학 연구를 꾸준히 계속하고 있습니다. 해양심층수 개발과 담수화 시설에 대한 연구 등 물 관련 연구들도 활발히 전개되고 있습니다.

글로벌 이슈에 대한 정확한 인식과 책임감은 지구 공동체의 한 일원이라면 반드시 갖춰야 할 필수 소양이라고 할 수 있습니다. 전 지구적 현안을 해결하고 국가 경쟁력을 높이고 개인이 행복한 삶을 추구하는 것은 모두 하나로 연결된 고리 속에서 가능할 것입니다

여기, 소중하게 엮은 한 권의 책을 독자 여러분께 선보입니다. 다섯 가지 전 지구적인 현안을 진단하면서 그 해결책을 모색하기 위한 진중한 고민이 진하게 묻어 있습니다. 지구를 살리고 건강한 녹색 미래로 나아가는 길을 이 책 속에서 찾을 수 있길 바랍니다.

한국과학창의재단 제22대 이사장 정윤

| 차례 |

들어가면서_ 점점 뜨거워지는 지구, 무엇이 문제인가 정윤 …5

1장 기후변화_박미용

인간, 현재 기후변화의 원인 …15
미래 기후를 예측할 수 있을까 …26
몇 도 오르는 게 왜 대수일까? …36
급격한 기후변화는 정말 일어날까? …48
티핑 포인트가 다가오고 있다 …58
교토의정서, 세계적인 노력은 어디까지? …68
탄소가 거래되는 세상 …77
이슈@전망_ 지구온난화 어떻게 해결할 수 있을까? 박상도 …88

2장 에너지_김수병

석유중독, 치유하소서! …93
태양을 잡으면 에너지가 모인다 …98
바이오가스, 분뇨를 에너지로 …105
바람아, 풍차를 돌려라! …113
바이오연료, 해법은 있다 …123
쓰레기에서 유전을 찾는다 …134
수소시대는 다가오는가 …144
수소경제, 그 거대한 실험 …152
원자력이 수소경제를 주도하나 …162
이슈@전망_ 석유를 대체할 신재생에너지를 찾아라 김종원 …170

3장 식량 _박병상

먹을거리에 얽힌 21세기 풍속도 … 175
위기의 먹을거리, 자연스러움으로 극복해야 … 183
삼라만상의 생명은 밥이 그 중심 … 190
인구와 식량의 불안한 엇박자 … 201
단작이라는 부메랑 … 210
본성을 억압하는 농업 … 220
자연스럽지 못한 농업과 축산 … 225
밥상의 개성을 살리는 슬로푸드 … 240
이슈@전망_ 식량문제 어떻게 해결해야 하나 김종훈 … 246

4장 질병 _이은희

더워지는 지구, 위협받는 인류의 건강 … 251
'사람 잡는 더위'가 시작되고 있다 … 259
다시 살아난 곤충의 공포 … 266
따뜻한 물, 늘어나는 세균들 … 278
대기오염, 마음껏 숨 쉴 자유를 허하라 … 286
수질오염, 물이 병들면 인간도 병든다 … 299
환경의 습격, 환경호르몬 … 306
이슈@전망_ 새로운 질병이 유행하게 될까 예병일 … 314

5장 물 _이성규

물 전쟁 시작될까 … 319
빗물도 모으면 돈이 된다 … 326
바닷물을 식수로 만드는 해수 담수화 기술 … 335
마법의 물, 해양심층수 … 341
인공강우 기술의 비밀 … 350
가장 큰 쓰레기장이 되어버린 바다 … 360
블루골드로 떠오르는 물 산업 … 370
물 부족, 하수도로 막아보자 … 378
이슈@전망_ 국경을 초월한 물산업 전쟁 시작되다 남궁은 … 388

찾아보기 … 390

1장

기후변화

"21세기 기후변화는 단지 기온이 몇 도 오르는 것으로 끝나는 것이 아니다. 인간뿐 아니라 전 지구 상의 모든 생물체들이 절체절명의 위기에 놓이는 것이다. 해수면이 상승하고, 물이 부족해지며, 식량 생산도 줄어든다면 우리 인간은 어떻게 되는 것일까? 지구를 보금자리 삼아 살아가고 있는 지구 상의 다른 생명체들은 어떻게 될까? 인간은 코앞에 닥친 위험을 아직도 알아채지 못하고 있을 뿐이다."

박미용
서울대학교 물리교육과를 졸업하고 같은 학교 대학원에서 석사학위를 받았다. 〈과학동아〉 기자로 활동했으며, 현재 〈동아사이언스〉의 객원기자 등 과학저술가로 활동 중이다. 오랫동안 과학전문 기자로 일하면서 쌓아온 경험과 지식을 바탕으로 어린이와 일반인들에게 과학을 알기 쉽게 전하는 데에 관심이 많다. 저서로는 『북극과 남극』 『나노 과학』 등이 있다.

인간, 현재 기후변화의 원인

 현재 우리는 기후변화를 목격하고 있다. 지금 지구는 점점 더워지고 있다. 물론 기후변화가 지금만 일어났던 것은 아니다. 과학자들은 지구에 남아 있는 과거의 흔적을 통해 기후는 과거에도 더 추웠다 더 더웠다 하는 식으로 오르락 내리락을 반복해왔다는 사실을 밝혀냈다. 하지만 과거와 현재의 기후변화에는 다른 점이 있다. 과거의 기후변화가 지구궤도가 바뀌거나 갑작스런 자연환경의 변화로 대기 성분이 바뀌어 일어났다면 현재의 기후변화는 그 원인이 인간에 있다는 것이다.
 아니 일기예보도 제대로 딱딱 맞추지 못하는 인간인데, 어떻게 인간이 신의 역할인 기후를 맘대로 바꾸어놓았다는 것일까? 인간이 그동안 수많은 자연세계를 정복했다고 해도 기후와 날씨는 여전히 인간의 영역 밖에 있는데 말이다. 누가 이런 누명을 인간에게 씌운 것일까?

인간에 의한 기후변화는 언제 밝혀졌을까

2007년 2월, 국제연합 산하의 기후변화에 관한 정부간 패널IPCC은 4차 보고서에 "지구의 온난화 추세는 의심의 여지없이 명백하게 일어나고 있다"면서 현재 지구에 기후변화가 일어나고 있음을 못 박았다. 이와 함께 보고서는 "1750년대 이후 인간 활동에 의한 전 지구적 영향으로 온난화가 이루어졌다고 매우 높이 확신한다very high confidence"고 기술했다.

IPCC가 인간이 기후변화의 원인이라고 지목했다는 건 무슨 의미일까? 인간이 기후변화의 원인이라는 게 터무니없는 누명이 아니라 사실이라는 얘기이다. 하지만 인간에 의한 기후변화가

2007년 2월, 국제연합 산하의 IPCC는 인간이 전 지구적 기후변화를 일으키고 있다는 내용의 4차 보고서를 발표했다.

거짓이 아니라 사실이라고 밝혀지기까지는 상당한 시간이 걸렸다. 인간이 어쩌면 기후에 영향을 미칠 수 있다는 생각이 최초로 등장한 것은 100년도 넘었다.

1896년 스웨덴의 스반테 아레니우스Svante Arrhenius는 "인간이 발명한 기계가 석탄을 태워 지구 전체를 데우고 있다"는 내용의 긴 논문을 발표했다. 인간에 의한 온난화 현상을 처음으로 제기한 논문이

스웨덴 과학자 스반테 아레니우스는 1896년 "인간이 발명한 기계가 석탄을 태워 지구 전체를 데우고 있다"면서 인간에 의한 지구온난화를 처음으로 주장했다.

었다.

아레니우스의 발표는 획기적이었다. 하지만 당시에는 빙하기가 발견된 지 얼마 되지 않았던 때라, 사람들은 언제 다시 빙하기가 찾아올지에 온통 정신을 쏟고 있었다. 사실 아레니우스 자신도 그저 가능성을 얘기했을 뿐이었다.

20세기 들어서도 인간에 의한 지구온난화에 과학자들은 별 관심이 없었다. 그들은 여전히 과거에도 빙하기가 있었는지, 빙하기의 원인이 무엇인지에만 몰두하고 있었기 때문이다.

그러던 와중인 1938년, 아마추어 기상관이자 발명가인 가이 스튜어트 캘린더Guy Stewart Callendar가 영국 기상학회에서 "인간의 산업 활동으로 지구온난화가 일어날 것"이라고 발표했다. 지구온난화가 중대한 문제라고 최초로 경고한 사람은 전문 과학자가 아닌 그였다. 캘린더의 본업은 증기기관 기술사였다.

그럼에도 이 발표는 다행히 과학자들의 주목을 끌었고, 이후 온난화 연구가 본격적으로 시작되었다. 그렇다고 해서 온난화가 바로 확인되거나, 인간이 그 주범이라고 밝혀진 건 아니다. 결정적인 증거가 나타나지 않는 한 남의 연구결과도 믿지 않은 과학자들이기에 최근에서야 지구온난화에 대한 결론을 내리게 되었다.

과학자들이 인간이 지구온난화의 주범이라고 결론을 내리는 데 꽤 신중했다는 것은 4개의 IPCC 보고서에도 확인할 수 있다. 1990년에 발표한 1차 보고서에는 "관측을 통해 지구온난화가 증폭되고 있다는 명백한 증거는 앞으로 10년 정도는 나타나지 않을 것"이라고 언급했다. 즉 지구온난화와 인간과의 관계가 명시되지 않은 것이다.

그러던 것이 1995년의 2차 보고서에서는 "기후변화의 증거들을 대차대조해보면 전 지구적 기후에 인간의 영향이 나타나는 것을 암시한다"며 약한 표현을 쓰기 시작했다.

2001년 3차 보고서에는 "과거 50년간 관측된 온난화는 인간 활동에 기인한다는 새롭고 강력한 증거가 있다"고 했다. 더욱이 마지막 빙하기 이후 전례 없이 지구온난화가 진행되는 것으로 보인다고 주장한다.

이후 지난해 4차 보고서는 '매우 very likely' 라는 확신에 찬 표현을 쓰면서 "20세기 중반 이후 전 지구적 기온 상승은 인간 때문인 것으로 강하게 보인다"고 주장했다.

과학자들의 신중한 입장과 달리 신문이나 방송에서는 1980년대 후반부터 인간에 의한 지구온난화 얘기를 떠들어대기 시작했다. 그래서 보통의 우리는 꽤 오래전에 이미 이런 사실이 밝혀졌다고 생각한다.

영국의 증기기관 기술사이자 발명가, 아마추어 기상관인 가이 스튜어트 캘린더. 그는 인간의 산업 활동으로 인한 지구온난화를 처음으로 경고했다.

어떻게 인간은 기후를 바꾸어놓았을까?

과학자들은 기후변화의 원인으로 태양에너지량의 변화와 온실효과를 거론한다. 지구의 공전궤도의 변화와 자전축의 각도 변화, 그리고 세차운동에 의해 태양에너지의 분포와 위도가 달라져 기후가 변화한다는 주장이 그 하나이고, 수증기와 이산화탄소와 같은 대기 중 온실기체로 온실효과가 나타나 기후가 변화한다는 것이 나머지 하나이다.

그렇다면 인간이 지구의 운동을 바꾸어놓은 것일까? 아니면 대기 중에 있는 온실기체의 양을 변화시킨 것일까? 물론 인간이 지구의 운동을 바꾸어놓았다고 볼 수 없다. 그러니 인간이 지구 기후를 변화시킨 방법은 온실기체에 있을 것이다.

인간은 자동차를 몰거나 음식을 조리하거나 불을 켜기 위해 화석연료를 마구 태운다. 이럴 때마다 대표적인 온실기체인 이산화탄소

산업혁명 이후 인간은 화석연료를 태움으로써 지구를 데우고 있다.

가 배출된다. 이산화탄소가 오늘날 기후변화의 주범인 것이다.

100년 전에 아레니우스가 인간의 활동으로 인한 지구온난화를 처음으로 제기했을 때에도 그는 이산화탄소를 그 주범으로 지목했다. 당시 아레니우스는 인간이 배출한 이산화탄소를 추산하여 이로 인한 지구온난화를 최초로 계산했다.

하지만 아레니우스의 이런 생각은 당시 과학자들에겐 의아한 것이었다. 이산화탄소는 대기 중에 고작해야 0.03퍼센트밖에 안되는데, 이런 희박한 이산화탄소가 기후에 영향을 준다니 쉽게 이해될 리가 없었다.

하지만 캘린더가 촉발한 지구온난화에 대한 연구가 점점 진행되면서 이산화탄소가 온실효과를 일으키는 일등공신인 수증기의 역할에 방아쇠 구실을 한다는 사실이 밝혀졌다. 이산화탄소는 농도가 증가하면 대기를 약간 따뜻하게 한다. 그러면 대기는 수증기를 더 많이 포함할 수 있고 이로 인해 온도상승 효과는 더 증폭된다. 이산화탄소는 지렛대인 셈이다.

문제는 또 있다. 한번 배출된 이산화탄소가 대기 중에 약 100년 동안 머물러 있다는 점이다. 이는 우리가 숨 쉬는 공기 중에는 지난 세기에 인간이 만들어낸 이산화탄소도 상당히 포함되어 있다는 것을 말한다. 더군다나 인간은 점점 더 많은 화석연료를 태우면서 더 많은 양의 이산화탄소를 배출하고 있다. 그래서 우리가 숨 쉬는 공기 중에서 이산화탄소의 비율은 현재 급속도로 증가하고 있다.

대체 인간은 그동안 대기 중에 이산화탄소를 얼마나 늘려놓았을까? 이 의문을 풀기 위해 대기 중 이산화탄소의 양을 처음으로 측정하기 시작한 것은 1950년대 후반이다.

하와이 마우나로아 섬에 설치된 이산화탄소 관측 시설. 1958년부터 관측이 시작되었다. 이곳은 모든 오염원으로부터 멀리 떨어져 있어서 대기의 조성을 측정하는 데 이상적이다.

미국 스크립스해양연구소 Scripps Institution of Oceanography의 데이비드 킬링 David Keeling은 1958년 태평양 한가운데 위치한 하와이 마우나로아 섬에서 대기 중 이산화탄소 농도를 측정하기 시작했다. 이 섬에는 3,000미터 높이의 화산이 있고, 이곳에 이산화탄소 측정 장치를 설치한 것이다.

킬링이 이렇게 외딴 곳을 선택한 이유는 이곳이 모든 오염원과 밀집된 식생으로부터 멀리 떨어져 있어서 대기의 조성을 측정하는 데 이상적이기 때문이었다.

킬링이 측정한 결과, 당시 대기 중 이산화탄소의 농도는 315피피엠ppm이었다. 1피피엠은 1세제곱미터의 공기 속에 이산화탄소가 1세제곱센티미터가 들어 있다는 것을 말한다. 이 수치는 지속적으로 증가해 오늘날 이산화탄소의 농도는 2005년에 379피피엠으로 늘어났다.

산업혁명 이전과 비교하면 더욱 놀랍다. 극지 얼음 속에 갇힌 공기를 분석한 결과, 1750년에는 이 수치가 275피피엠에 불과했다.

매년 인간이 방출하는 이산화탄소의 양은 현재 26.4기가 톤(1기가 톤은 10억 톤이다)이다. 1990년대만 해도 그 수치는 23.5기가 톤이었다. 산업혁명 이래 석탄과 석유의 연소와 열대우림 지역의 벌목으로 인간은 수십 억 톤의 이산화탄소를 대기 중에 마구 쏟아붓고 있는 것이다.

다양한 종류의 온실기체

인간의 만행은 이산화탄소에만 국한되어 있지 않았다. 인간은 이산화탄소 외에도 여러 종류의 온실기체를 방출해왔다.

물론 이산화탄소의 영향이 가장 크다. IPCC 4차 보고서에 따르면, 인간이 화석연료를 태움으로써 발생하는 이산화탄소는 전체 온실기체의 절반 이상인 56.6퍼센트이다. 이외에도 산림을 파괴하거나 인간이 이용하는 동식물의 폐기물이 썩으면서 배출하는 이산화탄소는 20.1퍼센트로, 인간에 의한 총 이산화탄소 배출량은 전체 온실기체의 약 77퍼센트나 차지한다.

그렇다면 그 나머지는 어떤 온실기체들이 채우고 있을까?

이산화탄소 다음이 메탄이다. 메탄은 썩어가는 웅덩이나 창자 속처럼 산소가 없는 환경에 사는 미생물이 만들어낸다. 그래서 소 같은 가축이 배출하는 방귀나 트림에 메탄이 많이 들어 있다.

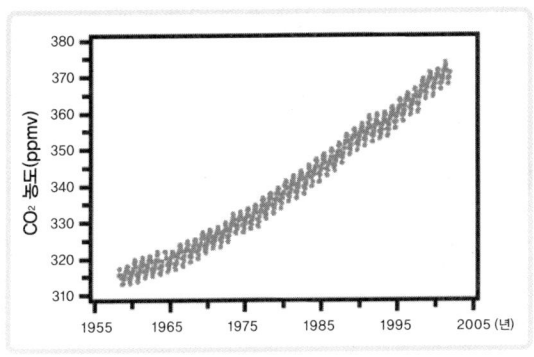

미국의 과학자 킬링이 관측해온 대기 중 이산화탄소 변화 추이. 매월 이산화탄소 농도를 그래프로 그려본 결과, 겨울에는 상승하고 여름에는 내려가는 패턴을 반복하면서 서서히 증가해갔다. 이 그래프는 킬링 곡선으로 유명하다.

온실기체에서 메탄이 차지하는 비중은 14.3퍼센트이다. 이산화탄소에 비해 훨씬 작은 양이다. 하지만 메탄은 열에너지를 붙들어두는 능력이 이산화탄소보다 60배나 된다. 반면 다행히도 대기 중에 머무는 시간이 훨씬 짧다.

메탄 다음은 웃음가스라고 불리는 아산화질소이다. 대기 중의 아산화질소는 7.9퍼센트로 메탄보다 드물지만 영향력은 막강하다. 열을 붙잡는 능력은 이산화탄소의 270배나 되고 대기 중에 머무는 시간은 150년이나 된다. 아산화질소는 인간이 동식물을 태우거나 질소 비료를 사용함으로써 발생한다.

이외에도 인간이 만들어낸 플루오르 계통의 온실기체가 있다. 플루오르계 온실기체는 화공학자들이 만들어내기 전에는 존재하지 않았다. 그런데 현재 온실기체 중에 차지하는 양은 1.1퍼센트 정도다.

플루오르계 온실기체로는 하늘에 오존 구멍을 낸 디클로로트리플루오르에탄이라는 물질도 포함된다. 이 물질은 한때 냉장고나 에어컨에서 냉매로 사용되었는데, 열에너지를 가두는 능력이 이산화탄소보다 1만 배나 되고 수백 년 이상 대기 중에 머문다. 사용금지가 된 지 이미 20년 가까이 되었지만 여전히 대기 중에 남아서 위력을 떨치고 있다.

플루오르계 온실기체는 비록 양은 적지만, 온실효과에 미치는 영향은 어마어마하다. 인간의 위력을 이런 데에서 확인하다니 참으로 안타까운 일이다. 천상천하 유아독존이라고 스스로 자만해 있던 인간이 생각도 없이 저지른 만행은 지구 기후를 돌이킬 수 없이 바꾸어놓고 있다.

온실기체와 기후의 관계

'온실효과'를 처음으로 주장한 사람은 누굴까? 프랑스의 저명한 수학자이자 물리학자인 장 밥티스트 푸리에(Jean Baptiste Fourier)는 무엇이 지구의 평균기온을 결정하는가를 생각하다가, 대기에 주목하게 되었다. 대기가 온실과 같은 역할을 함으로써 지구가 따뜻함을 유지한다고 생각했던 것이다. 이때 푸리에는 '온실효과'라는 용어를 처음으로 사용했다.

지구의 대기는 대부분 질소(78퍼센트)와 산소(21퍼센트)로 이루어져 있는데, 이외에도 여러 가지 미량의 기체를 포함하고 있다. 흥미로운 사실은 이들 미량의 기체가 바로 온실 역할을 한다는 것이다. 태양으로부터 오는 복사에너지는 반사되거나(30퍼센트) 흡수되고(20퍼센트), 그 나머지가 지표면에 도달하는데(50퍼센트), 이들 미량의 기체가 지표면에 도달해 다시 반사되는 지구복사열인 적외선을 가둔다는 것이다. 만약 이들 미량 기체가 없다면 지구는 영하 18도로 떨어졌을 것이라고 한다. 그리고 이렇게 지구 복사에너지를 잡는 기체를 두고 '온실기체'라고 한다. 온실기체로는 수증기, 이산화탄소, 메탄, 아산화질소 등 30가지 정도 된다.

그렇다면 온실기체가 지구 기후에 얼마나 큰 영향을 주는 걸까? 이산화탄소를 비롯한 온실기체가 기후변화에 큰 역할을 한다는 사실은 1980년대 후반에 확인되었다. 1987년 구소련과 프랑스 연구팀이 남극의 아이스코어를 통해 수만 년에 걸친 지구 기온과 온실기체량의 변화 사이에 분명한 관계가 있다는 연구 결과를 세계 양대 과학저널 중 하나인 〈네이처〉 지에 발표했다. 이 논문에 따르면 기온이 낮을 때 이산화탄소와 메탄의 양이 많지 않았다. 반면 기온이 상승하면 이들이 대기 중에 차지하는 비율이 올라갔다.

과학자들은 과거 기후변화의 원인을 밝혀내면서 이산화탄소가 몇 차례 중요한 역할을 했다고 본다. 공룡이 멸종했던 약 6,500만 년 전에도 그런 일이 일어났다고 추측하고 있다. 과학자들은 화석으로 변한 당시의 잎을 조사한 결과 대기 중의 이산화탄소가 크게 증가했다는 사실을 알아냈다. 이는 아마도 소행성이 석회석이 많은 지역에 충돌해 짧은 시간에 온실기체가 대량으로 대기 중에 유입되었기 때문이다. 그 결과 기온이 급상승해 갑자기 더워진 기후에 공룡을 비롯한 수많은 종들이 멸종했던 것이다.

미래 기후를
예측할 수 있을까

지금으로부터 약 20년 전인 1988년 6월, 지구 반대편 미국 의회 청문회에서 미국우주항공국 NASA의 제임스 한슨 James Hanson이라는 과학자는 "장기적인 지구온난화가 진행되고 있다고 99퍼센트 확신한다"라고 열을 올리며 증언했다. 그의 증언은 곧 미국의 유명 과학 잡지인 〈디스커버〉 지와 〈뉴욕타임스〉를 비롯한 여러 매체에서 보도되면서 당시 잘 알려져 있지 않았던 지구온난화에 대한 관심을 폭발적으로 일으켰다.

사실 1970년대부터 일부 과학자들은 지구온난화에 대해 경고해왔다. 하지만 별 반응을 얻지 못했는데 한슨의 증언으로 상황이 갑자기 반전된 것이다. 이렇게 급반전된 것은 시기가 잘 맞아 떨어졌기 때문이다.

한슨 박사가 증언하던 날, 미국의 날씨는 초여름치고 꽤 더운 날이 지속되고 있었다. 더위에 지친 사람들에게 "앞으로 이런 더위에 익숙해져야 해"라는 얘깃거리는 흥미로울 수밖에 없다. 더위에 지친 우리가 '다 이게 지구온난화 탓이야'라고 말하기 시작한 건 이때부터이다.

컴퓨터 시뮬레이션과 미래 지구의 기후

그렇다곤 해도 많은 이들이 한 명의 과학자가 의회에서 한 증언을 그대로 믿는다는 건 그리 쉬운 일은 아니다. 한슨 박사의 확신에 찬 발언에는 근거가 있어야 했다.

그 근거는 바로 컴퓨터 시뮬레이션이 보여주는 미래 지구의 기후였다. 99퍼센트 확신한다고 얘기할 때 한슨 박사는 자신이 개발한 기후모델 컴퓨터 시뮬레이션을 통해 2000년과 2029년의 지구 기후의 변화상을 함께 제시했다. 이에 따르면 2029년이면 지구의 대부분 지역은 2도 내지 9도가량 기온이 올라간다.

1988년 6월 미국 의회 청문회에서 지구온난화가 진행되고 있음을 99퍼센트 확신한다고 증언한 제임스 한슨 박사

단지 말로만 99퍼센트 확신한다고 하는 것과 근거를 제시하며 말하는 건 듣는 이에겐 분명 차이가 있다. 기온이 올라간다고 말했을 때 무슨 근거로 그러느냐고 반박하면 어떤 얘기를 할 수 있겠는가. 하지만 컴퓨터 시뮬레이션이 예측하는 구체적인 근거를 제시하면 막연하게 생각하던 사람들에게 분명한 이미지가 전

달된다. 특히 기후에 문외한인 사람일수록 눈으로 보이는 이미지의 효과는 크다.

그 사례가 바로 1988년에 미국 의회에서 한슨 박사가 제시한 기후모델이었다.

한슨 박사의 증언 이후 지구온난화가 이슈화되면서 그해 국제연합 UN은 IPCC를 만들었다. 이미 앞에서 IPCC를 얘기했지만, IPCC는 2,500여 명의 과학자들로 구성된, 노벨평화상까지 받은 명실 공히 공인된 조직이다.

한슨 박사 이후 지구온난화와 기후변화가 어떻게 진행될지를 얘기할 때 컴퓨터 시뮬레이션을 이용한 기후모델이 등장했다.

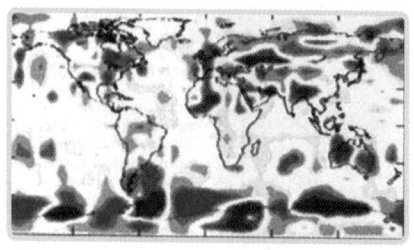
1987. 7

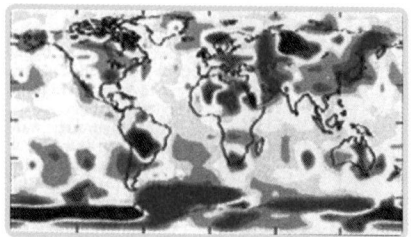
2000. 7

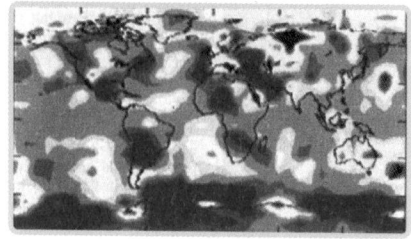
2029. 7

20년 전 제임스 한슨 박사가 기후모델을 통해 제시한 미래의 기후변화상. 푸른 표시가 더 늘어나는 것은 지구가 온난화되고 있음을 의미한다.

날씨보다 기후 예측이 더 쉽다

하지만 컴퓨터가 예측한 것이 과연 믿을 만한 걸까? 우리는 내일이나 주말의 날씨 예보가 번번이 틀리는 경우를 자주 본다. 그런데 어떻게 앞으로 수십 년에서 100년 후의 기후를 예측할 수 있다는 걸까?

사실 나날이 변화하는 날씨보다 몇 달 후 또는 몇 년 후 몇 십 년 후의 기후를 예측하는 게 더 쉽다. 내일 비가 내릴지, 구름이 낄지, 기온이 얼마나 내려갈지를 점치는 게 쉬울까, 아니면 이번 겨울이 얼마나 추울지를 얘기하는 게 쉬울까? 일기예보를 보지 않는다고 했을 때, 내일 모레의 날씨보다 이번 겨울이 어떨지를 맞추기가 더 쉽다. 왜냐하면 예전 겨울처럼 다른 계절보다 추울 것이기 때문이다.

이처럼 기후란 평균적인 날씨이기 때문에 날씨보다 예측이 더 쉽다. 그래서 올 겨울 몇 날 며칠의 날씨는 알 수 없지만 올 겨울 기후는 대략 알 수 있는 것이다. 뿐만 아니라 기후는 30년 정도의 장기간 날씨 변화를 평균낸 것이기 때문에, 사실 10년 후보다 20~30년 후의 기후변화를 예측하기가 더 쉽다. 그래서 100년 후 기후도 예측이 가능한 것이다.

과학자들이 기후모델을 만들기 시작한 건 1920년대였다. 당시는 컴퓨터가 없었기 때문에 기후모델은 복잡한 수식을 직접 계산하는 게 일이었다. 그러던 것이 1960년대 들어 과학자들이 컴퓨터를 사용하면서 복잡한 계산을 컴퓨터가 대신하게 되었다. 이와 함께 날로 발전하는 컴퓨터 성능 덕분에 과학자들은 새로 발견하는 기후에 미치는 요인들을 컴퓨터에 더 추가해 점점 더 복잡한 계산을 수행할 수 있게 됐다. 이렇게 해서 오늘날까지 과학자들이 개발한 컴퓨터 기후모델은 수백 가지쯤 된다.

그렇다면 수많은 기후모델이 잘 만들어졌는지, 그렇지 않은지를 어떻게 평가할 수 있을까? 여기에서 중요한 역할을 하는 것이 과거의 기후이다.

과거의 기후변화를 재현하다

과학자들이 과거 기후를 들춰내는 이유는 현재의 기후변화가 어떤 이유에서 일어나는지, 그리고 앞으로 어떻게 진행될지를 알기 위해서이다. 마찬가지로 과학자들이 개발한 기후모델에도 과거의 기후가 요긴하게 쓰인다. 과학자들은 자신이 개발한 기후모델이 과거 기후변화의 사건을 그대로 재현하는지를 통해 기후모델을 평가한다. 과거 기후를 정확하게 재현하는 기후모델일수록 좋은 평가를 받는다.

한편 최근의 기후도 기후모델을 평가하는 데 기초가 된다. 1979년에 위성을 통해 기상관측이 가능해졌다. 이는 이때부터의 기상관측자료가 상당히 신뢰할 수 있고 자세하다는 얘기이다. 따라서 지난 30여 년간의 정밀한 기후변화를 잘 재현해낼수록 좋은 기후모델이 되었다.

한 예로, 1991년 필리핀 피나투보 화산은 기후모델을 시험하기에 좋은 기회였다. 당시 피나투보 화산의 폭발은 20세기 들어 두 번째로 큰 화산폭발이었다. 대기 중으로 솟아오른 화산재는 햇빛을 가려 전 세계 기후가 0.5도 하락했다. 이런 갑작스런 사건도 기후모델은 잘 반영할 수 있어야 한다.

이렇게 개발된 기후모델은 우리 인간이 현재 기후변화의 원인임을 밝혀주었다.

2007년 4차 보고서를 발표하기 위

1991년 필리핀 피나투보 화산폭발은 기후모델을 시험하기에 좋은 예가 되었다.

해 IPCC의 과학자들은 1900년 이후 지금까지의 기후변화를 기후모델을 통해 두 가지 버전으로 재현해보았다. 하나는 자연적인 요인만을 고려한 경우이고, 다른 하나는 자연적인 요인에 인위적인 요인을 포함한 것이다. 이 두 가지 중에서 어느 것이 그동안의 기후변화를 잘 재현하는지를 보았더니, 두 번째 경우가 더욱 잘 재현해냈다. 인간이 기후변화의 주범이었던 것이다.

그 많은 탄소는 어디로 갔을까?

현재 기후모델이 이렇게 과거를 잘 보여준다고 해서 미래를 완벽하게 예측할 수 있는 건 물론 아니다. 컴퓨터가 계산이 서툴러서가 아니라 우리가 아직 기후에 대해 완전하게 알지 못하기 때문이다.

처음에 과학자들은 온실기체로 오염된 지구의 미래 기후를 예측하려고 했을 때 갑작스런 난관에 봉착했다. 계산의 초기 단계에서 벌써 미스터리가 등장한 것이었다. 그것은 다름 아닌 대기 중 이산화탄소의 양이었다.

산업혁명 이후 인간이 배출한 탄소의 양은 약 3,500억 톤 정도인 것으로 추산된다. 이를 바탕으로 대기 중 이산화탄소의 양을 추정해보면 20세기 말쯤이면 산업혁명이 시작되기 전보다 배출 탄소의 양이 두 배쯤 상승한다는 계산이 나온다.

그런데 실제로 대기 중의 이산화탄소의 양을 측정해보니 그보다 훨씬 못 미치는 양이었다. 과거 280피피엠에서 450피피엠으로 상승하리라는 계산과 달리 실제는 362피피엠이었다. 계산에 착오가 있었던 걸까? 아니면 인간의 만행을 누군가가 덮어주려고 애를 쓴 걸까?

 알아보니 대자연이 친절하게도 자신을 훼손하는 인간에게 자비를 베풀어주었던 것이었다. 과학자들이 누가 이산화탄소를 가져가는지를 알아보았더니 크게 두 가지였다. 바로 바다와 숲이었다.

 숲은 광합성을 통해 이산화탄소를 흡수해 자신의 몸을 만든다. 과학자들이 이산화탄소가 어디로 가는지를 조사한 결과, 숲이 탄소를 효과적으로 저장하는 역할을 한다는 사실이 밝혀졌다. 나무는 광합성 작용을 통해 대기 중의 이산화탄소를 흡수하고 여기에서 탄소를 얻어 자신의 몸을 만들었다. 나무 자체가 탄소를 저장하는 것이다.

 하지만 나무는 계속 탄소를 저장할 수 없다. 수명이 끝나 죽은 나무는 분해되면서 탄소를 다시 대기 중으로 돌려주기 때문이다. 이를 막으려면 숲의 면적을 계속 늘려나가야 한다. 아니면 더 오래 사는 나무들을 심거나 싹이 빨리 트는 나무로 교체해야 한다. 하지만 대기 중의 탄소가 계속 늘면 숲이 할 수 있는 능력도 한계에 이른다.

 한편 바다에는 눈에 보이지 않는 생명체가 탁월한 탄소 저장꾼 역할을 한다. 바다에는 프로클로로코커스라는 눈에 보이지 않는 박테리아가 사는데 이 박테리아는 식물처럼 광합성을 통해 탄소를 저장한다. 1998년에 처음으로 발견되었으며, 크기가 매우 작아 1밀리미터의 1백만분의 6정도밖에 안 된다.

 흥미로운 사실은 이 박테리아가 엄청난 번식력을 자랑하지만 개체수는 증가하는 것 같지 않다는 것이다. 이유는 동물성 플랑크톤이 이들을 끊임없이 먹어치우기 때문이다. 그리고 동물성 플랑크톤은 자기보다 큰 동물의 먹이가 된다.

 이 발견은 생물학자뿐 아니라 기후학자들에게도 놀라움이었다. 왜

숲은 그동안 인간이 방출한 이산화탄소를 상당량 흡수해주었다. 하지만 인간은 그런 숲을 점점 줄어들게 하고 있다.

냐하면 탄소가 하나의 생명체에서 또 다른 생명체로 순환하며 그 순환을 측정하기가 매우 어렵다는 것이다.

문제는 숲이나 바다가 언제까지 대기 중 이산화탄소를 흡수할 것인가 하는 점이다. 대자연이 계속 무례한 인간에게 인정을 베풀어줄 것인지, 아니면 갑자기 마음이 변해 그동안 쌓아두었던 이산화탄소를 대기 중으로 마구 배출할지는 미지수다.

이처럼 우리는 기후를 조절하는 대자연의 힘을 아직 다 파악하지 못했다. 그래서 인간이 만든 기후모델은 아직 완벽하지 못하다.

미래 기후는 우리 손에 달려 있다

그럼에도 우리는 미래에 지구 기후가 어떻게 변할지를 예측할 필요가 있다. 그렇지 않으면 어떻게 대비를 해야 할지를 판단하기가 어렵기 때문이다. 그래서 과학자들은 미흡한 기후모델을 조금씩 개선해 나가고 있다. 그렇다면 현재 기후모델은 지구가 앞으로 얼마나 뜨거워질 것으로 보고 있을까?

IPCC는 4차 보고서를 작성하기 위해 이제까지 과학자들이 개발한 기후모델 수십 개를 비교하고, 2100년의 미래상을 발표했다. 이때 IPCC는 미래에 대해 가상 시나리오 여섯 가지를 마련했다.

시나리오는 우리가 얼마나 온실기체를 늘려놓을 것이냐에 따라 달랐다. 예를 들어 현재처럼 경제가 빠르게 성장하고 인구가 증가한다든지, 그때까지도 화석연료를 계속 사용한다든지, 아니면 대체 에너지를 주로 사용하든지에 따라 시나리오가 다르다.

여섯 가지 중 최악의 결과를 보여준 시나리오는 2100년쯤 지구가 대략 4도쯤 상승할 것으로 보여주었다. 최악의 시나리오는 인류가 지구온난화의 심각성을 무시하고 지금처럼 경제 발전에만 매진하면서 화석연료에만 집착했을 경우이다.

낙관적인 시나리오의 경우,

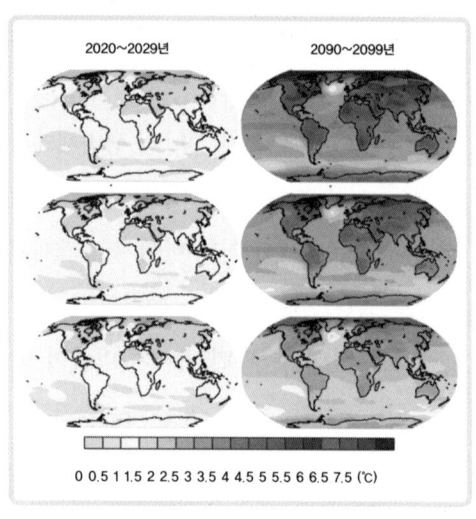

IPCC 4차 보고서에 등장한 미래 지구의 기후변화. 경제가 얼마나 빠르게 성장할지, 화석연료에 얼마나 집착할지 등에 따라 다른 시나리오가 제시되었다. 가장 위쪽이 최악의 시나리오이고, 아래쪽일수록 낙관적인 경우이다.

2100년쯤 지구는 1.8도 정도 기온이 오른다. 이 경우는 인구증가는 여전하지만 물질의 생산과 소비를 현재보다 크게 줄이면서 재생자원과 재생에너지에 크게 의존했을 경우이다. 가장 이상적인 시나리오인 것이다.

　IPCC는 여섯 가지 시나리오 중 어느 것이 가장 그럴듯한가에 대해서는 언급하지 않았다. 즉 미래는 우리 손에 달려 있다는 얘기인 것이다. 흥미로운 사실은 지금까지 인류가 배출한 온실기체만으로도 2100년에 기온은 0.6도 상승할 것이라고 한다. 그렇다면 지구 기온이 몇 도 오른다고 했을 때 지구에는 어떤 일이 벌어질까? 몇 도 오른다는 게 그렇게 대단히도 큰일인 것일까?

몇 도 오르는게 왜 대수일까?

　　　　　　국제연합 산하 IPCC가 2007년 발표한 4차 보고서에 따르면 최악의 시나리오일 경우에는 전 세계 기온이 평균 4도 정도 상승할 것이라고 했다.

　우리는 매년, 영하의 날씨가 이어지는 겨울을 지새고, 30도가 훌쩍 넘는 불볕더위 여름을 견딘다. 그런데 고작 몇 도밖에 안 되는 지구온난화 현상에 대해 왜 이리도 호들갑을 떠는 걸까? 기온이 몇 도 오른다고 해서 우리가 살아가는 지구에 어떤 변화가 일어난다는 것일까? 그리고 무엇보다도 기온이 올라가면 우리 인간에게 어떤 영향을 줄까?

지구온난화와 투발루의 비극

지구 기온은 지난 세기 동안 약 0.6도(1901~2000년) 상승했다. 이번 세기의 전망치보단 기온상승 폭이 적긴 하지만 그래도 그동안 우리는 지구온난화에 어느 정도 적응하며 살아왔다는 얘기가 된다. 겨울은 점점 더 온화해지고, 여름은 점점 더 길어지고 더위가 더 지독해졌다. 가정에서 겨울철 난방비보다 여름철 냉방비가 아직은 더 많진 않지만, 늘어나는 냉방비가 다소 걱정이 되고 있다. 그렇다고 해서 우리 생활에 큰 지장이 생긴 건 아니다.

하지만 지구촌 어디에선가는 다른 목소리를 내는 사람들이 있다. 지구온난화로 생존을 위협받고 있다고 말이다. 남태평양 피지 인근의 아홉 개 산호섬으로 이루어진 섬나라 투발루에서 들려오는 소리이다.

투발루는 인구 11,000여 명의 작은 나라이지만, 최근 기후변화의 첫 번째 피해자로 전 세계의 주목을 받고 있다. 투발루를 이루는 섬들은 평균 해발고도가 고작 1~2미터 정도이고 가장 높은 곳도 3.7미터에 불과하다.

지난 세기에 지구의 기온이 0.6도 상승했다. 그것만으로도 지금 위험에 처해 있는 나라가 있다. 바로 대양 한가운데에 솟아 있는 고도가 낮은 섬나라들이다.

그래서 조금만이라도 바닷물의 수위가 높아지면 삶의 터전이 확 줄어든다. 그런데 지구온난화로 인해 해수면이 상승하면서 실제로 그런 일이 벌어지고 있다. 투발루가 점점 잠기고 있는 것이다.

기후변화 · 37

뿐만 아니라 지구온난화로 강도가 세진 태풍이 몰아치기라도 하면 피할 곳조차 별로 없다. 또 해수면이 상승하면서 바닷물이 지하수층을 뚫고 올라와 민물이 짠물로 변했고, 그러자 마실 물이 턱없이 부족하게 되었다.

주식인 '타로' 재배도 어려워졌다. 타로밭에 바닷물이 드나들면서 밭이 황폐해진 것이다. 잦은 폭풍과 거칠어진 바람 때문에 고기잡이 배들이 일손을 놓는 날도 늘어났다.

투발루의 비극은 안타깝긴 하지만 아직까지는 남의 일로만 느껴질 뿐이다. 두발루 같은 나라는 지구온난화를 불러온 온실기체 배출량이 아주 미미한데, 그런 나라가 전 세계인의 업보를 치르고 있는 셈이다. 하지만 언제까지 투발루의 비극이 남의 일일 수 있을까?

해수면 상승과 위협받는 해안도시

지구가 점점 따뜻해지면서 일어나는 일은 남극과 북극의 두꺼운 얼음이 점점 녹아내리는 것이다. 남극과 북극에는 3,000미터가 넘는 두께의 얼음이 드넓게 펼쳐져 있다. 이들 얼음은 전 세계 육지에 분포해 있는 물과 얼음과 비교했을 때 어마어마하게 많은 양이다. 남극의 얼음은 전 세계 육지에 있는 물의 약 70퍼센트를 차지하고, 북극 그린란드의 얼음은 약 10퍼센트 정도이다.

이들 얼음이 녹아 바다로 흘러 들어가면 어떻게 될까? 당연히 바닷물의 양이 증가한다. 그 결과 투발루를 완전히 잠기게 할 수 있는 해수면 상승이 일어나는 것이다. 만약 남극의 얼음이 모두 녹는다면 해수면의 높이는 약 61미터 올라간다. 물론 기온이 몇 도 오른다고

해수면이 상승하면 일부 해안지역이 타격을 입는다. 중요한 점은 해안가에 세계 인구의 30퍼센트가 살아가고 있다는 사실이다. 뉴욕, 도쿄와 같은 대도시는 물에 잠길지도 모른다.

해도 남극은 굉장히 추운 곳이라 그렇게 많이 녹을 것이라고 여겨지진 않는다.

반면 북극의 그린란드는 정말 우려스럽다. 과학자들의 연구에 따르면 그린란드의 얼음은 남극과 달리 몇 도만 올라가도 쉽게 녹기 시작한다고 한다. 만약 그린란드의 얼음이 다 녹는다면 해수면은 7미터가 상승한다. 일부만 녹아도 1미터는 넘을 것이라고 한다.

그동안의 지구온난화로 바닷물의 수위가 이미 10~20센티미터 정도 상승했다고 한다. 그렇다면 앞으로는 얼마나 상승하게 될까? IPCC 4차 보고서에 따르면 2100년쯤 0.6미터 정도 상승할 것이라고 했다.

하지만 이 수치는 불확실하다. 3백만 년 전, 기온이 2~3도 상승했을 때 바닷물 수위가 무려 25미터나 올라갔던 적이 있었다. 아직 과학자들은 기온변화에 따라 정확하게 얼마나 해수면이 상승할지를 계산하지 못하고 있다. 극지방에 강수량이 늘어나면 얼음이 녹아서 늘어난 것만큼 눈으로 더 쌓일 수도 있다. 그렇게 되면 우려했던 바와 달리 해수면 상승이 미미할 수 있다. 이런 불확실성 때문에 기온이 몇 도 상승했을 때 어느 정도 해수면이 상승하는지 전망하기란 쉽지 않다.

하지만 과학자들은 컴퓨터 시뮬레이션을 통해 바닷물의 수위가 오르면 전 세계의 얼마만큼이 잠기게 될지는 잘 알고 있다. 연구에 따르면 1미터만 상승해도 뉴욕, 도쿄와 같은 해안도시가 위협을 받는다.

중요한 사실은 뉴욕이나 도쿄와 같은 대도시를 비롯해 해안가 지역에는 전 세계 인구의 30퍼센트 이상이 살아가고 있다는 점이다. 지구온난화로 해수면이 1미터 상승할 경우 약 3억 명이 영향을 받는다고 한다. 해수면 상승은 상당수 인간의 생존을 위협할 수 있다는 얘기이다.

게다가 해안가 지역은 위력이 강해지는 태풍을 직격탄으로 맞거나 바닷물이 범람하는 일이 잦아진다. 낭만적인 분위기를 자랑하며 그동안 사람들을 끌어들인 해안가 지역은 절체절명의 위기에 놓이게 되는 것이다.

물 부족과 식량 부족

온난화가 진행되면서 일어날 또 다른 심각한 문제는 극심한 물 부족이다. 왜 기온이 상승하는데 물이 부족해지는 걸까?

해안가 외에도 전 세계 인구의 상당수는 히말라야나 안데스, 인도의 힌두쿠시 산맥과 같은 산악지대에서 살아간다. 이들 산악지대에서 사는 사람들은 전 세계 인구의 6분의 1 이상이다.

이들이 무슨 물을 마시고 사는지를 상상해보자. 바로 높은 산에 얼어 있는 얼음이 녹으면서 아래로 내려오는 물을 마신다. 그렇다면 온난화로 인해 이들 산의 얼음이 다 녹아버린다면 어떻게 될까? 계곡은 비가 오지 않은 한 물이 흐르지 않을 것이다. 따라서 산악지대의

지구온난화가 진행되면 물 부족 현상이 심화될 전망이다. 아프리카의 경우 2020년경이면 7천 5백만~2억 5천만 명의 사람들이 물 부족으로 인한 스트레스를 받을 것이라고 한다.

상당수 사람들은 물 부족을 겪게 된다.

산악 지역만 물 부족에 시달리는 게 아니다. 기온이 상승하면 물의 온도도 함께 오른다. 약 1.5도 정도만 상승해도 수온이 올라 수질이 나빠질 뿐 아니라 증발량도 늘어난다. 그래서 세계 곳곳에서는 가뭄이 발생할 가능성이 높아지고, 마실 수 있는 물의 양도 줄어들게 된다.

IPCC 4차 보고서에 따르면 물 부족을 심하게 겪을 것으로 예상되는 지역이 아프리카이다. 이 지역에서는 2020년경이면 7천 5백만~2억 5천만 명의 사람들이 물 부족으로 인한 스트레스를 받을 것이라고 한다.

물 부족 그 하나만도 심각한 일인데, 먹을거리도 걱정해야 판이다. 물이 부족해 가뭄이 지속되면 땅이 사막화가 진행된다. 그러면 이들 지역에서는 당연히 곡식을 생산하기가 어렵다.

물론 전 지구가 사막화되는 건 아니다. 일부 지역은 과거보다 더 많은 생산량을 낼 수 있다. 하지만 지구온난화가 장기화되면 해충의 피해가 늘어나면서 식량 생산이 감소할 가능성이 높다.

해수면이 상승하고, 물이 부족해지며, 식량 생산도 줄어든다면 우리 인간은 어떻게 될까? 전 세계 인구가 상당수 몰려 사는 도시들은 해안도시처럼 물에 가라앉거나 수돗물이 말라붙어버리고 식량도 제대로 공급받지 못하게 된다. 그렇다면 인류가 수천 년 동안 이룩해놓은 문명이 붕괴되는 건 불가피해 보인다. 인간은 코앞에 닥친 위험을 아직도 알아채지 못하고 있을 뿐이다.

더이상 갈 곳 없는 생물

그렇다고 해도 인간이 완전히 멸종할 것 같진 않다. 인간은 해안으로부터 도망이라도 가고, 물이 있는 곳으로라도 이동할 수 있으니 말이다. 하지만 지구를 보금자리 삼아 살아가고 있는 지구 상의 다른 생명체들은 어떻게 될까?

점점 따뜻해지면서 동식물들이 살아남으려면 자신의 터전을 버리고 계속 이동을 해야 한다. 즉 자신에게 딱 맞는 서식지를 찾아 점점 북으로 이동하거나 더 높은 산으로 이동해야 한다는 얘기이다.

이렇게 동식물이 이동을 하면 별 탈이 없는 것 같지만, 실제는 그리 만만하지 않다. 예를 들어 고산식물의 경우, 서식지를 찾아 점점 높은 곳으로 이동한다고 해도, 어느 순간에 더이상 오를 곳이 없어진다. 산을 오르다보면 언젠가는 정상에 다다르기 때문이다. 아무리 더 오르려고 해도 갈 곳이 없어지면, 고산식물은 멸종을 맞게 된다.

마찬가지로 점점 더 북쪽으로 이동하거나, 남반구의 경우 점점 더 추운 남쪽으로 이동한다고 해도, 거대한 바다나 강이 가로막고 있으면 소용없다. 뿐만 아니라 인간의 개발로 인해, 대부분의 동식물은 국립공원이나 숲에 한정되어 살아가고 있기 때문에 이들이 이동하기란 쉬운 일이 아니다.

그렇다면 하늘을 나는 새는 별 문제가 없을까? 철새는 이동을 하면서 특정 지역에서 번식을 한다. 그런데 온도가 상승하면 번식지의 환경이 달라져 문제가 발생한다.

바닷속 동식물도 위험에 처한다. 철새와 마찬가지로 바다를 맘껏 헤엄쳐 다닐 수 있는 해양생물도 서식지의 수온상승으로 타격을 입고 있다. 뿐만 아니라 그동안 인간이 배출한 이산화탄소를 많이 흡수

얼음이 녹아 서식지가 사라져가면서 멸종 위기에 처한 북극곰. 이번 세기에 1도만 상승해도 5종 가운데 1종이 사라질 전망이다.

한 탓에 바닷물은 산성으로 변했다. 또 이산화탄소가 바닷물 속의 탄산염과 반응해 굴이나 게, 새우 같은 생물이 자신의 껍데기를 만들기 어려워지고 있다. 어쩌면 우리의 후손은 새우와 굴을 맛보지 못할지도 모른다.

 이 모든 상황에서 중요한 점은 어느 한 생물종의 멸종이 그 하나로만 끝나는 게 아니라는 것이다. 먹이사슬에 의해 서로서로 묶여 있기 때문이다. 그래서 도미노처럼 어느 한 먹이사슬이 한꺼번에 왕창 무너져버릴 수 있다.

 일부 과학자는 최소한의 지구온난화가 진행된다고 했을 때, 즉

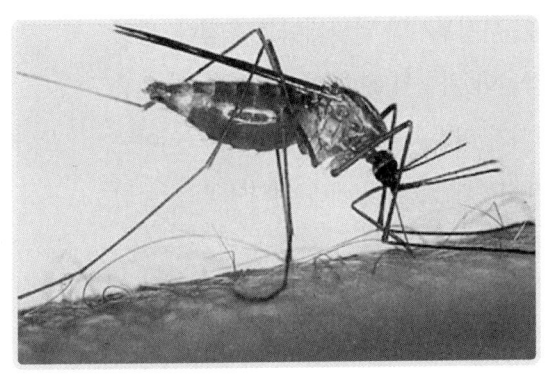
보다 덥고 습한 환경은 모기에겐 그야말로 천국이다. 모기가 전파하는 말라리아가 이번 세기에 기승을 부릴 것이다.

2100년까지 약 1도 정도 상승한다고 했을 때 오늘날 살아 있는 모든 종 가운데 약 18퍼센트가 멸종할 것이라고 한다. 1도만 상승해도 약 5종 가운데 1종은 사라진다는 얘기가 된다. 하지만 중간 정도의 예상치인 2도 정도 상승하면 전체 종 가운데 약 4분의 1이 사라지며, 그 이상이 되면 3분의 1 이상이 멸종할 것이라고 전망하고 있다.

하지만 이것도 낙관적인 예상이다. 이런 예상은 동식물이 이동할 수 있다는 점을 감안한 것이기 때문이다. 이동을 제대로 하지 못한다면, 최악의 경우 절반 이상의 생물종이 사라진다고 한다. 우리는 지구 역사에서 하나의 생물종이 지구 상의 수많은 생물종을 멸종에 몰아놓는 최초의 생물종이 되고 있는 것이다.

모기에겐 천국인 시대 오나

그럼에도 불구하고 우리가 그토록 지겨워하는 생물들은 보다 덥고 습한 지구환경으로 천국을 맞게 될 것으로 보인다. 바로 모기가 그렇다. 네덜란드의 한 연구팀은 모기 수가 열대지방에서는 2배, 온대지방에서는 10배나 증가할 것이라는 예측했다.

모기에게 물리는 일 자체도 괴롭지만, 진짜 문제는 모기가 옮기는 병에 있다. 열대지방의 모기는 무시무시한 말라리아를 옮긴다. 말라리아는 기생충의 일종인 말라리아 원충이 유발하는 병으로, 이 원충이 모기 체내에서 살다가, 모기가 인간을 물면 전파된다. 말라리아는 보통 열대지방에서 흔히 유행하는데, 그래서 이들 지역에 사는 사람들은 이에 대한 저항력이 어느 정도 발달했다.

하지만 열대 모기가 온대지방으로 올라오면서 이들 지역에 사는, 전혀 저항력이 없는 사람들이 위험에 노출될 수 있다. 그래서 미국의 잡지 〈타임〉은 1996년 기후변화의 진짜 위험은 대규모 강풍, 홍수, 폭염, 가뭄보다는 어쩌면 질병일 수 있다는 글을 게재하기도 했다.

21세기 기후변화는 단지 기온이 몇 도 오르는 것으로 끝나는 것이 아니다. 인간뿐 아니라 전 지구 상의 모든 생물체들이 절체절명의 위기에 놓이는 것이다.

이산화탄소를 잡아 가두자!

대표적인 온실기체인 대기 중의 이산화탄소를 제거하는 방법엔 무엇이 있을까? 가장 먼저 등장한 것은 바다에 철을 뿌리는 방법이다. 1980년대 미국의 해양학자 존 마틴 John Martin 박사는 바다에 철을 뿌려 플랑크톤을 늘림으로써 대기 중의 이산화탄소를 제거할 수 있다고 주장했다.

하지만 부작용에 대한 우려 때문에 이 방법에 대해 회의적인 시각을 가진 과학자들이 많다. 자연적으로 철이 부족한 바다에 철을 뿌려주면 플랑크톤과 바다생물이 늘어남으로써 바다 생태계에 교란을 가져올 수 있다는 것이다.

또 다른 방법으로는 이산화탄소를 땅속 깊은 곳에 저장하는 방법이다. 사실 이 방법은 석유를 뽑아 올리는 회사들이 이미 40년 이상 써오고 있다. 더이상 석유를 추출할 수 없는 버려진 매장지에 이산화탄소를 펌프질해서 집어넣으면 이산화탄소가 매장지에 들어가면서 그 안에 남아 있던 석유를 깨끗하게 뽑아 올릴 수 있기 때문이다. 문제는 이산화탄소를 저장하기에 적합한 석유매장지가 그리 많지 않다는 것이다.

그리고 더 큰 문제는 땅속의 이산화탄소가 밖으로 새어나올 수 있다는 것이다. 현재 여러 회사들이 이산화탄소를 땅에 묻었지만, 이들이 이산화탄소가 밖으로 얼마나 다시 나오는지에 대해서는 별다른 조사를 벌이지 않았다.

석유매장지 외에도 이산화탄소 저장고로 지목되는 지하장소들이 더 있다. 그 중 하나가 석탄을 캐낼 수 없는 석탄층이다. 석탄층이 거론되는 이유는 이산화탄소가 석탄의 표면에 흡수되어 장기간 동안 안전하게 저장되기 때문이다. 석탄층은 기존의 석유매장지처럼 경제적인 면도 있다. 이산화탄소가 석탄에 흡수되면서 이전에 흡수되어 있던 메탄이 밖으로 나오기 때문이다. 즉 이산화탄소를 저장하면서 메탄을 뽑을 수 있어 돈도 벌 수 있다.

아예 대기 중에 날아다니는 이산화탄소를 잡는 방법도 등장했다. 윈드 스크러버 wind scrubbers 라고 불리는 방법이다. 윈드 스크러버는 말 그대로 번역하면 바람을 닦아내는 것이다. 필터에 수산화물이 있어 바람이 필터를 통과할 때 이산화탄소를 흡수하도록 한 것이다. 윈드 스크러버의 장점은 어디든 설치가 가능하다는 것이다. 마치 나무를 심듯 윈드 스크러버를 곳곳에 세우면 된다. 하지만 이것이 효과적으로 이산화탄소를 제거하는지에 대해서는 의문이다.

급격한 기후변화는
정말 일어날까?

영화 〈투모로우〉는 급격한 기후변화를 담고 있다. 영화 속의 여러 상황은 상당히 과장되어 있지만, 주요 내용은 과학적 사실에 바탕을 두고 있다.

남극의 얼음 벌판. 기상학자 할 박사는 아이스코어를 시추하던 중 라센B 빙붕이 떨어져 나가는 순간을 목격한다. 이후 인도 뉴델리 국제회의에 참석한 할 박사는 인류에게 경고를 던진다. 지구온난화로 극지방의 빙하가 녹아 바다로 들어가면 전 지구적인 해수순환이 멈추고 이로 인해 지구 전체가 빙하로 뒤덮이는 재앙이 올 것이라고 말이다.

이런 와중에 일본 도쿄에서는 골프공만한 크기의 우박이 떨어지고 미국 로스앤젤레스에서는 거대한 토네이도가 불어닥쳐 도시 전체를

급격한 기후변화를 다룬 재난 영화 〈투모로우〉

초토화시킨다. 한편 뉴욕에서는 거대한 해일이 맨해튼을 덮친다. 퀴즈대회에 참석하기 위해 뉴욕에 가 있던 할 박사의 아들 샘은 다행히도 도서관으로 몸을 피할 수 있었다.

이같은 급작스런 기상이변에 할 박사는 자신의 예측이 벌써 임박해왔음을 감지하곤 자신의 기후예측 모델을 어렵사리 슈퍼컴퓨터로 돌려본다. 결과는 앞으로 6주 동안 상상을 불허하는 엄청난 기상이변이 닥쳐오고 그 이후에는 지구의 기후가 빙하기에 접어든다는 것이었다.

할 박사는 백악관 브리핑에서 미국 중부 이남에 있는 사람들을 멕시코 국경 아래인 남쪽으로 대피시키라고 말한다. 그런 다음 아들을 찾아 뉴욕으로 향한다. 뉴욕에 거의 다다를 즈음 할 박사는 고기압 태풍의 중심을 만난다. 태풍의 중심에 놓인 맨해튼의 건물들은 꼭대기에서부터 순식간에 바닥까지 얼어붙는다. 다행히도 샘은 도서관의 책을 태운 덕분에 살아남는다.

극적으로 아들과 상봉한 할 박사는 구조에 나선 헬기를 타고 멕시코의 미국 난민촌으로 남하한다. 헬기에서 바라본 뉴욕은 그야말로 얼음의 도시다.

위의 내용은 2004년 개봉한 할리우드 블록버스터 〈투모로우〉의 줄거리이다. 대부분의 영화들이 그렇듯 이 영화도 허무맹랑한 내용을 많이 포함하고 있다. 무엇보다도 점점 더워지는 지구온난화가 걱정인 판국에 갑자기 웬 빙하기라니, 가당치도 않은 이야기처럼 보이기도 한다.

하지만 꼭 허구라고만 얘기할 수 없다. 이 영화의 핵심적인 내용이 과학에 바탕을 두고 있기 때문이다. 그것은 지구온난화가 진행되던 와중에 전 지구적인 해수대순환이 멈추면 급작스런 기후변화가 발생해 인류 문명이 심각한 타격을 입을 수 있다는 것이다.

갑자기 찾아오는 급격한 기후변화

그렇다면 과연 어떻게 이런 일이 벌어질 수 있는 것일까? 그리고 우리가 살아가는 이 시대에 이런 일이 일어날 수 있을까?

영화 〈투모로우〉가 담고 있는 과학적 소재를 한마디로 얘기한다면 '급격한 기후변화Abrupt Climate Change'이다. 즉 기후가 천천히 조금씩 점진적으로 변화하는 것이 아니라 갑작스럽게 기온이 오르거나 내리는 식으로 변화할 수 있다는 얘기이다.

과학자들은 과거 지구의 기후가 오르락내리락 여러 차례 변화해왔다는 사실을 밝혀냈다. 남극과 북극에서 캐낸 아이스코어와 해저 바닥에 쌓여 있는 퇴적층을 통해서 말이다. 하지만 과학자들은 운석 충돌과 같은 급작스런 환경의 변화가 없는 한 기후변화는 수천 년 내지 수만 년에 걸쳐 천천히 조금씩 이루어져왔다고만 생각했었.

그러던 것이 1990년대 중반 과학자들을 어리둥절하게 만드는 일이 벌어졌다. 1993년 북극 얼음의 보고인 그린란드에서 캐낸 아이스코어를 조사하던 과학자들은 약 1만 2천 년 전쯤 지구의 기온이

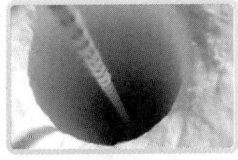

과학자들은 그린란드에서 캐낸 아이스코어를 통해 기후변화가 수천 년 내지 수만 년이 아니라 수십 년 만에도 일어날 수 있다는 사실을 밝혔다.

현재보다 더 높았다가 수십 년 사이에 극심한 추위로 변화했다는 것을 확인했다.

당시 과학자들은 이 아이스코어가 보여준 결과를 믿지 않았다. 빙하가 바닥이 고르지 못한 땅을 흘러내려가면서 아이스코어가 손상이 되었을 것이라고 단정지었던 것이다. 이후 과학자들은 아이스코어의 훼손 문제를 피하기 위해 아이스코어의 안정적인 부분만을 집중적으로 조사했다.

그런데 1990년대 후반에 드러난 결과는 과학자들의 생각을 뒤집어놓았다. 손상되었다고 믿었던 아이스코어와 같은 결과를 보여주었던 것이었다. 지구의 기후는 수천 년 내지 수만 년의 기간이 아니라, 수십 년 만에 급작스럽게 변화할 수 있다는 것이었다.

가장 대표적인 사건은 지금으로부터 1만 2천 년 전쯤에 일어났다. 당시 지구는 2만 년 전을 극점으로 빙하기에서 점점 벗어나 따뜻해지고 있던 중이었다. 그런데 1만 2,700년 전 이같은 온난화 추세가 갑자기 멈추었다. 그러더니 지구의 평균 대기온도가 수십 년 사이에 무려 5도나 떨어졌고, 이후 약 1천 년 동안 추위가 지속되었다. 그런 다음 소빙하기는 갑자기 끝나고 기온은 순식간에 급속하게 상승했다.

빙하기의 최후 반격이라고 할 수 있는 이 추운 시기를 '영거 드라이어스'라고 한다. 툰드라 지대나 산악지대에서 자라는 흰색 노란색의 앙증맞은 꽃을 피우는 드라이어스 옥토페탈라*라는 식물의 이름을 따 붙인 것이나. 당시 숲이 울창한 스칸디나비아 반도가 드라이어스가 자라나는 툰드라 지대로 바뀌었기 때문이다. 그리고 영국을 비롯해 서부유럽은 소빙하기에 들어갔다. 남아시아에서는 기근이 발생했고 아마존 열대우림은 파괴되었다.

툰드라 지대나 산악지대에서 자라는 식물 드라이어스 옥토페탈라(담자리꽃나무).

이후 과학자들은 급격한 기후변화가 인간의 한 세대 정도인 20~30년 만에 심지어 10년 이하의 짧은 시기에도 일어날 수 있다는 걸 알아냈다. 사람의 짧은 인생에서 볼 때 수십 년이란 게 어찌 보면 긴 시간이다. 그러니 급격하다는 표현이 이상하게 들릴지도 모르겠다. 영화 〈투모로우〉에서처럼 6주 만에 일어나는 일이라면 몰라도 말이다. 사실 우리는 하루 중에도 10도가 넘은 기후변화를 겪으며 살아가는데 말이다.

하지만 20~30년이란 기간은 46억 년이란 긴 세월을 거친 지구의 입장에서 보면 찰나와도 같다. 게다가 수천 년 내지 수만 년에 걸쳐 일어났다고 믿었던 기후변화가 고작 10년도 안 되는 짧은 기간에도 일어날 수 있다는 점에서 과학자들은 급격하다는 표현을 쓰는 데 전혀 어색함을 느끼지 않는 것이다.

사실 수십 년 사이에 벌어지는 급격한 기후변화에 사람이 적응하기란 쉽지 않다. 2002년 미국에서 발간된 책 『급격한 기후변화 : 필

---

*Dryas Octopetala. 담자리꽃나무의 일종.

연적인 놀람*Abrupt Climate Change : Inevitable Surprises*』에서는 급격한 기후변화를 이렇게 정의했다. "인간과 자연에 미칠 영향력의 측면에서 정의해보면 급작스런 기후변화란 예상도 못하게 급작스럽게 일어나 사람과 자연이 도저히 적응하기가 어려운 변화다."

전 지구적 해수순환과 기후변화

어쨌건 급격한 기후변화는 어떻게 해서 일어났던 것일까? 지구온난화가 진행되던 1만 2천 년 전 갑자기 왜 극심한 추위가 불어 닥쳤던 걸까? 현재 과학자들은 그 답을 바다에서 찾는다.

　사람들은 끊임없이 역동적으로 움직이는 대기가 기후를 만들어낸다고 생각한다. 하지만 사실 지구의 표면 71퍼센트를 차지하는 드넓은 바다가 대기보다 더 많은 역할을 한다.

　바닷물은 육지의 땅이나 물에 비해 데우거나 식히는 데 더 많은 열을 필요로 하기 때문에 온도 변화가 느리며 계절에 따른 온도 차이도 작은 편이다. 또한 바다는 겨울에 많은 양의 열을 공기 중으로 내보내고 여름에는 공기 중의 열을 흡수하기 때문에 온풍기나 에어컨의 역할을 하기도 한다. 따라서 바닷가의 기온은 1년에 17도 이상 변하지 않는 데 반해 대륙 내부에서는 심한 경우 55도 이상이나 변한다.

　이런 바다가 세계의 기후를 조절하는 방법은 전 지구적인 해수순환을 통해서다. 뜨거운 열대지방의 바닷물이 극지방으로 이동하고 차가운 극지방의 바닷물을 열대지방으로 이동하는 방식으로 말이다. 그 결과 적도지방과 극지방 사이에 열 교환이 이뤄진다.

　그런데 전 지구적인 해수순환이 바로 급격한 기후변화의 주범으로 지목되고 있다. 과학자들은 전 지구적인 해수순환을 보여주는 컴퓨터 시뮬레이션을 만들어 해수순환의 속도를 높여보거나 느려지게 해보았다. 그러자 이런 변화가 기후변화에 상당한 영향을 미친다는 것을 알아냈다.

무엇보다도 전 지구적인 해수순환의 스위치를 끄면 급격한 기후변화가 일어났다. 영화 〈투모로우〉에서처럼 말이다. 영화에서는 전 지구적인 해수순환이 지구온난화로 일어난다고 했다. 과학자들의 생각도 그렇다. 지구온난화로 극지방의 얼음이 녹아 막대한 양의 민물이 바다로 흘러들어가면서 말이다.

전 지구적인 해수순환의 원동력은 북대서양의 차갑고 소금기가 많은 바닷물 덕분이다. 이 때문에 북대서양의 차가운 물은 가라앉아 심층수를 이루며 적도로 천천히 이동한다. 반면 적도 부근의 뜨거운 물은 극지방으로 이동하면서 열을 점점 잃게 되고 점점 증발이 되어 다시 차갑고 짠 기가 많은 극지방의 바닷물이 된다. 때문에 북대서양

극지방의 바닷물은 다시 차갑고 짠 기가 많아져 가라앉는다. 이때 가라앉는 물의 양은 전 세계 육지를 흐르는 강물의 양보다 20배나 많다고 한다. 세계 최대의 강은 육지가 아니라 바다에 있는 셈이다.

그런데 극지방에 갑자기 짠 기가 없는 육지의 물이 들어온다면 어떻게 될까? 높은 염

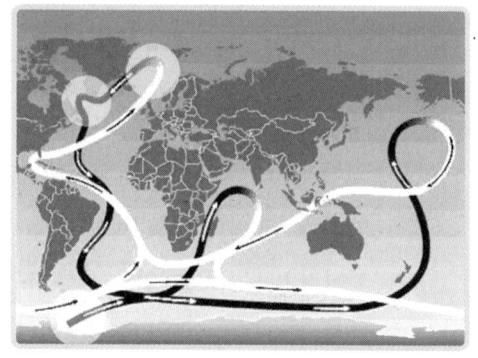

전 지구적인 해수순환의 모습. 동그란 부분의 극지방에서 차갑고 염분이 높은 바닷물이 가라앉는다. 차가운 바닷물은 천천히 적도로 흘러 인도양과 태평양에서 올라온다. 뜨거워진 적도의 물은 다시 극지방으로 이동한다. 이같은 과정을 통해 열 교환이 이루어진다.

분 덕분에 주변보다 무거웠던 바닷물이 염분 농도가 줄어들면서 가라앉지 못하는 일이 벌어질 수 있다. 그 결과, 전 지구적인 해수순환이 멈추는 사태가 벌어진다. 그러면서 온난화로 가던 지구의 기후가 급작스럽게 선회하는 일이 발생하는 것이다. 과학자들이 컴퓨터 시뮬레이션을 통해 알아낸 바에 따르면 차가운 북대서양 바닷물에 민물이 초당 10만 톤 이상 들어오면 전 지구적인 해수순환이 완전 멈춘다.

과학자들은 전지구적 해수순환의 정지로 인해 급격한 기후변화가 일어날 수 있다는 것을 컴퓨터 시뮬레이션을 통해 먼저 밝혀냈다. 하지만 남을 설득하기 위해서는 컴퓨터 시뮬레이션보단 실제 증거가 필요하다.

과학자들은 모래알만한 크기로 바다 바닥에 떠다니는 단세포 생물인 유공충을 통해서 과거의 비밀을 풀었다. 바다 퇴적물에는 유공충 화석이 들어 있다. 이 유공충 화석의 껍질에는 유공충이 살았던 당시의 바닷물의 상태를 보여주는 물질들이 포함되어 있다.

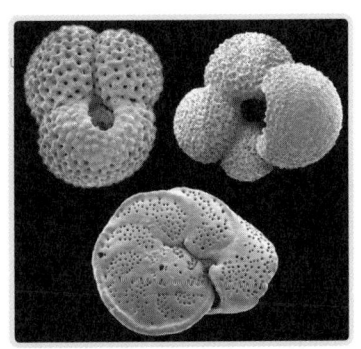

모래알 크기의 단세포 생물인 유공충 화석들. 이 화석의 껍질에는 과거 바다 환경의 흔적이 남아 있다. 이를 통해 과학자들은 전 지구적 해수순환의 비밀을 알아냈다.

이런 유공충을 분석해보면 과학자들은 과거에 북대서양의 바닷물이 얼마나 깊이 가라앉았는지 얼마나 멀리 퍼져나갔는지를 알 수 있다. 이 유공충을 통해 과학자들은 그동안 전 지구적인 해수순환이 느려지거나 빨라지는 일이 여러 차례 일어났다는 점을 밝혀냈다. 또 영거 드라이어스의 원인이 전 지구적인 해수순환에 있었음을 알아냈다.

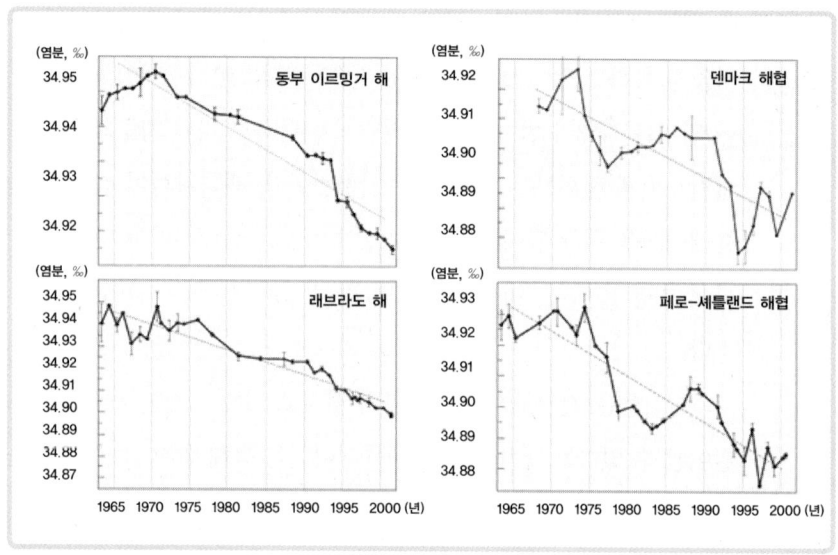

최근 10년 사이에 바닷물의 염분 농도 변화가 가장 심했다. 그렇다면 조만간 전 지구적인 해수순환이 멈추는 사태가 벌어질까?

    현재 과학자들은 지난 1만 년 동안에 일어났던 몇 차례의 급격한 기후변화 역시 전 지구적인 해수순환이 원인이었는지를 알아내려고 하고 있다. 무엇보다도 이번 세기에 영거 드라이어스처럼 급격한 기후변화를 불러올 수 있는지가 큰 관심사다.
    기후변화에 관한 한 가장 공신력 있는 IPCC는 2007년 보고서에서 이렇게 결론을 내렸다. 이번 세기말까지 전 지구적 해수순환이 느려질 가능성은 50퍼센트 정도라고 말이다. 하지만 과학자들은 이같은 예측을 확신하지 못한다.
    과학자들이 확신을 하지 못하는 이유는 전 지구적으로 흐르는 해수순환을 정밀하게 조사하기가 쉽지 않기 때문이다. 과학자들이 해수순환에 대해 연구한 지가 고작 100년 정도밖에 안 돼 아직 자료가 부족한 형편이다.

　우려할 만한 일은 최근 수십 년 동안 북대서양 극지방 바닷물의 염분 농도가 줄어들고 있다는 것이다. 특히 지난 10년 동안 염분 농도가 많이 줄어들었다고 한다. 한편 2005년에 발표된 영국의 한 조사에 따르면 1957년 이후 전 지구적인 해수순환의 흐름이 30퍼센트나 줄어들었다는 걱정스런 연구결과가 나오기도 했다.

　영화 〈투모로우〉의 주인공 할 박사는 그런 일이 언제 일어날 것인지 묻는 질문에 이렇게 답했다. "언젠가 일어날 가능성이 있으나 가까운 장래에는 일어나지 않을 것이다"라고 말이다. 그러나 영화 속에서의 그는 틀렸다. 국제회의에서 귀가하자마자 기후재앙이 닥쳐왔기 때문이다.

　이런 일이 일어나지 않을 거라고 과학자는 장담할 수 있을까? 아직은 급격한 기후변화에 관해서는 속단하기 이르다. 급격한 기후변화라는 개념이 등장한 지는 고작 10년 정도 밖에 안 되었으니 당연하기도 하다. 앞으로 과학자들의 급격한 기후변화에 대한 예측이 어떻게 달라질지 사뭇 기대가 된다.

티핑 포인트가
다가오고 있다

어릴 적에 이런 놀이를 한 적이 있었다. 컵에 물을 거의 다 채운 다음 이 컵에 물이 흘러넘치지 않도록 조금씩 조금씩 물을 넣는다. 이때 꽤 많은 양의 물이 들어간다는 것에 놀라곤 했다. 하지만 아무리 그래도 결국에는 어느 순간 마지막 한 방울이 들어가면서 물은 흘러넘치고 만다.

이 마지막 한 방울처럼 작은 변화가 갑자기 상황을 바꾸어놓는 순간을 부르는 말이 있다. 바로 티핑 포인트이다.

티핑 포인트는 원래 물리학 용어다. 99도의 물은 1도 차이가 나는 100도의 물과 다르다. 1도만 올라가면 물은 기체로 상태변화를 일으키기 시작한다. 이렇게 균형이 깨지는 극적인 변화의 시작점이 바로 티핑 포인트이다. 티핑 포인트가 지나면 물질은 전혀 다른 상태로 바뀐다.

그런데 물리학에서 출발한 티핑 포인트는 오늘날 사회학적 용어로 더 많이 쓰인다. 최근 나온 말콤 글래드웰Malcolm Gladwell의 『티핑 포인트』라는 책이 세계적으로 선풍적인 인기를 끌면서 티핑 포인트는 온갖 사회 분야에서 유행어가 되었다. 이때의 티핑 포인트는 작은 변화로 인해 예기치 못한 일이 폭발적으로 일어나는 순간을 표현할 때 쓰인다. 티핑 포인트는 소문뿐 아니라 유행, 자살 등 온갖 사회 현상이 어떻게 출현하고 확산하는지를 설명할 때 등장하고 있다.

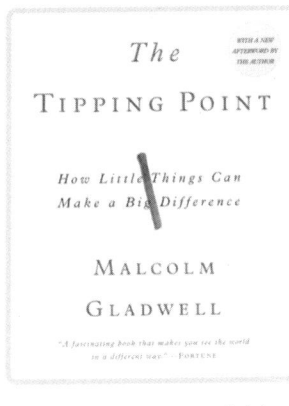

전 세계적으로 선풍을 끈 『티핑 포인트』 이 책은 작은 변화에 의해 어떻게 예기치 못한 일이 폭발적으로 커지는지를 설명한다. 이 책을 통해 티핑 포인트는 사회적인 용어로 많이 쓰이고 있다.

기후변화에서도 티핑 포인트가 찾아올까

그런데 최근 기후변화에서도 티핑 포인트가 화두다. 2008년 6월 미국 우주항공국의 기후과학자인 제임스 한슨 박사는 "티핑 포인트가 다가오고 있다"면서 기후변화에서 티핑 포인트를 강조하고 나섰다. 한슨 박사는 "현재 대기 중의 온실기체가 이미 위험 수준을 지났으며 1988년 수준으로 급히 회복할 필요가 있다"고 주장했다. 현재 대기 중의 이산화탄소의 양은 381피피엠 정도다. 반면 산업혁명이 시작되던 1750년에는 280피피엠이었다. 한슨 박사는 대기 중의 이산화탄소의 양은 1988년 수준인 350피피엠 이하로 유지되어야 한다면서 대기 중의 이산화탄소를 대량으로 폐기하지 않은 한 기후변화는 티핑 포인트에 이르게 될 것이라고 했다.

그렇다면 티핑 포인트에 다다르면 어떤 일이 벌어지는 걸까? 한슨 박사는 그 결과가 대부분 사람들이 생각하는 것 이상일 것이라고 말한다. 그의 말에 따르면 지구에는 다음과 같은 변화가 찾아온다.

먼저 극지방의 얼음이 상당히 녹으면서 해수면이 급격히 상승해 전 세계적으로 낮은 지대가 잠긴다. 이와 함께 극지방의 얼어 있는 땅이 녹으면서 그 안에 갇혀 있던 막대한 양의 이산화탄소와 메탄이 대기 중으로 방출됨에 따라 온난화에 더욱 가속도가 붙는다. 그 결과, 이번 세기에 기온은 최소 6도 이상 오른다. 더 나아가 전 지구적인 해수순환이 멈추고 그로 인해 유럽에 빙하기가 찾아올 뿐 아니라, 아시아의 몬순이 사라지며 아마존 열대우림이 파괴되고 만다.

그런데 한슨 박사는 이같은 기후변화의 티핑 포인트가 멀지 않았다면서, 티핑 포인트가 다가오는 때는 2016년쯤이기 때문에 우리에겐 10년도 남지 않았다고 충격적으로 주장했다.

한슨 박사를 무시할 수 없는 이유

한슨 박사의 말을 들으면 그의 말을 과연 얼마나 믿어야 할지 혼란스럽다. 무엇보다도 한슨 박사의 주장이 IPCC가 2007년에 발표한 4차 보고서와는 내용이 너무나도 다르기 때문이다. 우리는 앞으로의 기후변화를 얘기할 때 IPCC의 4차 보고서를 마치 교과서라도 되듯 근거로 들먹인다. 그 이유는 IPCC의 4차 보고서가 수천 명이나 되는 과학자들의 기나긴 토의 끝에 얻은 것이기 때문이다.

권위 있는 IPCC의 보고서에 따르면 이번 세기 기온은 대략 3도 정도 상승하며 해수면은 20~60센티미터 정도 상승할 것이라고 전망했다. 하지만 한슨 박사는 기온이 6도 이상 상승하며 해수면은 IPCC의 예측치보다 훨씬 높아질 것이라고 말한다.

그렇다면 우리는 IPCC를 신뢰해야 할까, 아니면 한슨 박사를 믿어야 할까? 물론 IPCC는 노벨평화상까지 받았고 수천 명의 과학자들이 낸 결론이니 한 사람의 말보단 더 신뢰할 만하다고 할 수 있다. 그런데 제임스 한슨 박사의 말을 완전히 무시할 수 없는 이유가 있다. 예전에도 다수의 과학자들이 틀리고 한슨 박사가 옳았던 적이 있었기 때문이다.

지난 1988년 한슨 박사는 미국 상원 위원회에 증인으로 참석한 자리에서 "지구온난화가 진행되고 있다고 99퍼센트 확신한다"라면서 이를 불러온 건 바로 인간들이라고 증언해 사람들을 놀라게 했다. 그의 말은 상당히 오랜 기간 동안 과학자들로부터 비판을 받았지만 오늘날 그의 얘기는 사실로 드러났다. 그러니 현재 그의 주장이 또 옳은지도 모를 일이다.

뿐만 아니라 한슨 박사의 주장이 단지 그 혼자만의 주장이 아니라는 것이다. 한슨 박사뿐 아니라 기후관련 과학자들 중에는 티핑 포인트를 염려하는 이들이 있다. IPCC 보고서 작성에 참여한 과학자들 중에도 티핑 포인트를 얘기하는 과학자가 있다. 지난해 영국, 독일, 미국의 과학자들이 미국 국립과학원회보 PNAS에 발표한 보고서에서도 아주 작은 변화가 폭발적이고 파괴적인 효과를 나타내는 티핑 포인트에 주목해야 한다고 촉구했다.

하지만 대다수 과학자들은 한슨 박사처럼 극단적인 주장을 하진 않는다. 대신 현재의 기후변화가 이미 티핑 포인트에 이르렀는지, 그렇지 않은지조차 알지 못한다고 조심스럽게 말한다.

주장이 과격하건 그렇지 않건 간에 현재 기후 과학자들이 공통적으로 염려하는 티핑 포인트로는 세 가지가 있다.

티핑 포인트 1. 극지방의 얼음이 녹는다

남극과 북극의 그린란드에는 두께가 최대 3~4킬로미터나 되는 얼음이 있다. 만약 얼음이 다 녹는다면 바닷물의 높이는 지금보다 80미터가량 높아진다. 어마어마한 양인 것이다. 지구가 점점 따뜻해지면서 이들 얼음이 조금씩 녹을 것이라는 건 예상할 수 있는 일이다.

물론 그렇다고 해서 이 많은 얼음이 이번 세기에 모두 다 녹을 것이라고 과학자들이 생각하는 건 아니다. 하지만 일부만 녹아도 인류에 미치는 영향은 크다. 20세기에 상승한 해수면은 약 17센티미터였다고 한다. 그런데도 현재 태평양의 섬들은 위기를 맞고 있다. 바닷물이 점점 올라오면 지구의 저지대는 물속으로 가라앉을 수밖에 없다. 중요한 사실은 세계 인구의 절반가량이 이런 저지대 가까이에 살고 있다는 점이다.

문제는 극지방의 대륙에 쌓여 있는 얼음이 얼마나 빨리 녹을까 하는 것이다. 티핑 포인트를 얘기하는 과학자들은 IPCC의 예측치보다 훨씬 많은 양의 얼음이 갑자기 바다로 흘러들어가거나 녹을 수 있다고 생각한다. 얼음이 녹는 속도가 점점 빨라질 것이기 때문이다.

그들이 이런 주장을 하는 근거는 얼음과 기후가 서로 영향을 미친다는 데 있다. 스키장에 가면 얼굴이 금세 타는 걸 경험한다. 그 이유는 얼음이나 눈이 햇빛을 많이 반사하기 때문이다. 극지방의 얼음은 너무나도 반사를 잘해서 지구로 들어온 햇빛의 90퍼센트 정도를 우

지구온난화로 녹고 있는 북극의 얼음. 실제로 북극의 얼음은 녹는 시기가 예측할 수 없을 만큼 빨라져 북극곰과 바다코끼리가 먹이를 구하지 못하는 등 생태계가 급격히 파괴되고 있다.

주 밖으로 되돌려 보낸다. 그만큼 지구가 덜 데워진다는 얘기이다.

반면 바닷물은 얼음과는 반대다. 바닷물은 햇빛을 90퍼센트나 흡수한다. 그렇다면 얼음이 녹아 바다로 흘러들어가면 어떻게 될까? 얼음이 줄어들어 햇빛은 덜 반사하는데 늘어난 바닷물 때문에 흡수하는 양은 늘어난다. 그러니까 지구가 점점 더 햇빛을 더 많이 흡수하게 되는 것이다. 그 결과 얼음은 점점 더 빠르게 녹는다.

실제로 자료를 분석해보니 그린란드의 얼음이 바다로 흘러들어가는 양이 점점 더 빨라져 1996년에 비해 2004년에 그 양이 두배나 늘어났다고 한다.

문제는 그린란드나 남극 대륙을 덮고 있던 얼음이 티핑 포인트에 다다르면서 급속하게 바다로 흘러들어갈 수 있다는 점이다. 당초 과학자들은 수많은 도시들이 몰려 있는 북극 그린란드의 얼음만을 걱정했었다. 남극은 너무나도 춥기 때문에 이곳의 얼음은 지구의 온난화가 지속되더라도 오랫동안 괜찮을 것이라고 생각했다. 그런데 2002년 남극의 라센B 빙붕이 떨어져나가는 걸 목격하자 과학자들의 생각이 좀 달라졌다. 라센B 빙붕은 크기가 제주도의 두 배 정도나 되는 거대한 얼음덩어리였다.

남극은 남극 종단 산맥에 의해 동서로 나뉜다. 동쪽은 지대가 높고 건조하며 상당히 추운 반면 서쪽은 이에 비해 따뜻하고 땅이 해수면보다 낮다. 이런 까닭에 남극 서쪽 지역의 막대한 얼음판이 바다로 떨어져나갈 염려가 있다. 이 얼음이 모두 바다로 들어간다면 해수면은 최소 5미터 이상 높아질 것이라고 한다. 이 사진은 지난 50년 동안 남극이 얼마나 따뜻해졌는지를 보여주는 것이다. 색이 진할수록 더 많이 따뜻해졌다는 걸 의미한다. 실제로 남극의 서쪽 지역이 더 많이 따뜻해졌다는 걸 알 수 있다.

이 일로 과학자들은 그린란드에만 두었던 관심을 남극에도 두게 되었다. 그들이 무엇보다도 걱정하는 곳은 남극 서쪽 얼음판이다.

남극은 남극 종단 산맥으로 동서가 나뉜다. 동쪽은 지대가 높고 건조하며 상당히 춥다. 반면 산맥의 서쪽은 해수면보다 낮은 바닥 위에 얼음판이 있어서 바다로 떨어져나갈 염려가 있다. 이런 까닭에 과학자들이 남극 서쪽의 지형을 처음으로 알아냈을 때 놀라움이 컸다고 한다. 라센B 빙붕도 남극 서쪽에 위치해 있었다. 남극의 서쪽 얼음판이 바다로 흘러 들어가면 해수면은 최소 5미터에서 최대 15미터 정도까지 상승할 것이라는 예측이 있다.

제임스 한슨 박사는 "극지방의 얼음이 사람들 생각보다 예민하다"면서 "일단 얼음판이 떨어져나가기 시작하면 급속하게 빠른 속도로 깨지는 티핑 포인트에 이를 수 있다"고 주장했다.

하지만 아직까지는 불확실하다. 무엇보다도 라센B 빙붕처럼 얼음

거인이 왜 갑자기 깨어나 바다로 들어갔는지, 그 메커니즘이 밝혀지지 않았다. 현재 과학자들은 극지방의 얼음의 움직임을 예의주시하고 있다.

티핑 포인트 2. 동토층 속 온실기체가 해방된다

지구가 따뜻해지면 북극에서는 얼음만 녹는 게 아니다. 얼어 있던 땅인 영구 동토층도 녹기 시작한다. 문제는 영구 동토층에 갇혀 있던 괴수도 함께 깨어난다는 것이다. 얼음에 갇혀 있던 괴수는 거대한 양의 이산화탄소와 메탄이다.

알래스카, 캐나다, 시베리아 등지의 고위도 지역의 툰드라 지대에는 더운 여름철 얕은 땅은 얼지만 그 아래 땅은 계속 얼어 있다. 이렇게 계속 얼어 있는 땅을 영구 동토층이라고 한다. 이 영구 동토층에는 이전에 살았던 식물들을 비롯해 유기물들도 함께 얼어 있다. 이 유기물을 이루는 것은 바로 온실기체를 이루는 탄소이다.

극지방의 땅속에는 연중 내내 얼어 있는 동토층이 있다. 이 동토층에는 이전에 살았던 식물들을 포함해 유기물들도 함께 얼어 있다. 지구의 기온이 올라 동토층이 녹으면 이들 유기물이 썩으면서 막대한 양의 이산화탄소와 메탄이 대기 중으로 나온다. 이로 인해 지구는 더욱 더워진다.

그런데 땅이 녹으면 유기물이 썩기 시작한다. 그러면 막대한 양의 이산화탄소와 메탄이 대기 중으로 방출되는 것이다. 지구온난화가 땅 속에 고이 잠들어 있던 막대한 양의 온실기체를 깨우면서 더욱 온난화가 가속화되는 것이다. 문제는 아직까지 얼마나 많은 양이 매장되어 있는지 확실치 않다는 것이다.

2008년 8월 과학잡지 〈네이처〉는 북극의 영구 동토층에 있는 온실기체의 양이 그동안 알려졌던 것보다 두 배에 이른다는 연구결과를 발표했다. 미국 알래스카 대학교 핑첸루 연구팀이 지난 13년간 영구 동토층의 토양을 채취해 분석한 결과 영구 동토층에서 불과 1미터 아래쪽에 약 1천억 톤에 달하는 이산화탄소가 묻혀 있는 것으로 나타났다. 이는 현재 대기 중 이산화탄소량의 4분의 1에 해당한다. 이 많은 양의 온실기체가 밖으로 나온다면 지구의 온도는 급격하게 상승하게 된다.

어찌 보면 이것은 온실기체를 자신의 몸으로 끌어 앉으면서까지 인간의 만행을 참아왔던 지구가 한번에 열을 내며 화풀이를 하는 것인지도 모르겠다. 영구 동토층이라는 시한폭탄이 또 다른 티핑 포인트인 이유가 바로 이 때문이다.

티핑 포인트 3. 전 지구적인 해수순환의 스위치가 꺼진다

극지방의 막대한 얼음이 바다로 흘러들어가고 영구 동토층의 온실기체가 대기 중으로 들어가면 또 다른 티핑 포인트가 펑 하고 터질 수 있다. 그건 바로 전 지구적인 해수순환이 가동을 중단하는 것이다.

이미 언급한 바 있지만 전 지구적인 해수순환이 멈추면 지구의 기후는 급격하게 변화한다. 기후변화가 서서히 일어나는 게 아니라 10년 또는 그 이하의 짧은 시간 만에 지구의 기후가 완전 다른 모습으로 변화할 수 있다는 얘기다.

이렇게 과학자들이 인식하는 티핑 포인트 외에도 기후변화에 대한 여러 티핑 포인트가 존재할 것이라고 생각한다. 그런데 과학자들이 아직까지 밝혀내지 못한 게 너무 많다. 일부 과학자들은 이미 어떤 티핑 포인트들은 지나갔을지도 모른다고 생각한다.

    과학기술이 아무리 발전했다고 해도 아직까지 기후에 관한 한 이렇게 불확실한 게 많다. 이런 불확실성 때문에 IPCC라는 권위 있는 집단이 티핑 포인트를 얘기하는 과학자들보다 비록 긍정적인 예측을 했다고 해서 안심할 수는 없는 것이다.

교토의정서, 세계적인 노력은 어디까지?

"되살릴 수 있는 방법도 모르면서 계속 망가뜨리기만 하는 일, 이제는 제발 그만두세요."

"여러분들은 우리 아이들의 미래를 생각해보신 적이 있나요? 우리들을 사랑한다는 말이 사실이라면 정치가나 경제인으로서의 의무가 아닌 부모로서의 책임을 다해주세요!"

기후변화협약의 현주소

1992년 훼손된 지구환경을 되살리기 위해 각국 정상들이 브라질 리우데자네이루에 모였다. 이 자리에는 세번 스즈키 Severn Suzuki라는 12세 소녀가 어린이 대표로 참가했는데, 위의 말은 그녀가 한 연설이었다.

스즈키의 연설에 감동을 받은 세계의 정상들은 그 자리에서 지구 온난화를 방지하기 위해 온실기체의 배출량을 줄이자는 기후변화협약UNFCCC을 만들었다. 하지만 세계 정상들의 마음은 그리 오래 가지 못했다. 당장 온실기체를 줄이자고 약속은 했지만 실제 행동은 정말 굼떴다. 그런데 이렇게 느리게 일을 진행해도 괜찮은 것일까?

IPCC는 2007년 2월 발표한 4차 보고서에서 2050년까지 온실기체 배출량을 지난 2000년의 50퍼센트 이하로 줄이면 지구 온도의 상승폭은 2.4도 이내에 머물 것이라고 했다.

지구의 평균온도가 현재보다 1.5~2.5도만 상승해도 전 세계 동식물의 30퍼센트가 멸종 위기에 처한다. 따라서 IPCC가 제안한 온실기체 배출량은 상당수 지구 생명체를 희생시킨다는 얘기인 셈이다.

그렇다고 해도 2050년이니까, 먼 미래의 일이라고 생각할지 모르겠다. 그때까지 어떻게든 온실기체를 줄여보면 되겠지 하고 생각할지도 모른다. 혹은 우리가 마음만 먹으면 언제든지 해결할 수 있을 문제라고 생각하는 사람도 있을 것이다. 그렇지 않으면 과학자들이 놀라운 기술을 개발해 온실기체를 제거해줄 것이라는 막연한 기대를 품고 있거나 말이다.

공장에서 뿜어대는 온실기체는 지금 당장 줄여야 한다. 우리에겐 시간이 별로 없다.

그렇다면 2050년이 아직은 먼 미래의 일이므로 우리에겐 충분한 시간이 남아 있는 걸까? 천천히 준비해도 괜찮은 걸까? 이 물음의 답은 그렇지 않다는 것이다.

이산화탄소는 대기 중에 머무는 시간이 무려 100년이나 된다. 지금 방출한 이산화탄소는 이번 세기 내내 대기 중에 머물며 지구를 데운다는 얘기이다. 따라서 이번 세기의 기온 상승을 줄이려면 지금 당장부터 이산화탄소의 배출을 줄여야 한다. 즉 우리에겐 시간이 별로 없다. 지구온난화를 막기 위해 우리가 할 일은 당장 온실기체를 줄이는 일이다.

그렇다면 세계적으로 어떤 노력이 이루어지고 있을까? 온실기체를 줄여야겠다는 생각으로 세계 각국이 처음으로 모임을 가진 지는 20년이 훌쩍 넘었다. 그 첫 번째 회의가 바로 1992년 브라질 리우데자네이루에서 열렸던, 세번 스즈키가 참여했던 지구정상회의이다. 이 자리에는 세계 178개국의 대표와 국제기관, 시민단체 등 2만 여 명 이상이 참가했다.

이 회의에서 지구온난화로 인한 이상기후 현상을 예방하기 위해 기후변화협약이 만들어졌다. 기후변화협약은 지구온난화를 가져오는 이산화탄소를 비롯한 온실기체의 배출을 줄이기 위해 국가 차원에서 전략을 수립하고 시행해 이를 공개한다는 내용을 담고 있다. 또한 온실기체의 배출량과 흡수량에 대한 통계와 정책이행 보고서를 제출한다는 내용도 있다.

1992년 브라질 리우데자네이루에서 세계 각국 정상들이 모였다. 이 자리에서 세계 정상들은 온실기체를 줄이자는 협정을 만들었다.

당시 회의에 참가한 178개국 가운데 우리나라를 포함한 154개국이 이 협약에 서명했다. 그리고 1994년 기후변화협약은 발효되었다.

당시만 해도 각국의 정상들은 온실기체를 줄이는 일이 실제로 달성하기가 그렇게 어려울 것이라고 짐작하지 못했다. 하늘에 오존 구멍을 내는 화학물질의 배출을 성공적으로 억제해본 적이 있었기 때문에 온실기체 배출량 감소도 쉽게 달성할 수 있으리라 낙관했던 것이다.

1980년대만 해도 지구온난화나 기후변화보다 오존이 더 골칫거리였다. 10~50킬로미터 상공에는 오존층이 존재해 태양으로부터 날아오는 해로운 자외선을 차단해준다. 그런데 이 오존층이 인간이 사용하는 화학물질 때문에 파괴되었다. 당장 구멍이 난 오존층을 회복하는 게 당시의 화두였다.

그래서 1987년 캐나다 몬트리올에 세계 각국의 대표들이 모여 오존을 파괴하는 화학물질의 사용을 금지한다는 의정서를 만들었다. 이후 오존을 파괴하는 화학물질의 사용은 거의 사라졌으며, 앞으로 50년 안에 오존층은 예전처럼 건강한 상태로 돌아갈 것이라고 한다.

온실기체 배출량 제한과 교토의정서

오존층 파괴의 문제를 해결한 데 고무된 전 세계 국가들은 온실기체도 쉽게 해결할 수 있을 것이라고 만만하게 생각했다. 그리고 1997년 조금 더 구체적인 온실기체 감축을 위해 세계 각국의 정상들은 일본 교토에 다시 모였다.

이 자리에서 세계 170여 개 국가의 대표는 진통 끝에 미국, 유럽연합, 일본 등 선진국을 주축으로 이산화탄소를 비롯한 여섯 가지 종류의 온실기체를 줄이자는 그 유명한 교토의정서를 만들었다.

교토의정서의 내용은 이랬다. 2012년까지 38개 부자나라의 온실기체 배출량을 1990년 배출량을 기준으로 5.2퍼센트 감소시키는 것이었다. 하지만 대상이 되는 모든 국가가 동일한 양의 과제를 받은 건 아니다.

가장 많은 숙제를 받은 곳은 유럽연합 15개 회원국이었다. 이들은 온실기체 배출량을 8퍼센트 줄여야 한다. 그 다음은 미국으로 7퍼센트, 일본, 캐나다, 폴란드, 헝가리가 6퍼센트, 크로아티아가 5퍼센트의 할당을 받았다.

흥미로운 건 온실기체를 늘려도 된다고 허용받은 부자나라도 있었다. 러시아의 경우는 감축폭이 0퍼센트였지만, 오스트레일리아는 8퍼센트, 아이슬란드는 10퍼센트 늘려도 되었다.

왜 이렇게 불공평한 걸까? 그리고 왜 선진국들만이 대상이 된 걸까? 부자나라이기 때문에 여유가 있어서 그런 걸까?

그 이유는 부자나라일수록 온실기체에 대해 그만큼 더 책임이 있기 때문이다. 부자나라들은 일찍부터 산업혁명을 통해 산업을 발전시켜왔다. 따라서 오래전부터 석탄과 석유를 태워 대기 중으로 온실기체를 배출시키면서 경제를 성장시켜왔다는 얘기다. 또한 부자나라들은 지금도 자가용을 여러 대 굴리고 비행기로 여행을 다니면서 못사는 나라보다 온실기체를 대기에 훨씬 더 뿜어대고 있다. 교토의정서에 포함된 38개 국가들의 온실기체 배출량은 전 세계 온실기체 배출량의 55퍼센트 이상을 차지한다.

한편 교토의정서에는 부자나라 간에도 온실기체 배출량 감소폭이 다른데, 이는 그동안이나 현재 그들이 배출하는 온실기체량의 차이를 반영했기 때문이다. 이 때문에 유럽연합에 속하는 나라라도 저마다

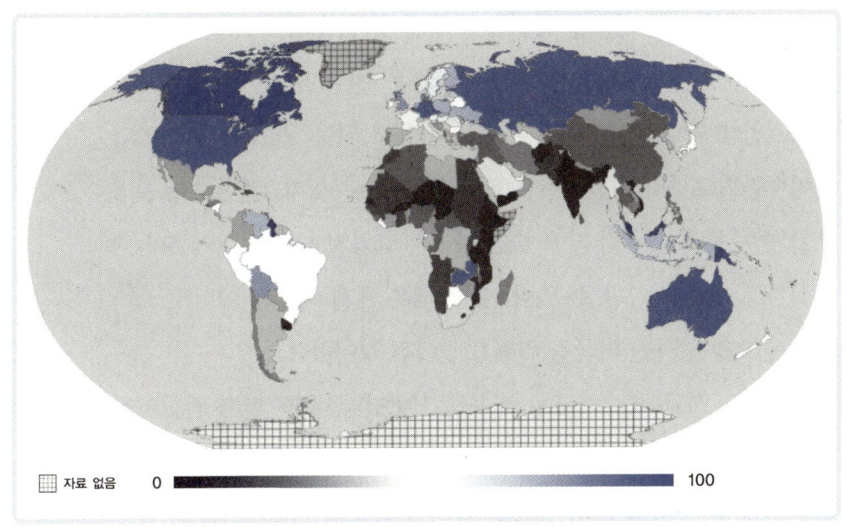

국가별 1인당 온실기체 배출 정도. 온실기체를 많이 배출하는 나라들은 대체로 잘사는 나라들이다. 그래서 1차적으로 이들 나라들이 교토의정서에 따라 온실기체 배출을 줄여야 한다. 이 지도에서 1인당 온실기체 배출량이 많은 곳일수록 푸른색으로 표시했으며, 1인당 온실기체 배출량이 적은 곳일수록 어두운 회색으로 표시했다.

부과된 온실기체의 감소량은 다르다. 영국은 12.5퍼센트, 독일과 덴마크는 21퍼센트를 줄여야 하지만 프랑스는 그대로 유지하면 된다.

물론 여기에 예외도 있었다. 오스트레일리아는 대표적인 이산화탄소 배출국임에도 불구하고 8퍼센트를 늘려도 된다는 허락을 받았다. 이는 교토의정서가 만들어지던 과정에서 오스트레일리아 대표가 아주 협상을 잘했다는 얘기다. 이처럼 누가 더 줄여야 하고 누구는 더 늘려도 된다는 것을 결정하는 데에는 정치적 요인이 크게 작용했다.

이렇게 불공평한 내용에 대해 모든 나라가 쉽게 받아들였을 리는 없다. 특히 미국의 반대가 심했다. 그래서 정치인들은 머리를 짜서 새로운 안을 교토의정서에 포함시켰다. 그것은 다름 아닌 탄소거래권이라는 새로운 통화정책이었다.

탄소배출권이란 탄소를 물건을 사고팔 듯 돈을 주고 사고팔 수 있다는 것을 말한다. 예를 들어 미국의 경우, 자국 내에서 온실기체를 할당치만큼 줄일 수 없다면 더 배출을 해도 되는 오스트레일리아나 아이슬란드로부터 이산화탄소 배출권을 살 수 있다. 열심히 온실기체를 줄여 목표보다 더 많이 줄인 나라는 그렇지 못한 나라에 자신의 온실기체 배출권을 팔 수 있다. 이 정책은 세계 최대의 에너지 소비국이란 오명을 가진 미국을 위해 만들어진 것이었다.

그럼에도 불구하고 미국은 약속을 저버렸다. 1997년에 만들어진 교토의정서가 우여곡절 끝에 2005년 2월에 발효되었지만 여기에 미국은 포함되어 있지 않다. 교토의정서란 약속을 정말로 지키겠다고 비준해야 하는데, 미국은 계속 비준을 거부했던 것이다.

교토의정서는 온실기체를 줄이기 위한 세계적인 노력의 시작일 뿐이다. 또한 5.2퍼센트의 이산화탄소 배출 감소폭은 그야말로 낮은 수치이다. 사실 기후를 안정시키고자 하는 목표를 생각한다면 이것

교토의정서를 이행하기로 비준한 국가들은 170여 국가이며, 미국은 교토의정서를 만드는 데 동참했지만 결국 비준을 거부했다.

은 정말 낮은 목표치이다.

　기후를 안정시키고자 한다면 교토의정서의 목표를 12배로 높일 필요가 있다고 한다. 즉 대기 중의 이산화탄소 농도를 산업혁명 이전 시기인 1800년의 두 배 수준으로 유지하려면 2050년까지 이산화탄소 배출량을 70퍼센트를 감축해야 하는 것이다.

　교토의정서의 이행은 왜 이렇게 삐걱거리는 것일까? 경제를 발전시키면서 온실기체를 줄이기는 어려운 일이기 때문이다. 1990년 대비 5퍼센트 감축은 말처럼 그렇게 쉽지 않고 적은 수치도 아니다. 왜냐하면 1990년 이래 대부분 국가들에서 배출량이 상당한 수준으로 증가했기 때문이다. 미국의 경우 2012년까지 아무 변함없이 평소처럼 계속 일을 해나간다면 1990년 대비 7퍼센트가 2012년에는 30퍼센트로 늘어난다.

　"나의 우뇌는 경제가 다시 활력을 찾은 것을 기뻐하지만, 나의 좌뇌는 이것이 이산화탄소 배출 증가를 의미하는 것임을 생각하고 슬퍼한다."

　장 샤를 우르카드란 프랑스인이 한 말로, 감성적인 우뇌는 당장의 돈벌이에 들뜨지만 이성적인 좌뇌는 그로 인해 발생할 이산화탄소가 걱정된다는 얘기이다. 이는 온실기체가 경제와 맞물려 있어서 이를 해결하는 데 딜레마가 항상 존재한다는 것을 단적으로 보여주고 있다. 특히 요즘처럼 세계적으로 경제가 잘 풀리지 않을 때일수록 기후변화의 문제는 더 뒤로 밀릴 수밖에 없다.

　그렇다고 해도 교토의정서는 기후변화에 대처할 수 있는 유일한 국제협정이다. 이 협정에 따르는 게 대세인 것이다.

　우리나라는 아직까지 교토의정서에 따른 온실기체 감축 국가가 아니다. 하지만 2012년 이후부터는 상황이 달라질 전망이다. 우리나라도 현재의 선진국처럼 이산화탄소를 비롯한 온실기체를 감축해야 하는 나라에 포함될 전망이다.

그렇지 않아도 미국을 비롯한 선진국들은 경제가 부흥하면서 막대한 양의 온실기체를 배출하고 있는 중국과 인도와 같은 개도국에도 규제가 필요하다는 목소리를 높이고 있다. 현재 온실기체 배출량이 세계 9위권이고 배출량 증가율은 최고 수준인 우리나라 역시 다음번 타순에 지명될 운명이다.

탄소가 거래되는 세상

최근 세계금융시장에서 샛별이 떠올랐다. 그것은 다름 아닌 탄소배출권이라는 것을 사고파는 탄소시장이다. 세계은행 World Bank에 따르면 2007년 탄소시장에서 거래된 돈의 규모는 640억 달러, 우리나라 돈으로 약 83조 원이었다.

전 세계 금융시장의 전체 규모에 비하면 터무니없이 적은 수치이다. 하지만 성장속도를 살펴보면 그 잠재력이 대단하다는 걸 알 수 있다. 2005년에는 110억 달러였고 2006년에는 300억 달러였다. 그동안 탄소시장은 매년 2배 이상 성장해온 것이다. 세계은행은 2010년쯤이면 탄소시장의 규모가 1,500억 달러가 될 것이라고 추정했다.

그렇다면 탄소시장은 왜 이렇게 빠르게 성장하는 것일까? 그리고 탄소시장에서 누가 탄소배출권이라는 것을 사고파는 것일까?

교토의정서로 탄생한 탄소시장

탄소시장의 탄생 배경을 한마디로 요약하면 교토의정서이다. 교토의정서에는 지구를 데우는 온실기체가 대기 중으로 방출되는 양을 어느 나라가 얼마나 의무적으로 줄일 것인지에 대한 내용이 담겨 있다. 교토의정서의 의무감축국은 산업혁명을 일으키며 지난 200여 년 동안 대기 중으로 이산화탄소를 비롯해 온실기체를 막대하게 배출해온 유럽국가들과 미국, 일본과 같은 선진 38개국이다. 이들 나라는 나라마다 차이가 있긴 하지만 1990년 배출량 대비 평균 5.2퍼센트 이상으로 온실기체 배출량을 맞추어야 한다.

이같은 내용의 교토의정서가 실제로 적용되기 시작한 것은 2008년부터다. 우여곡절 끝에 결국 미국을 빼고 나머지 의무감축국들은 올해부터 2012년까지 5년 동안 교토의정서에 제시된 온실기체의 배출량 상한치를 맞추기 위해 온실기체 배출량 감축에 들어갔다.

이를 위해 우선 각 나라의 정부는 자국에 부과된 온실기체 배출 상한치를 자국 내 기업들에게 할당해주었다. 그래서 2008년부터 선진국가의 기업들은 온실기체 배출 상한치라는 규정을 이행해야 한다. 만약 상한치를 지키지 못할 경우, 기업은 부족한 탄소배출권을 돈을 주고 사야 한다.

그렇다면 기업들은 어떻게 온실기체를 줄일 수 있을까? 기업들은 온실기체가 공장 굴뚝으로부터 새어나가지 않게 온실기체를 수거하는 기술을 도입할 수 있다. 또는 물건을 생산하는 과정에서 온실기체를 줄이는 기술이나 장비를 들여올 수 있다. 예를 들어 기존의 장비와 기술을 에너지 효율을 높여주는 장비나 기술로 바꾸어 에너지 소비를 줄임으로써 온실기체 배출량을 줄이는 것이다.

이렇게 해서 어떤 기업은 온실기체 배출 상한치를 지킬 수 있었다고 하자. 하지만 그렇지 못하는 기업들도 생겨날 수 있다. 회사의 공정 자체가 온실기체를 줄이기가 너무 힘들거나 온실기체를 줄이는 데 드는 비용이 너무 커 온실기체 배출 상한치를 지키려고 하면 기업이 망하는 수도 있다.

그렇다면 온실기체 배출 상한치를 잘 지킨 기업과 그렇지 않은 기업을 어떻게 해야 할까? 못 지킨 기업은 망하도록 해야 할까? 그렇게 된다면 기업들이 가만히 있지 않을 것이다. 게다가 목표치보다 더 많이 온실기체를 줄인 기업의 경우 더 잘했다고 해서 얻게 되는 이득도 없다.

이런 일이 벌어졌을 때 잘한 기업에는 혜택을 주고, 못한 기업에 불이익을 주는 방법은 없을까? 교토의정서는 재미있는 방법으로 이 문제를 풀었다. 바로 시장원리를 도입하는 것이다.

온실기체 배출 상한치를 잘 지킨 기업은 남아도는 온실기체를 탄소배출권이란 이름으로 팔 수 있다. 그리고 온실기체 배출량 상한치를 채우지 못한 기업은 탄소배출권을 사들여 부족분을 채울 수 있다. 그렇게 되면 어떤 기업의 경우에는 자신들이 직접 온실기체를 줄이는 것보다 적은 비용으로 다른 기업에서 남아도는 온실기체를 사들이는 게 이득일 수도 있다. 이렇게 해서 기업의 지출과 수입에 온실기체를 사들이거나 팔았다는 항목이 생겨나게 된 것이다.

그렇다면 어디에서 탄소배출권이 거래되는 것일까? 현재 세계적으로 유럽연합 내 7개 등 총 10여 개의 탄소배출권거래소가 운영되고 있다. 이 가운데에서 가장 규모가 큰 것이 영국 런던에 있는 유럽기후거래소ECX, European Climate Exchange이다.

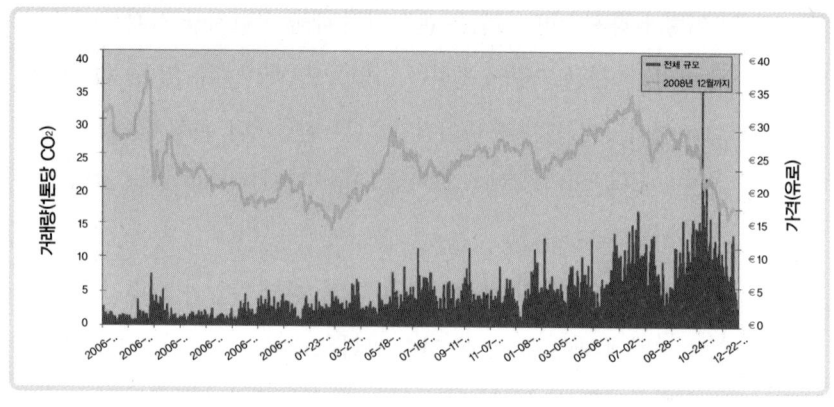

위 그래프는 유럽기후거래소에서 거래되는 탄소배출권의 양과 가격 변동 추이이다. 가격은 오르락내리락하지만 거래량은 점점 늘어나고 있는 것을 알 수 있다.

유럽기후거래소의 경우 회원사가 15,000개나 된다. 2007년 유럽연합에 할당된 온실기체의 30퍼센트가 이곳에서 거래됐다. 2008년 12월 유럽기후거래소에서 거래되는 이산화탄소 1톤당 가격은 15~20유로 사이이다. 그러니까 우리나라 돈으로 약 3만 원 정도이다. 이 정도가 비싸다고 생각하는가? 아니면 싼 편이라고 생각하는가?

탄소배출권을 사고팔다

시장에서 값은 수요와 공급의 원리에 따라 매겨진다. 즉 사고자 하는 이들이 많고 파는 이들이 적으면 값은 오르고 그 반대이면 값은 떨어진다. 그렇다면 탄소시장에서 온실기체를 상한치보다 더 많이 배출하는 기업이 더 많을까? 아니면 더 적게 배출하는 기업이 더 많을까? 온실기체를 간단히 줄일 수 있다면 아마도 탄소배출권을 갖는 기업이 더 많을 것이다.

하지만 실제로는 그렇지 않다. 만약 그렇다면 우리가 미래의 기후변화에 이렇게 떨고 있을 까닭이 없으니까 말이다. 기업들이 자기네 사업에서 직접 온실기체를 줄이기란 쉬운 일이 아니다. 따라서 탄소배출권을 사고자 하는 기업은 넘쳐나는데 파는 기업이 별로 없으면 탄소배출권의 값은 천정부지로 치솟게 된다. 수요와 공급의 시장원리에 따라서 말이다.

그런데 유럽기후거래소에서 거래되는 탄소배출권의 값은 1톤당 약 3만 원. 탄소배출권을 사고자 하는 기업이 더 많을 것에 비해 탄소배출권의 값은 싼 편이라고 할 수 있다. 어떻게 이럴 수 있을까?

사실 사고자 하는 이들은 너무 많은데 파는 이들이 너무 적으면 시장이 제대로 굴러가기 힘들다. 이런 점을 생각한 세계 정상들은 교토의정서에 재미있는 제도를 하나 집어넣었다. 그것은 바로 청정개발체제CDM, Clean Development Mechanism라는 것이다.

CDM은 온실기체를 의무적으로 감축해야 하는 선진국들이 의무감축국이 아닌 나라에서 해결할 수 있도록 해주는 제도이다. 즉 의무감축국은 온실기체를 줄일 수 있는 여지가 상대적으로 많은 개발도상국의 청정개발에 투자함으로써 온실기체 배출을 줄여서 자신들의 탄소배출권으로 갖는 제도이다.

예를 들어 신진국의 기업은 중국이나 인도와 같은 나라에 화력발전소 대신 풍력발전소나 태양력발전소를 세우는 데 투자한다. 그러면 화력발전소가 세워졌을 경우에 배출되었을 온실기체를 줄인 것으로 인정을 받는다. 이렇게 해서 기업은 탄소배출권을 얻을 수 있다. 탄소배출권으로 기업은 자기네 기업의 온실기체 배출 상한치를 맞추거나, 그렇게 해도 남는 경우 탄소시장에 내다팔 수 있다.

청정개발체제 도입의 한계

이와 같은 CDM 제도 덕분에 선진국의 기업들은 비싼 값을 치르지 않고도 쉽게 온실기체 배출 상한치를 지킬 수 있게 되었으며 현재 선진국들은 CDM 사업을 활발하게 벌이고 있는 중이다. CDM 사업은 국제연합의 인증이 있어야 등록이 가능한데, 2007년 말까지 UN이 승인해준 CDM 사업 건수는 1,600개를 넘었다고 한다.

현재 CDM 사업이 가장 많이 투자되는 나라는 인도이다. 인도에서는 약 300가지 CDM 사업이 진행되고 있다. 그 다음은 중국, 브라질, 멕시코 순이다. 우리나라에서도 19개의 CDM 사업이 전개되고 있다고 한다. 주로 개발도상국에 CDM 사업이 진행되고 있는 것이다.

그렇다면 어느 선진국이 개발도상국의 CDM 사업을 가장 많이 투자하고 있을까? 1위는 영국으로 350개가 넘는 사업에 투자하고 있으며, 2위는 스위스, 3위는 네덜란드, 4위는 일본이다. 대다수가 유럽국가들인 것이다. 앞에서 얘기했듯이 탄소시장은 주로 유럽에 몰려 있다.

그런데 이들 선진국의 기업들이 CDM 사업을 이렇게 많이 벌이는 건 자신들의 탄소배출 상한치를 맞추기 위해서일까? 그것보단 CDM 사업을 통해 돈을 벌어들일 수 있기 때문이다. CDM 사업은 온실기체를 줄이면서 동시에 눈에 보이지 않는 무형의 탄소배출권을 탄소시장에 내다팔 수 있어 새로운 수익모델이 되고 있다는 것이다.

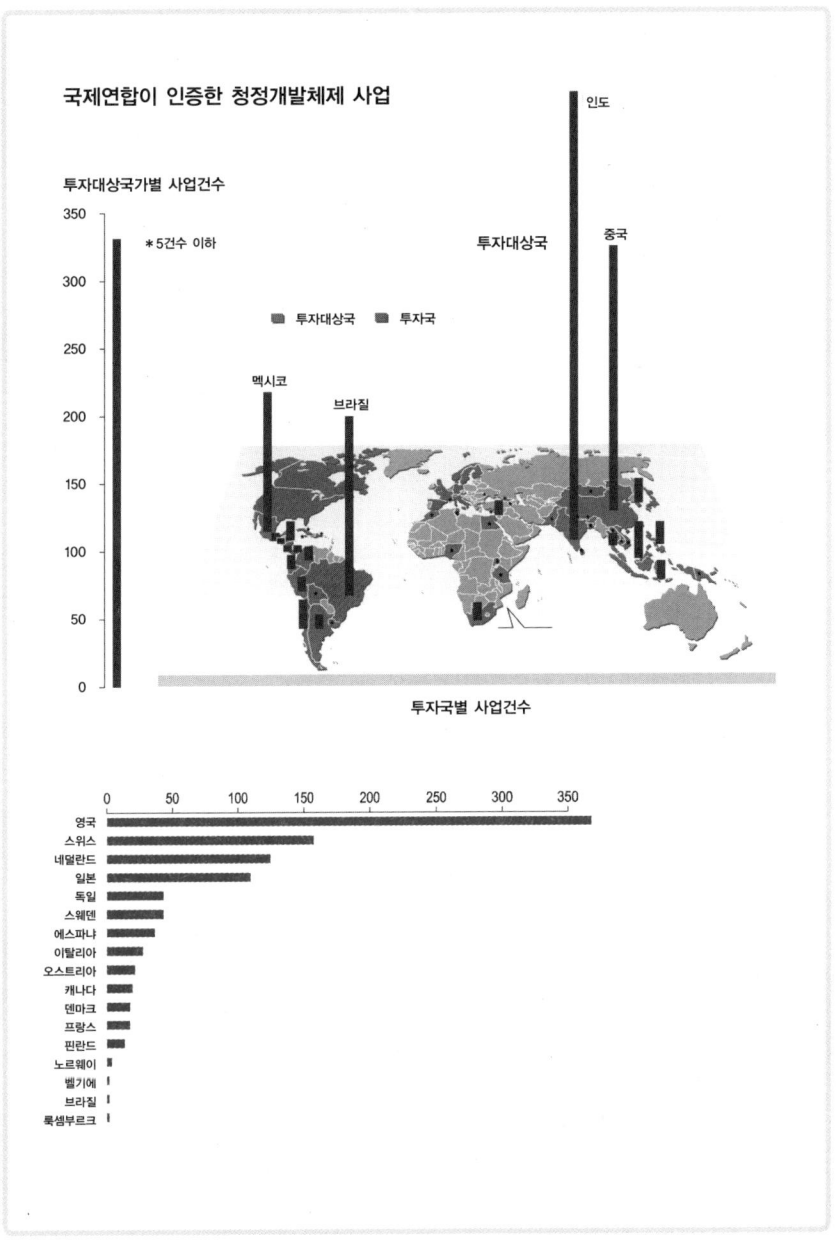

2007년 말까지 유엔이 인증해준 청정개발체제 사업 건수는 1,600개를 넘었다.

예를 들어 중앙아메리카 국가인 니카라과에 지열에너지 시설을 구축하고 있는 캐나다의 폴라리스 지오서멀Polaris Geothermal이라는 회사는 이 사업을 통해 얻은 탄소배출권을 팔아 수익을 창출하고 있는데 이 수익이 회사 전체 수입의 10퍼센트를 차지할 정도라고 한다.

덕분에 CDM 사업은 선진국들의 개발도상국에 대한 신재생에너지 투자를 늘린다는 긍정적인 평가를 받기도 한다. 하지만 최근 CDM 사업을 통한 탄소배출권 거래 방식이 정말 신재생에너지 개발의 확대를 불러왔는지에 대해 의문을 제기하는 목소리도 높아지고 있다.

중국에서 이뤄지는 청정개발체제 사업의 3분의 1은 댐 건설이었다. 그런데 이들 댐 대부분은 국제연합으로부터 청정개발체제 사업으로 인증을 받기 전에 이미 지어졌거나 건설되고 있었다고 한다.

그 사례가 바로 중국의 수력발전소 댐 건설이다. 중국에서 이제까지 공식적으로 승인된 CDM 사업의 3분의 1 이상은 수력발전소 댐이었다. 화력발전소 대신 댐을 건설해 수력발전소를 짓도록 함으로써 탄소배출권이 생긴 것이다.

그런데 댐의 환경문제를 다루는 국제 시민단체인 인터내셔널 리버스International Rivers의 조사에 따르면 CDM 사업으로 등록된 댐들 대부분이 국제연합에서 인증을 받기 전에 이미 완공이 되었거나 공사가 진행 중이었던 것들이라고 한다. 그러니까 탄소배출권이라는 인센티브가 없어도 이미 생겨났을 댐이었다는 얘기다.

그런 예 중 하나가 2003년에 공사가 시작된 간쑤 지방의 샤오구샨Xiaogushan 댐이다. 투자자는 공사가 시작된 이 댐을 사들였다. 그런 다음 이 댐으로 탄소배출권의 인증을 받아 탄소시장에서 탄소배출권으로 팔고 있다. 온실기체를 줄여보겠다는 의도에서 시작한 탄소시장이 이처럼 돈에 눈이 먼 투자자들로 인해 왜곡되고 있는 것이다.

뿐만 아니라 선진국이 자국의 온실기체 감축의무를 나라 밖에서 해결하게 해주는 CDM 사업으로 인해 온실기체의 배출이 실질적으로 감소하고 있는지에 대해서도 의문이 제기되고 있다.

중국처럼 교토의정서 의무감축국에 포함되지 않은 나라는 현재 얼마나 많이 온실기체를 배출할 수 있는지에 대한 한계가 없다. 때문에 개발도상국이 선진국의 온실기체를 최대 얼마까지 끌어안을 수 있는지에 대한 한계도 없는 셈이다. 그러니 CDM 제도와 시장원리로 해결하는 방식이 진정 세계적으로 온실기체 배출량을 감축하는지에 의문이 제기되는 것이다. 그래서 온실기체의 감축에 시장원리를 도입한 데 대해 어느 누군가는 "더럽히는 것을 허용해주는 정책"이라고 악평을 했다.

탄소시장은 과연 온실기체의 배출을 줄여줌으로써 기후변화를 늦춰주거나 완화시켜줄 것인가? 아니면 영국 '지구의 벗'Friends of the earth의 전 대표인 톰 버크Tom Burke의 말처럼 그렇게 될 것이라고 믿는 것은 마술을 믿는 것과 같은 일일까?

해결 방안으로 얘기되는 것 중 하나가 세계의 모든 나라가 온실기체 배출 상한치를 갖고 의무적으로 지키도록 하는 것이다. 아직은 그렇지 않더라도 앞으로는 그렇게 될 전망이다. 교토의정서의 1차 공약기간이 끝나는 2013년이 되면 온실기체를 의무적으로 감축해야 하는 나라가 현재의 일부 선진국만이 아니라 우리나라를 포함해 세계 여러 나라로 확대될 전망이기 때문이다. 그렇게 되면 자기네 나라의 온실기체 배출 상한치를 지키느라 남의 나라 것까지 짊어지기는 힘들어질 것이다.

탄소 중립적 삶이란?

2003년 전설적인 록밴드 롤링스톤즈는 영국 투어 공연을 앞두고 세상의 이목을 집중시키는 계획을 발표했다. 이제부터 자신들의 투어 공연은 지구온난화에 기여하지 않겠다는 것이었다. 그러면서 그들은 '탄소 중립적' 공연을 표방하고 나섰다.

탄소 중립적이라니 이건 무슨 말일까? 영어로 하면 'carbon neutral'인데, 말 그대로 하면 탄소를 중립적인 상태로 한다는 의미이다. 이 말을 풀어보면, 탄소를 더 늘리지도 줄이지도 않고 딱 평형상태가 되도록 하겠다는 얘기다.

발생한 이산화탄소를 어떻게 다시 거둬들인다는 것일까? 롤링스톤즈는 나무를 심는 방법을 택했다. 광합성으로 이산화탄소를 흡수한다는 논리에서 말이다. 이를 위해 롤링스톤즈의 공연 티켓에는 15펜스, 우리나라 돈으로 약 300원의 추가비용이 포함되어 있다. 이 정도이면 팬 60여 명 당 한 그루의 나무를 심을 수 있다고 한다. 즉 탄소 제로가 불가능하다면 소비한 만큼 다시 거둬들이는 무언가에 투자를 한다는 것이다. 그렇다면 어디에다 탄소 소비에 대해 돈을 지불을 하고 어떻게 투자를 한다는 것일까?

방법은 이렇다. 먼저 탄소 계산기나 평균 배출치를 이용해 자신의 이산화탄소 배출량을 알아낸다. 그 다음 탄소 중립 기업, 즉 탄소를 덜 소비하도록 하는 사업을 벌이는 기업을 찾아 돈을 지불하면 된다.

이들 기업은 주로 선진국보다 개발도상국이나 후진국에서 탄소 소비를 줄일 수 있는 곳에 투자한다. 이산화탄소를 비롯한 온실기체는 일반적인 환경문제와 달리 지역적이지 않고 전 세계적인 차원의 문제이기 때문에 이런 일이 가능하다. 대기 중에 방출된 온실기체에겐 따로 국경이란 게 없으니까 말이디.

어찌되었건 이렇게 비용을 지불해서라도 대기 중으로 날아갈 이산화탄소를 다시 붙잡을 수만 있다면 얼마나 좋을까? 하지만 이같은 탄소 중립 운동에 대해 비판하는 목소리도 높다. 환경론자와 과학자들은 탄소 중립 기업이 제시한 탄소 상쇄치가 과장되었다고 비판하고 있다.

그러나 여러 문제점이 있긴 하지만 탄소 중립은 개인과 기업들이 기후변화에 대한 책임을 갖는 데 기여하고 있는 것으로 평가되고 있다. 무엇보다도 이들 탄소 중립 운동이 소중한 것은 자발적이기 때문이다.

이슈@전망

지구온난화 어떻게 해결할 수 있을까?

전 지구적으로 이상고온, 가뭄, 홍수, 바람·강수량 유형 교란 등 극한 기상현상과 물리·생태계 전반의 심대한 변화가 진행되고 있다.
2003년 유럽에서는 폭염으로 약 35,000명의 인명 피해가 발생하는 기현상이 나타났으며, 2005년 미국 남부에서는 허리케인 카트리나가 몰아닥쳐 11조 원에 달하는 피해가 발생했다. 이들 사례는 기상이변 사례 가운데 극히 일부에 지나지 않는다. 그리고 이런 기후변화는 현재와 같이 화석연료를 사용할 경우 21세기 동안 더욱 가속화될 전망이다. 우리나라의 경우에는 최근 30년간(1997년~2006년) 연평균 기온이 0.7도 상승했는데, 지금 추세대로라면 21세기말에는 평균기온이 평년(1971년~2000년) 대비 4도 이상 상승하고 강수량은 17퍼센트가량 증가할 것이라고 한다.
기후변화는 이러한 기상재해뿐만 아니라 인류 삶 자체에도 영향을 미치고 있다. 얼마 전 한 방송사에서 방영된 〈북극의 눈물〉에서는 북극의 환경변화로 수천 년간 전통적 방식으로 고래사냥을 하며 생계를 유지하던 이누이트들(에스키모 인들이 스스로를 지칭하는 말)이 생존에 위협을 받고 있는 현실이 소개되었다. 북극이라는 특수한 장소에, 이름도 생소한 이누이트들의 이야기로 그냥 지나칠 수도 있다. 그러나 기후변화가 오늘 점심에 먹은 라면 가격에도 영향을 주고 있다면 이야기는 달라진다. 가령 호주에서 일어난 역사 이래 최악의 가뭄으로 인해 곡물 생산량이 감소했고 덩달아 전 세계 옥수수, 면화 등의 상품 가격이 천정부지로 뛰어올랐다. 국제적인 밀 값의 상승으로 우리나라 밀가루와 라면 값도 올랐고 사료 값의 상승으로 빚더미에 오른 낙농업자가 자살하는 사태까지 벌어졌다. 이제 기후변화 문제는 더 이상 먼 나라의 남의 이야기가 아닌 당장 오늘 내가 먹어야 할 먹을거리에까지 영향을 미치는 문제가 되었다.
그렇다면 지구온난화로 인한 기후변화 문제는 어떻게 풀 수 있을까? 지구온난화 문제는 국지적·국내적 환경 문제가 아닌 범지구적 차원에서 해결하여야 할 문제이다. 이러한 맥락에서 지난 1992년 6월 브라질의 리우환경회의에서는 지구온난화에 따른 이상기후 현상을 예방하기 위해 국제적인 유엔기후변화협약을 채택하였고, 1997년에는 세계 170여 개 국가 대표들이 미국, 유럽연합, 일본 등 선진국을 주축으로 온실기체를 줄이자는 그 유명한 교토의정서를 만들었다.
이와 같은 교토 체제는 몇 가지 한계를 가지고 있다. 참여하는 국가 및 의무 감축의 시한이 제한적이며 의무감축량을 달성하지 못한 경우에도 제재 방안이 없다는 것이다. 또한 감축목표 설정이 지구온난화를 방지하기엔 매우 부족한 수준이며 목표 설정이 과학적, 정량적이 아니라 협상에 의해 결정되었다는 것이다.
이와 같은 이유로 교토 체제가 만료되는 2012년 이후 이를 보완, 대체할 포스트 교토 체제에 대한 논의가 본격화되고 있으며 지난 13차 당사국총회에서는 포스트-2012 기후변화 협상의 기본방향과 일정을 담은 '발리로드맵'이 채택되었다. 비록

인류는 기후변화로부터 스스로를 보호할 수 있을까? 전 지구적으로 이상고온, 가뭄, 홍수 등 극한 기상현상이 발생해 피해가 속출하고 있다.

온실기체 감축량에 대해 구체적 수치 설정 없이 '상당한 감축' 목표에 합의하는 등의 한계를 보였으나 미국을 포함한 선진국뿐만 아니라 개도국까지도 온실기체 감축에 동참하도록 하였다는 데 의미가 있다.

그러나 무엇보다도 기후변화 문제에 근본적으로 대응하기 위해서는 관련 기술개발이 핵심이다. 기후변화 대응기술은 크게 관측·예측기술, 완화, 적응 및 영향평가 기술로 구분된다. 기후변화 관측 예측 기술은 기후변화 예측을 목표로 하는 기술로 기후변화로 인한 기상재해 등을 사전에 대비할 수 있는 기반이 되는 기술이다. 기후변화 완화 기술은 에너지효율향상 기술, 이산화탄소 발생 저감기술, 이산화탄소의 포집 및 저장기술CCS; Carbon capture and storage 등이 있다. 화석연료를 대체할 수 있는 풍력, 태양광발전, 태양열에너지 등과 같은 재생에너지와 연료전지, 석탄액화가스, 수소에너지와 같은 신에너지로 분류되는 신재생에너지기술 등이 궁극적인 지구온난화 방지 기술이라 할 수 있다. 그러나 가까운 시일 내에 상용화가 어렵다는 문제점을 지니고 있다. 때문에 경제성 있는 신재생에너지가 개발될 때까지 이산화탄소포집 및 저장기술이 유일한 대안으로 여겨지고 있는 상황이다. 더욱이 국제에너지기구IEA가 2015년경 CCS 시장이 형성되어 2020년경 본격화될 것으로 전망함에 따라 CCS기술의 중요성이 한층 더 부각되고 있다.

우리나라의 경우, 교토의정서 1차 공약기간 상의 의무감축 대상국은 아니지만 세계 10위권 안팎의 에너지 다소비 국가이며 화석연료 연소에 의한 이산화탄소 배출량이 세계 9위(2006년 자료 기준)이고, OECD회원국, 선발개발도상국이라는 위상을 감안할 때 포스트 교토의정서 단계의 온실기체 감축 의무부담을 면할 수 없을 것이다.

박상도 한국이산화탄소포집및처리연구개발센터장

2장

에너지

"에너지는 생활의 원동력이며 산업사회를 지탱하는 거대한 축이다. 그동안 화석연료는 에너지의 절대적 공급원 구실을 했다. 하지만 지나친 화석연료에 의존한 대가는 에너지 위기와 더불어 환경 재앙을 예고하고 있다. 우리의 미래가 위협받는 것은 시간문제라고 할 수 있다. 에너지 확보와 환경 보존이라는 상충된 문제를 해소할 지속 가능한 에너지, 즉 신재생에너지에 대한 관심이 폭발적으로 늘고 있다. 녹색기술이 신성장동력으로 대접받기도 한다. 세계 각국이 화석연료를 대체할 에너지를 찾기 위해 태양이나 물, 바람 등을 주목하고 있다."

김수병
시사주간지 〈한겨레21〉의 문화과학팀장을 역임하였으며 다양한 장르의 글쓰기에 관심을 기울이고 있다. 과학의 참모습에 대한 올바른 이해를 탐구하여 독자들이 오해와 불신 혹은 맹목적 환상에서 벗어나는 데 도움을 주고자 한다. 마음과 몸의 관계를 주목하는 심신의학에 매료되어 마음을 살피기 위해 애쓰고 있다. 한국과학기술원 '과학저널리즘 디플로마' 과정을 수료했다. 『사이언티픽 퓨처』『김수병의 첨단과학 오디세이』『마음의 발견』『사람을 위한 과학』『재미있는 미래과학 이야기』 등을 펴냈으며, 2004년 한국과학기술도서상 저술부문 과학기술부장관상을 수상했다.

석유중독, 치유하소서!

우리가 기후변화에 민감할 수밖에 없는 것은 온난화의 파국을 맞이하기도 전에 '고탄소 경제'의 재앙을 맞을 수 있기 때문이다. 화석연료에 의존하는 경제는 미래를 보장하기는커녕 미래의 발목을 잡을 수밖에 없다.

고탄소 경제의 거대한 재앙
근래에 고유가로 인해 단맛을 즐기고 있을 듯한 중동의 산유국들도 언젠가는 석유가 바닥날 것이라는 사실을 알고 '오일달러'의 미래를 염려하고 있다. 그 때문일까. 세계 최대의 석유 산지인 사우디아라비아에서는 '석유 종말'을 예견하는 유머가 하나 있다. "내 아버지

화석연료에 의해 멍들어가고 있는 지구는 인류가 하루바삐 석유중독에서 벗어나야 한다고 경고하고 있다.

는 낙타를 타고 다녔고, 나는 자동차를 타고 다닌다. 내 아들은 전용기를 타고 다니겠지만, 내 손자는 다시 낙타를 타게 될 것이다." 이런 이야기는 사우디아라비아뿐 아니라 국제 석유자본에 대한 발언권을 강화하기 위해 결성한 '석유수출국기구OPEC' 회원국 모두에게 해당하는 사안이다.

이렇듯 화석연료의 종말은 미래에 대한 예측이 아니라 현실적인 사안이 되었다. 당장 화석연료가 고갈되더라도 석유 이전으로 돌아갈 수는 없다. 등유가 시장을 휩쓸기 전 집안을 밝혔던 고래기름 같은 천연연료로 지금의 지구를 밝힐 수는 없다. 언젠가는 석유도 고래기름이 그랬던 것처럼 역사 속으로 사라질 수밖에 없는 운명이다. 미국인 에드윈 드레이크Edwin Drake가 150여 년 전에 펜실베이니아 주에서 석유를 발견한 이후 에너지 다소비 사회가 된 지금까지 인류는 물질적 풍요로움을 만끽할 수 있었지만 더이상 그럴 순 없다. 이제 에너지 전쟁과 기후변화로 치달은 생태적 위기는 지구촌의 절박한 현안이 되었다.

정말로 석유종말은 현실이 될 것인가. 석탄, 가스, 석유를 비롯한 화석연료들은 한번 쓰면 더이상 재생산의 기회를 갖지 못하고 사라진다. 국제에너지기구IEA는 2030년이면 전 세계 석유 공급이 수요보다 매일 1억 배럴씩 모자랄 것으로 내다보았다. 세계 최대의 석유 회사인 영국의 브리티시 페트롤리엄BP은 한 연구보고서에서 2010년부터 석유 생산량이 줄어들기 시작해 2030년 무렵이면 지구 상의 석유가 상당 부분 고갈될 것이라 예측했다. 국내에서 하루에 쓰는 석유는 약 230만 배럴로, 장충체육관 부피의 5배가 넘는다. 이 양은 세계 7위로, 인구 규모(세계 26위)나 경제 규모(세계 11위)에 견줘 너무 앞선 기록이다.

그냥 화석연료만 사라지는 게 아니다. 전 세계에서 사용하는 화석연료로 인해 해마다 270억 톤의 이산화탄소가 발생해 대기의 온도를 높이고, 해수면을 상승시키고 있다. 현재 지구 대기의 이산화탄소 농도는 385피피엠ppm. 지금처럼 해마다 2~3피피엠씩 농도 상승이 지속된다면 다음 세기 말에는 900피피엠에 이르게 되고 생명체가 대량멸종될 것이라는 예측도 있다. 우리나라의 1인당 이산화탄소 연간 배출량은 9.3톤으로 미국(19.8톤)보다는 낮지만 일본(10.0톤)에 근접하는 수준이다.

아무리 산업기술이 발달하여 열효율을 혁신적으로 늘린다 해도 바닥을 드러내는 것마저 막을 수는 없다. 정부의 장기 전력수급 계획에 따르면 전기 소비량은 앞으로 해마다 4~7퍼센트가량 늘어날 것으로 보인다. 이 계획에 따르면 앞으로 10년 뒤 1인당 전기 소비량이 8,300만 킬로와트시로 높아진다. 1인당 국민소득의 3배가 넘는 독일이나 일본, 덴마크 등보다 많이 쓰는 것이다.

그렇다면 석유중독에 의한 화석연료의 재앙에서 벗어나기 위해선 무엇을 해야 할까. 무엇보다 석유 의존도를 최대한 낮출 수 있도록 신재생에너지에 집중적인 투자를 하는 게 필요하다. 물론 풍력이나 태양광, 바이오매스 등의 가용성이 기존의 에너지원만 못하다는 점은 감안해야 할 것이다. 이들은 에너지 확보에 비용이 많이 들고 자연조건에 따라 출력이 변하는 등 한계가 많다. 그럼에도 다양한 1차 에너지원, 즉 신재생에너지를 개발하는 것의 중요성은 아무리 강조해도 지나치지 않다.

이미 글로벌 기업들은 저탄소를 화두로 삼은 경영혁신을 장기적으로 추진하고 있다. 제너럴 일렉트릭GE나 월마트, 도요타 등의 기업들은 환경을 화두로 삼아 새로운 비즈니스 모델을 창출하고 있다. GE만 해도 "환경은 돈이다"라는 슬로건 아래에서 태양광 발전과 태양전지, 담수화 사업, 재생에너지 개발 등에 막대한 투자를 하고 있다. 월마트 역시 신재생에너지를 공급받은 친환경적인 제품을 팔겠다고 선언하기도 했다. 이에 견줘 국내 대기업들은 직접적인 개발보다는 완제품 수입으로 이익을 챙기겠다는 '오퍼상' 수준에 머물고 있다. 이젠 탄소량을 줄이기 위해 경영 방식마저 바꾸려는 기업들을 따라 배워야 할 것이다.

당장 탄소 경제의 탈출구가 '열려라 참깨' 식의 해결책이 되는 것은 아닐 것이다. 바이오디젤만 해도 에탄올이 함유된 식물체를 생산하는 과정에서 생물 다양성을 감소시키며 토양 이탈을 부추긴다는 우려의 목소리가 높다. 현재로서는 에너지의 최종 사용 기술의 선진화로 효율을 극대화하는 것 말고는 뾰족한 방법이 없다. 국제에너지기구 에너지연구기술위원회가 작성한 시나리오에 따르면 앞으로 항공이나 지상 교통 분야에서 에너지 사용량이 20년 동안 50퍼센트 이상씩 증가한다고 한다. 이를 극복하려면 혁신적으로 개선된 내연기관이나 대체연료 기관, 하이브리드-전기 동력, 연료전지 동력 등에 관한 기술이 절실하다.

아직까지 석유중독의 해독제는 뚜렷하지 않다. 일부에서는 신재생에너지원의 경제적 효율성을 거론하며 원자력을 재생에너지로 분류해야 한다고 주장하기도 한다. 원자력 발전을 통해 저렴하게 수소를 생산해 에너지로 삼을 수 있다는 점이 부각되기도 한다. 원자력이 안전성이나 환경 영향 등의 문제가 있는 게 사실이지만 석유종말이라는 상황에서 주목하지 않을 수 없다는 이유에서다. 그러나 지금 석유중독의 탈출구로 원자력을 떠올리는 것은 너무나 손쉬운 방법이다. 중독의 증상을 제대로 치유하지 않고 합병증을 키우겠다는 발상이라고 할 수 있다. 인류의 치명적인 석유중독, 그 대안은 무엇이 되어야 하는 것일까.

태양을 잡으면
에너지가 모인다

우리는 석유에서 벗어나 풍요로운 생활을 영위할 수 있을까. 일부에서는 20여 년 동안 석유가 풍부한 유전을 개발하지 않은 탓에 화석연료 고갈을 염려한다고 주장하기도 한다. 하지만 아무리 유전을 개발해도 예정된 마감 시한을 조금 미루는 정도에 지나지 않는다. 적어도 후대에 재앙의 불씨를 남기는 원자력 발전을 '대안 없는 대안'으로 여기지 않으려면 새로운 에너지원을 찾아야 한다. 재생에너지 산업을 선도하는 독일의 에너지 자립형 신도시에서는 어떻게 석유 독립을 현실화시키고 있는 것일까.

재생에너지 산업을 선도하는 독일에 가다

독일 정부는 신재생에너지 비율을 2020년까지 30퍼센트, 2050년까지 80퍼센트로 확대하기로 했다. 2007년 독일 전체 소비량의 14.2퍼센트를 신재생에너지로 충당한 자신감 때문이다. 이 정책 가운데 하나가 태양광 발전을 확대하기 위한 '10만 태양지붕 프로젝트'이다. 일반 주택과 빌딩은 물론 정부 청사도 예외가 아니다. 오히려 정부가 앞장서서 모범을 보이고 있다. 베를린 '태양 정부 청사 구역'은 모든 정부 건물에 신재생에너지 사용을 의무화하고 있다. 새로 들어서는 정부 청사는 열 소비량이 신축건물에 적용되는 한계치보다 30~40퍼센트 낮아야 하며, 전기 소비량은 제곱미터당 연간 최대 20~50킬로와트시로 낮춰야 하며 재생에너지 비율은 15퍼센트를 차지해야 한다.

사정이 이렇다 보니 태양 정부 청사 구역 어디를 가더라도 신재생에너지의 폭넓은 쓰임새를 확인할 수 있다. 옛 제국의회 지붕을 뚫어 건축한 연방의회 지붕은 놀라움 그 자체라 할 수 있다. 영국의 건축가 노먼 포스터Norman Foster가 설계한 통일 독일의 상징적 건물인 연방의회 유리돔에 가려면 나선형 경사로를 따라 꼭대기로 올라가야 한다. 거기엔 거대한 태양광 전지판이 빼곡하게 들어차 있다. 이 전지판은 유리돔으로 들어오는 태양빛을 간접광으로 바꾸어 돔 바로 밑에 있는 본회의장으로 보내도록 설계되었다. 태양광 발전과 채광 효과를 동시에 누릴 수 있도록 한 것이다. 뿐만 아니라 부근의 의원회관, 수상청 등지도 태양광 발전 시설이 설치되어 있다.

보방 지역에 있는 주택들은 태양열 집열판에서 나오는 열로 난방을 한다.

정부 청사에 가면 미래가 보인다

독일 남서부 프라이부르크Freiburg 시 보방Vauban은 그야말로 꿈의 작은 신도시를 일궈냈다. 보방 지역은 제2차 세계대전 때부터 주둔한 프랑스군이 독일이 통일된 직후인 1992년에 철수하면서 신도시 건설이 추진되었다. 당시 프라이부르크 시는 독일 정부로부터 10만여 평의 면적을 사들여 5천 명이 거주할 미니도시를 만들기로 했다. 이 때 신도시 기획에 참여한 자원봉사자들이 '보방 포럼'을 결성하고 보방 지역의 밑그림을 그렸다. 그리고 이들은 1997년 신도시 건설이 본격화될 즈음 입주자의 의견을 모아 프라이부르크 시 주택국과 보방신도시조성위원회의 정책적인 뒷받침을 이끌어냈다.

이때 에너지 저소비와 자동차 주차금지 등 보방 지역의 자치 규약도 만들었다. 여기에 따라 새로 들어서는 건물에는 엄격한 에너지 기준이 적용되었다. 당시 독일 일반 가정은 1세제곱미터를 데우는

데 드는 에너지가 200킬로와트시 이하면 되었는데, 보방 지역에서는 1세제곱미터를 데우는 데 들어가는 에너지는 60킬로와트시 이하일 것으로 제한했다. 3분의 1이하로 낮춘 셈이다. 지금도 독일 건축법상 1세제곱미터를 데우는 데 90킬로와트시 이하가 기준인 것을 보면 보방 지역이 얼마나 앞서 나갔는지 실감할 수 있다. 하지만 우리나라의 경우엔 '열효율' 규정이 아예 없다. 돈만 있으면 얼마든지 에너지를 남용할 수 있는 것이다.

근래에 프라이부르크는 '태양의 도시'로 이름을 떨치고 있다. 그만큼 태양을 이용한 시설이 많기 때문이다. 보방 지역에 있는 주택들은 태양열 집열판에서 나오는 열로 난방을 한다. 건물 벽체에 30센티미터의 단열재를 사용해 열 손실도 거의 없다. 주민들이 커뮤니티센터로 이용하는 '하우스37'의 지붕에도 200제곱미터 면적의 태양광 전지판이 있다. 여기에선 전력을 최고 26.4킬로와트를 생산하며 1년에 2,000킬로와트시를 공공건물 등지에 공급하고 있다. 또 600여 명의 학생들이 생활하는 기숙사 건물의 지붕에 설치된 태양열 집열판을 이용해 매일 1만 리터의 온수를 인근 지역에 공급한다. 이로 인해 절약되는 가스가 1만 세제곱미터로 추산된다.

애당초 프라이부르크는 1970년대 원자력 발전의 희생양이 될 운명이었다. 당시 서독 정부는 프라이부르크 인근에 원자력 발전소를 세우려고 했다. 이때 주민들이 포도주와 목재 산업이 망가질 것을 우려해 대규모 반대시위를 벌였다. 결국 원진 건설 계획이 중단됐고, 반대운동을 주도했던 시민단체는 친환경 태양에너지 개발에 관심을 기울이게 되었다. 태양에너지를 중심으로 시 정부와 시민이 융합된 것이다. 이제는 시민들이 판을 키우면서 태양에너지의 의미가 시간이 지날수록 확장될 수 있도록 하고 있다.

보방 지역 인근에는 또 다른 태양의 도시가 자리잡고 있다. 바로 태양 건축가 롤프 디쉬Rolf Disch가 건설을 추진한 슐리어베르크Schlierberg의 '잉여에너지 주택단지'이다. 보방 지역이 시민과 지자체의 협력으로 조성된 생태형 마을이라면, 슐리어베르크는 민간 주도로 들어선 에너지 자립형 마을이라 할 수 있다. 슐리어베르크 단지에는 롤프 디쉬가 설계한 첨단 태양열 주택 '헬리오트롭Heliotrop'의 건축 기술을 적용한 50여 주택이 들어서 있다. 태양광 전지판과 조화를 이룬 형형색색의 외벽은 미적 감각만으로도 보는 사람의 눈을 사로잡는다.

태양열 주택 헬리오트롭

슐리어베르크 주민들은 남는 에너지를 전력회사에 팔기도 한다. 한 주택에 설치한 태양광 전지판은 최고 7.5킬로와트의 전력을 생산한다. 전체 단지에서 연간 40만 킬로와트시 남짓 생산되는 셈이다. 4인 가정에서 1년에 평균 4,000킬로와트시를 사용하는 것으로 계산하면 생산량의 절반 가까이가 남게 된다. 이를 지역 전력회사인 바데노바 사에 판다.

슐리어베르크의 주택은 설계에서 시공까지 에너지 '절약'의 기술을 적용했다. 전체 주택을 배치할 때 조도가 15도로 낮아질 때도 거실에 햇볕이 들도록 했고, 3중 유리창의 가운데에 아르곤 가스를 넣어 단열 효과를 높였다. 게다가 환기 설비에 '열 회수 장치'를 장착해 체온으로 데워진 열이 밖으로 빠져나가지 않도록 했다.

이쯤 되면 프라이부르크가 명실상부한 태양의 도시로 느껴질 법하다. 프라이부르크 시는 5천 유로(약 600만 원)에 거래되는 1킬로와트 태양광 전지판을 300유로(약 36만 원)에 보급하고 있다. 시민들이 전기를 구입할 때 소비자 가격을 비싸게 받아 1킬로와트시당 1센트씩 적립하고 그것을 보조금으로 활용하는 것이다.

그럼에도 태양에너지로 충당하는 전력량은 2.9메가와트로서 전체 소비량의 0.3퍼센트에 지나지 않는다. 모든 재생 에너지를 합해도 4퍼센트가 채 되지 않는다. 프라이부르크 시는 2010년에 재생에너지 발전량을 818메가와트로 늘려 전체 에너지 소비량의 10퍼센트를 충당할 계획이라고 한다. 이 목표를 이룬다 해도 태양에너지의 비중은 9.5메가와트로서 1.2퍼센트에 지나지 않는다.

태양에너지의 위력

이렇게 숫자로 확인한 프라이부르크는 거대한 태양을 감당하지 못하는 것처럼 보인다. 하지만 태양에너지 0.3퍼센트의 위력은 다양한 형태로 나타나고 있다. 무엇보다 시민들이 6퍼센트의 비용을 더 내면서 태양광 전지판 보급에 기여하고 있으며 태양의 도시를 이끌고 있다. 이들의 힘으로 태양광 전지판 생산회사인 '졸라 파브릭' 같은 회사가 일자리를 만들어내면서 지역 경제에 이바지하기도 한다. 프라이부르크 시민들은 분데스리가 축구 경기를 보면서 태양에너지의 가능성을 자연스럽게 터득하고 있다. 축구경기장 관람석의 남쪽 스탠드 지붕에 태양열 집열기를 설치해 연간 25만 킬로와트시의 전력을 생산하고 있기 때문이다. 이는 60여 가구에서 한 해 동안 사용할 수 있는 에너지량이다.

지금 태양의 도시로 발돋움한 프라이부르크의 햇살은 따사롭다. 태양을 엔진으로 삼아 미래형 도시로 거듭나려는 프라이부르크의 선택은 오늘을 위한 게 아니었다. 미래로 가는 다리의 주춧돌을 놓았을 뿐인데도 태양에너지의 산실로 자리잡았다. 독일 프라운호프 연구소의 태양에너지연구센터를 비롯해 50여 개의 에너지 벤처기업이 프라이부르크에 둥지를 틀었다. 프라이부르크에 거주하는 21만 시민이 연구소와 벤처기업의 홍보 인력이라 해도 지나친 말이 아니다. 그들은 콘센트에 꽂힌 전원 플러그를 빼는 것에서부터 태양에너지 전도사 노릇을 시작하고 있다.

바이오가스, 분뇨를 에너지로

국내 축산농가는 한미자유무역협정FTA으로만 골머리를 앓는 게 아니다. 지독한 악취를 풍기며 처리할 데가 마땅치 않은 가축분뇨도 빼놓을 수 없는 골칫덩어리다. 지금은 가축 분뇨를 1톤당 2만 원가량 들여 먼 바다에 내다버리기도 하는데, 해양오염방지법에 따라 2012년부터는 이마저도 금지된다. 그런데 이런 가축의 똥과 오줌이 전기 에너지원으로 거듭날 채비를 하고 있다. 전라남도가 2012년까지 화순과 무안, 함평, 영광 등 네 곳에 1일 700톤 처리 규모의 가축분뇨 바이오가스 발전 시설을 설치하기로 한 것이다. 이들 시설이 완공되면 지역에서 나오는 가축분뇨 2,700톤의 26퍼센트를 처리해 하루 6만 가구가 사용할 수 있는 33메가와트시(14억 4,000만 원어치에 해당)의 전기와 액체비료를 생산할 수 있다.

이처럼 바이오가스 설비는 분뇨를 황금으로 바꾸는 구실을 한다. 바이오가스 발전 설비를 완비하는 데 1천억 원을 투자해야 하는 부담은 있지만, 신재생에너지의 가능성을 생각한다면 투자비를 아까워할 필요는 없다. 국내 기술로 바이오가스 발전 설비를 완비한다면 투자비용도 크게 줄일 수 있을 것이다. 하지만 아직까지는 기술을 재생에너지 선진국 독일에서 이전받아야 한다.

독일 헤센 주의 축산농가와 바이오가스

지난 2008년 독일 정부의 재생에너지법 개정안과 재생에너지난방법이 연방하원을 통과해 2009년 1월부터 시행되고 있다. 재생에너지법 개정안은 재생에너지로 생산한 전기를 시장가격보다 높은 가격으로 20년 동안 의무적으로 구입하도록 한 법이다. 이 법에 따라 독일의 재생에너지 산업은 비약적인 발전의 토대를 마련할 수 있게 되었다.

독일 중부 헤센Hessen 주의 아이터펠트 Eiterfeld에 사는 40대 중반의 폴케르 힐파르트Volker Hilpert는 재생에너지법에 따라 축산농장주 겸 전력회사 사장이 될 수 있었다. 젖소 170마리를 포함해 모두 350여 마리의 소를 키우는 전기사업자가 된 것이다. 그는 축사에서 나오는 가축의 분뇨와 농작물로 '바이오가스'를 만들어 지역 전기회사에 높은 가격으로 팔고 있다. 2005

바이오가스를 만들어 파는 독일 축산농장주 겸 전력회사 사장 폴케르 힐파르트 씨

년에 바이오가스 발전 설비를 갖춰 전기를 생산하고 있는 그는 일거양득의 효과를 실감하고 있다. 전기는 전력회사에 팔아 소득을 얻을 뿐만 아니라, 부산물로 나온 것을 액체비료로 이용하기 때문에 화학비료를 따로 구입하지 않아도 된다. 작은 농약업체를 운영한다 해도 틀리지 않은 셈이다. 그것만이 아니다. 가끔 탐방객들이 올 때마다 시설을 둘러보도록 하고 일정액을 받고 있다.

그야말로 화려한 변신이다. 농부에서 전력생산자로, 비료사업자로, 관광업자로 변신하고 있으니 말이다. 이같은 변신의 원동력이 바로 재생에너지법이었다. 그것이 아니었다면 지금 그는 가축분뇨 처리에 골머리를 앓고 있었을 것이다. 2004년에 개정된 재생에너지법의 핵심은 발전차액지원제도였다. 전력회사에서 태양에너지, 풍력, 바이오매스 등 재생에너지로 생산된 전기를 사들일 때 1킬로와트시당 최대 56유로센트의 값을 쳐주는 것이다. 일반 화석연료로 발전된 전기에너지보다 2.5배나 비싼 가격이다. 일반 전기에너지 가격을 웃도는 금액에 대해서는 정부가 보조를 해준다. 가정과 기업에서 재생에너지에 투자하는 것은 당연한 일이었다.

2009년 현재 헤센 주에만 100개 가까운 농가형 바이오가스 플랜트가 설치돼 있다. 주로 헤센 주 헤르스펠트Hersfeld에 있는 헤센주농업연구소Landesbetrieb Landwirtschaft Hessen에서 가능성을 확인한 뒤 농가 수익을 올리려고 설치한 것이다. 힐파르트도 "가축 분뇨를 처리해 만든 전기를 판매할 수 있다"는 말을 귀담아듣고 100만 유로(약 12억 원)라는 거금을 쏟아부었다. 25만 유로는 가족들이 모았고, 나머지 75만 유로는 연 4퍼센트의 이자율로 은행에서 융자받았다. 대출금 원금과 이자를 감당하는 데 어려움은 없을까? 그는 "바이오가

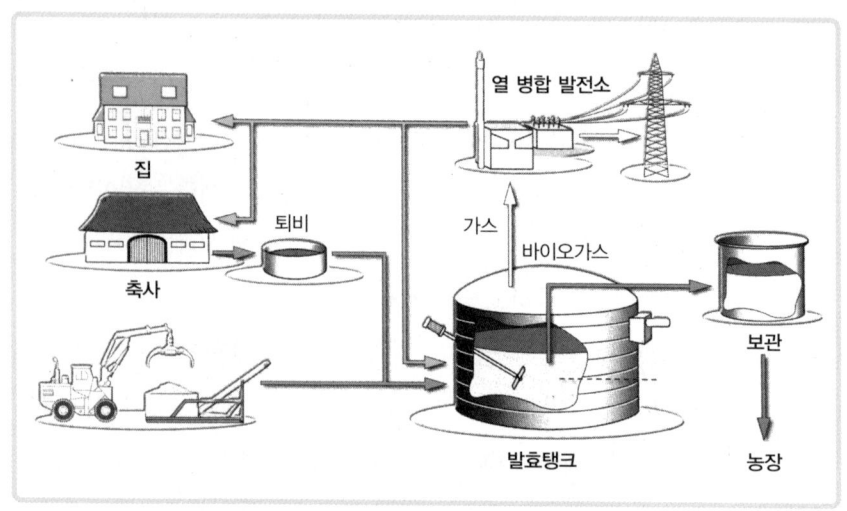

바이오가스 플랜트의 구조. 분뇨와 농작물은 발효탱크에서 에너지로 전환된다.

스 플랜트 업체로부터 7년 6개월이면 투자금을 뽑을 수 있다는 말을 들었다"라고 귀띔했다. 이제 투자금의 압박에서 벗어나는 데 5년도 채 남지 않았다.

　그렇다면 농장에서 전기를 만들어내는 방법은 무엇일까. 이에 대한 답을 들으려면 축사 뒤에 있는 바이오가스 플랜트를 살펴봐야 한다. 축사를 빠져나가자마자 농작물 저장고와 대형 발효탱크가 시선을 붙든다. 여기엔 축사에서 나오는 가축 분뇨가 들어가는 주입구와 옥수수와 밀 같은 농작물을 밀어 넣는 탱크가 딸려 있다. 발효탱크에서 처리하는 가축 분뇨가 하루에 15~18톤이나 되고, 옥수숫대나 밀짚을 잘게 자른 농작물도 2시간에 1.3톤씩 자동으로 주입된다. 그가 전기사업자로서 하는 일은 소를 돌보는 직원이 농작물을 탱크로 옮기는 것을 거드는 것뿐이다. 누워서 떡 먹기나 다름없다. 가끔 플랜트가 정상적으로 작동되는지를 모니터로 확인하는 것은 일도 아니다.

이렇게 외부에서 공급받은 유기물 1,500여 톤을 처리하는 발효탱크는 섭씨 40도를 유지한 상태에서 요란한 생명현상을 거둔다. 여기엔 산소를 싫어하는 혐기성 박테리아들이 득시글거린다. 이들은 유입된 분뇨와 농작물을 먹어치우면서 쉼없이 방귀를 뀌어댄다. 바로 메탄가스를 만드는 것이다. 이를 모아서 저장소로 보내 태우면 발전기가 돌아가면서 전기와 열을 생산하게 된다. 옥수수나 밀 2.5킬로그램이 발효탱크에서 메탄가스 1톤으로 바뀌는 것은 시간 문제이다. 이는 1리터의 석유에 맞먹으며 에너지로 환산하면 9.94킬로와트시나 된다고 한다. 그리고 박테리아의 먹이 구실을 끝낸 유기물은 냄새가 거의 나지 않는 질 좋은 비료로 거듭난다. 그야말로 일거다득의 발전 설비인 셈이다.

바이오가스의 수익성

어쩌면 힐파르트의 농장이 외진 곳에 둥지를 튼 것도 행운이라 할 수 있다. 만일 여러 농가가 있는 곳이었다면 발전기 소음에 민원이 제기될 수 있었을 것이다. 하지만 바이오가스 플랜트 반대쪽의 축사 들머리에만 있어도 발전기가 돌아가는 소리는 거의 들리지 않으니 큰 문제는 아니었을 것이다. 거대한 화력발전소에 견주면 '개미 허리 앓는 소리'에도 미치지 못한다. 하루에 한두 차례 농작물을 넣는 것을 제외하면 박테리아라는 자원봉사자가 가스를 만들어 발전 터빈을 돌리니 따로 직원이 필요 없다. 고온 발효에 들어가는 열도 별도의 에너지를 필요로 하지 않는다. 메탄가스에서 나오는 열을 공급해주면 그만이다. 1인 전기사업인 셈이다.

놀랍게도 힐파르트가 소유한 농지는 200헥타르(약 60만 평)나 된다고 한다. 여의도 면적의 4분의 1이나 되는 농지를 소유한 '부농'이라 할 수 있다. 그 많은 농지에서 생산하는 농작물로 바이오가스를 만드는 이유는 간단하다. 옥수수나 밀로 파는 것보다 전기를 만들어 파는 게 수익이 크기 때문이다. 밀 1톤을 팔면 100유로에 그치지만, 이것을 바이오가스로 만들면 200유로나 받을 수 있다. 사실 독일 농가에서 재배하는 옥수수는 식용으로 거의 쓰이지 않는다. 품질이 좋지 않아 가축 사료로 쓰일 뿐이다. 당연히 제값을 받을 수 있는 바이오가스 원료로 공급하는 게 낫다. 물론 발전설비에서 나오는 전기를 1킬로와트에 6유로센트씩 지원받아 전력회사에 넘기고 있다.

모든 농가가 바이오가스 플랜트를 구비할 수 있는 것은 아니다. 아직까지는 바이오가스 발전 설비 설치 비용이 일반 농가가 감당하기 어려울 정도로 고가이기 때문이다. 농사를 짓는 처지에서 은행 융자를 손쉽게 받을 수도 없다. 더구나 200헥타르의 농지를 소유한 힐파르트조차 모자라는 농작물을 외부에서 충당해야 할 정도로 많은 농작물이 필요하다. 힐파르트는 "웬만한 농지를 가지고는 경제적 이익을 얻기 어렵다"며 이렇게 말했다. "연간 1헥타르의 농지에서 60톤의 농작물을 수확하는 데도 바이오가스 플랜트를 완전 가동하려면 30퍼센트가량은 주위에서 사거나 얻어야 한다. 농장에서 반경 35킬로미터 이내에

분뇨와 농작물로 전기를 만드는 바이오가스 플랜트

바이오가스 플랜트가 3곳밖에 없다."

　이런 까닭에 헤센 주에 첨단영농을 보급하는 헤센주농업연구소는 바이오가스 플랜트의 경제성을 높이는 데 주력하고 있다. 지금의 기술로 바이오가스 플랜트를 설치할 수 있는 농가는 독일 전역에 1만여 곳에 지나지 않는다. 그것도 2천 농가 남짓만 농장에서 나오는 분뇨를 농작물로 충당할 수 있다. 나머지는 유기물을 조달하는 데 비용이 발생할 수밖에 없다. 그래서 빨리 자라는 작물을 개발하고 씨앗을 쉽게 이용하는 방법을 찾고자 애쓰고 있다. 농업연구소 책임연구원인 폴 바그너Paul Wagner는 "곡물 씨앗을 태울 때 단백질 성분에서 오염물질이 나와 별도의 오염방지 설비를 갖춰야 한다. 이를 기술적으로 극복할 방법을 찾고 있다"라고 말했다.

　근래에 힐파르트는 바이오가스 플랜트에서 곡물 씨앗을 태울 준비를 하고 있다. 씨앗까지 태운다면 농작물 조달이 한결 수월해지기 때문이다. 그는 바이오가스 설비에서 씨앗을 태워 에너지를 만들 수 있는 기술적인 문제가 풀리기만 하면 40만 유로를 더 투자해 270킬로와트 규모의 발전 용량을 500킬로와트로 늘릴 예정이라고 했다. 1년 가까이 바이오가스 플랜트를 운용하면서 수익성 모델을 여러 군데서 찾기도 했다. 이전에 40~45톤 사용하던 화학비료를 액체비료로 대신해 20퍼센트가량 줄이는 성과도 있었다. 앞으로 시설을 확충하면 절반 가까이 줄일 수 있을 것으로 내다보았다. 가축 분뇨가 발효되는 과정에서 부피가 줄어들어 노동력을 크게 줄인 것은 말할 것도 없다.

　앞으로 바이오가스 플랜트는 더욱 진화할 것이다. 급격하게 에너지 소비대국으로 떠오르고 있는 중국도 바이오가스 발전 설비에 많은 관심을 기울이고 있다. 중국에선 해마다 7억 톤에 이르는 볏짚이 나온다. 대표적인 농가 지역인 산둥성에서만 6천만 톤의 볏짚이 생산되는데 대부분 폐기물로 소각되고 있었다. 그런데 이를 300~400여 가구에서 소규모 바이오가스 발전 설비로 전기를 생산하고 있다. 윈난성에서도 가축 분뇨로 바이오가스를 생산해 150만 가구에 보급하고 있다. 에너지 후진국 신세를 면치 못했던 중국이 신재생에너지를 통해 새롭게 거듭나고 있는 셈이다.

바람아, 풍차를 돌려라!

거친 바다에서 쉼없이 돌아가는 거대한 바람개비가 인류를 향한 희망의 날갯짓이 될까. 머지않아 국내에 해상풍력발전단지가 조성된다고 한다. 포스코건설에서 오는 2015년까지 2조 5천억 원 이상을 투자해 전남의 서남해안 일대에 풍력단지를 건설하고 시간당 600메가와트의 전력을 생산하기로 했다. 약 80만 명의 도시가 사용할 수 있는 전기량이니 미리 풍력 강국을 떠올려봐도 괜찮지 않을까.

세계 최대 해상풍력단지를 찾아서

풍력발전은 자연 상태의 무공해 에너지원으로 신재생에너지원 중 가장 경제성이 높다. 풍력발전 시스템은 다양한 형태의 풍차를 이용하여 바람에너지를 기계적 에너지로 변환하고, 이 기계적 에너지로 발전기를 구동하여 전력을 얻어내는 시스템을 일컫는다. 이러한 풍력발전 시스템은 무한정의 청정에너지인 바람을 동력원으로 삼기 때문에 기존의 화석연료나 우라늄 등을 이용한 발전 방식과 달리 발열에 의한 열공해나 대기오염, 방사능 누출 등과 같은 문제가 없다.

이러한 장점으로 인해 풍력발전 시스템은 가장 유력한 신재생에너지원으로 인정받으며 해마다 20~30퍼센트씩 급증하고 있다. 현재 국내에서 전체 신재생에너지 중에서 풍력이 차지하는 비율은 0.7퍼센트에 지나지 않지만 2030년이면 20퍼센트가량을 풍력이 차지할 것으로 보인다. 무엇보다 풍력발전 시스템은 구조나 설치 등이 간단하며 운영과 관리가 쉽다는 장점이 있다. 게다가 무인화·자동화 운전이 가능하기 때문에 비약적으로 증가하는 중이다. 앞으로 수조 원이 풍력발전 시스템 도입에 투자되는 만큼 해상풍력발전 시대를 미리 경험해보는 것도 괜찮을 것이다. 그것이 꿈이 아니라 현실이라는 것을 확인하기 위해서이다.

덴마크의 수도 코펜하겐을 떠나 바람개비의 놀라운 현실을 확인하는 데는 오랜 시간이 걸리지 않는다. 남서해 연안의 에스비에르그Esbjerg를 향하는 도로 주변에는 드넓은 지평선 사이로 바람개비가 치솟아 있다. 풍력발전기를 배경으로 한 전원주택은 한 폭의 그림을 떠올리게 한다.

만일 육상풍력을 살피려 했다면 독일이 더 나았을 것이다. 현재 독일은 전 세계 풍력발전량의 30퍼센트를 생산하고 있다. 지상에서 150미터 이상의 상공까지 치솟은 16,000개의 풍차가 독일 전역을 뒤덮고 있고, 멀티브라이드Multibrid 기술을 활용한 콘크리트 타원형 5메가와트 풍력발전기도 솟아 있다. 하지만 우리 국토 여건을 고려한다면 해상풍력에 관심을 기울이지 않을 수 없다.

거대한 풍력발전기가 도열해 있는 해상풍력단지

육지의 바람개비 사이를 4시간 이상 버스로 이동한 끝에 해상풍력단지 인근의 에스비에르그 공항에 도착할 수 있었다. 애당초 선박으로 해상풍력단지에 들어설 예정이었는데 사나운 파도로 인해 뱃길이 막혀 헬기를 이용했다. 일행을 태운 헬기가 에스비에르그 공항을 이륙해 15분 여 동안 대서양을 17킬로미터쯤 날았을 때, 앞자리에 앉은 베스타스 해상풍력의 헨리크 퓌안보 판매주임은 손가락으로 가리키며 "저쪽에 풍력발전기가 보인다"고 했다.

구름 낀 날씨인지라 형체가 선명하게 보이지는 않았지만 바람개비 몇 기가 눈에 들어왔다. 그리고 500미터 상공을 비행하던 헬기가 고도를 차츰 낮추자 거대한 풍력발전기가 도열해 일행을 맞이하는 풍경을 연출했다.

가능성 확신한 베스타스 사의 도전

세계 최대 규모로 지난 2002년 건립된 해상풍력단지 '호른스 레우Horns Rev'. 바다에 세워진 바람개비 농장에는 100미터 높이의 초대형 풍차 80기가 560미터 간격으로 한 줄에 8기씩 열 줄로 늘어서 있다. 지상 400미터 높이를 선회하는 헬기 안에서도 바람개비 농장을 한눈에 바라보는 것은 불가능했다. 무려 20제곱킬로미터에 걸쳐 단지가 조성됐기 때문이다. 간혹 지구의 더위를 식히는 날갯짓을 멈추고 수리를 기다리는 바람개비도 보였다. 이 단지는 2002년 1차 단지를 완공한 데 이어 2009년에 2차 단지를 조성해 35제곱킬로미터로 확대되었다. 이제 덴마크는 소비 전력의 2퍼센트 이상을 호른스 레우 단지에서 충당하고 있다.

이렇게 바람을 에너지원으로 이용하는 풍력발전이 화석연료는 물론 원자력의 자리를 넘볼 수 있을까. 전 세계적으로는 지구정책연구소EPI, 국내에서는 삼성경제연구소 등지에서 풍력발전을 주목하는 보고서를 잇달아 내놓았다.

삼성경제연구소의 『풍력발전의 부상과 시사점』이라는 보고서에 따르면 해마다 평균 36퍼센트나 급증하는 풍력발전은 거대한 돌풍이라고 한다. 지금의 추세라면 2010년 전 세계 풍력발전 용량은 150기가와트(1기가와트=10억 와트)가 될 것으로 추산했다. 이는 고리 원자력발전소(600메가와트) 250개가 생산해내는 분량의 에너지와 맞먹는다고 할 수 있다. 원자력의 신화를 바람개비를 통해 잠재울 수 있지 않을까.

거대한 바람개비를 설치해야 하는 초기 건설 비용의 문제도 풀리고 있다. 갈수록 에너지 생산 단가가 떨어지고 있다는 사실이 이를 반영한다. 최근 풍력발전 비용은 1메가와트시당 54유로로 석탄화력 발전 비용(60유로)보다 저렴해졌다. 풍력발전으로 400메가와트시의 에너지를 만들 경우 석탄 120~200톤을 대체하는 효과가 생겨난다. 당연히 풍력발전기 시장도 요동치고 있다. 2005년의 경우 풍력 터빈 세계 시장은 1만 1,407메가와트로 집계됐는데 덴마크의 베스타스Vestas가 27.9퍼센트로 선두를 유지했고, 미국의 지이윈드GE Wind가 17.7퍼센트, 독일의 에너콘Enercon 사가 13.2퍼센트로 뒤를 이었다. 여기에 국내의 현대중공업 등도 가세할 예정이니 갈수록 치열해질 전망이다.

2008년 현재 덴마크는 전체 전력의 23퍼센트를 6천여 개의 터빈에서 나오는 3,200메가와트로 충당하면서, 2050년 화석연료 '0'를 향해가고 있다. 덴마크가 풍력 대국으로 성장한 데는 베스타스 사의 구실이 절대적이었다. 베스타스 사는 한 세기 전에 설립돼 일상용품과 농기구 등을 생산했다. 그러다가 1970년대 후반부터 풍력발전의 가능성을 확신하고 풍력터빈을 개발했던 것이다. 처음 보급한 풍력터빈은 55킬로와트급(15볼트)으로 연간 217메가와트시의 전력을 생산했는데, 2005년에만 3메가와트급(90볼트) 터빈 101기를 포함해 모두 3,200메가와트를 전 세계에 보급했다. 지금까지 베스타스가 판매한 터빈의 용량은 2만 메가와트 이상으로 추산된다. 덴마크의 외진 시골도시에 자리잡은 회사가 석유 중독에서 벗어날 길을 제시하며 세계 최대의 풍력발전 회사로 성장한 것이다.

지난 2006년 1월 베스타스 사는 해상풍력을 전담하는 부서를 독립법인으로 출범시켰다. 바다의 '바람'이 거세게 불고 있기 때문이었다.

해상풍력단지는 지난 2000년 북해에 완전히 노출된 2메가와트급 터빈 2대의 블리스 풍력단지가 들어서면서 본격화되었다. 이전까지는 해협이나 내항에 건설된 유사 해상풍력단지만 있었는데 그 뒤 해상풍력단지가 잇따라 들어섰다. 영국 스코틀랜드 스코티시파워

Scottish Power 사는 2006년 10월 9일 140개의 터빈으로 322메가와트의 전력을 생산할 화이트리 풍력단지 조성에 착수했다. 2009년 말까지 3억 파운드(약 5,800억 원)를 투자해 단지를 완공하면, 모두 2만 여 가구에 바람개비에서 생산되는 전기를 공급할 예정이다.

세계 최대 풍력발전 회사로 성장한 베스타스 사

　유럽 각국이 해상풍력발전으로 방향을 전환하는 까닭은 풍부한 부지와 자원에 있다. 해상은 내륙에 견줘 풍속이 20퍼센트가량 센 편이어서 70퍼센트나 많은 전력을 생산할 수 있다. 게다가 바람의 진행을 가로막는 장애물이 없고, 바람의 '질'도 좋다. 문제는 건설 비용이 육지와 비교해 상대적으로 비싸다는 점이다. 단지를 조성하기 전에 사전 조사도 충실히 해야 한다. 해류나 수심, 조수간만의 차이 등을 고려해 임시 구조물을 세워 2~5년가량 데이터를 확보하고 바다 밑을 뚫고 들어가 토양 분석까지 실시해야 한다. 해저에서부터 전력 연결망을 확보하는 데도 많은 투자를 해야 한다.
　아무리 해상풍력단지 조성에 비용이 많이 들어도 기존의 에너지원보다는 유리하다. 초기에 풍력발전의 경제성은 화력발전이나 원자력에 비할 때 턱없이 낮았다. 하지만 20여 년 동안 터빈의 크기와 회전자 날개의 대형화 등 기술개발이 급속하게 이뤄져 경제성을 의심하는 분위기는 이제 사라졌다. 1980년대 중반까지만 해도 풍력발전의 원가는 킬로와트시당 350원을 웃돌았다. 그런데 요즘 효율이 높은 풍력단지의 킬로와트시당 원가는 35원가량으로 크게 줄었다. 입지 조건에 따라 원자력의 발전 원가를 밑도는 정도로 떨어진 것이다. 바람개비 경제가 탄소경제를 일거에 뒤엎을 수 있을 수준이다. 물론 하루 아침에 가능한 일은 아니지만 미래 가치를 따진다면 벌써부터 가능성을 현실로 여길 만하다.

풍력발전의 경제성

유럽연합이 이산화탄소 1톤에 30유로로 정한 탄소세 등 환경 비용을 더하면 풍력발전의 경제성은 기존 에너지원을 따라잡고도 남는다. 현재 호른스 레우 풍력단지에서 생산하는 전력은 에스비에르그 인근의 15만 가구에 공급되고 있다. 이 과정에서 온실기체 감축은 자연스럽게 이뤄진다. 연간 535,000톤의 이산화탄소 배출량을 줄이면서 이산화황(SO_2, 991톤), 산화질소(NO, 925톤) 등의 배출도 막게 된다. 물론 해상에서 풍력발전기로 전기를 생산할 때 이산화탄소와 이산화황 등이 나오긴 한다. 하지만 1킬로와트시를 생산하는 과정에서 나오는 이산화탄소는 19그램, 이산화황은 0.014그램으로, 화석 연료에 비하면 미미한 수준이다. 풍력발전기 생산·운송·설치 등의 과정에서 들어간 에너지는 규모에 따라 다르지만 대형 터빈의 경우 작동 3~4개월이면 상쇄된다고 한다.

  이러한 풍력발전의 돌풍은 국내도 예외일 수 없다. 덴마크 베스타스 사가 생산한 600킬로와트 풍력발전기 2기로 시작한 제주 행원풍력단지는 660킬로와트(7기), 750킬로와트(5기) 등을 확충해 모두 10메가와트 발전기에서 연간 21,900메가와트시의 풍력 전력을 생산해 한국전력에 판매하고 있다. 한국남부발전은 지난 2008년 상용화된 풍력발전설비 가운데 단위 용량이 세계 최대규모인 3메가와트급의 풍력발전기 5기를 설치하고 한경풍력발전소 준공식을 가졌다. 세계 최대 규모의 풍력발전기 설치로 연간 석탄 35,000톤의 연료 사용을 대체하고, 연간 42,000톤 정도의 이산화탄소 배출을 줄이는 효과를 보게 된다고 한다. 이로써 제주도는 국내 신재생에너지 개발의 중심지 및 청정지역으로서의 입지를 다지게 되었다고 할 수 있다.

요즘 국내에서 잇따라 풍력발전기가 설치되어 이국적 풍경을 연출하고 있다. 제주도는 물론이고 강원도 대관령에서도 풍력발전단지가 관광객들의 발길을 모으는 데 한몫하고 있다. 하지만 육지의 풍력발전은 환경적인 측면에서 소음이나 자연훼손 같은 문제를 일으키기도 한다. 멸종 위기의 야생동물이 풍력발전기에 부딪쳐 죽는다는 지적이 끊이지 않는다. 풍력발전기가 작동할 때 방출하는 초음파에 박쥐들이 홀리면서 죽음에 이르자, 미국 일부 지역에서는 풍력발전기 추가 설치가 보류되기도 했다. 비단 박쥐의 죽음이 아니더라도 풍력발전기는 철새의 이동을 방해하고, 터를 닦는 과정에서 자연을 훼손한다는 것을 감수해야 한다. 이러한 육상풍력의 문제를 해소할 수 있는 대안으로 국내에서도 해상풍력에 관심을 쏟고 있다.

이미 국내에서도 바닷바람을 이용한 해상풍력단지 조성사업이 구체화되었다. 한국남부발전과 한국에너지기술연구원은 최근 3년 동안 제주도·부산·서남해안 연안 등지에 대한 해상풍력 건설 여건과 사업성 여부 등을 조사했다. 이에 따라 사업성이 있는 지역이 드러나면서 산·학·연 컨소시엄을 구성해 대규모 해상풍력단지 건설을 추진중이다. 먼저 전북 고창군 앞바다에 초대형 해상풍력발전단

바람개비가 탄소경제의 위기를 극복하게 만들까? 바람개비가 바다와 땅을 넘나들며 신재생에너지의 역사를 풍요롭게 하고 있다.

지 조성이 구체화되고 있다. 포스코건설은 5,000억 원의 사업비를 투입해 5메가와트급 풍력발전기 20기를 해상에 건설하겠다는 내용의 사업 계획서를 전라북도에 제출했다. 예상 부지는 고창군 상하면 장호리에서 해리면 광승리에 이르는 바다 20제곱킬로미터. 발전기는 해수면 기준으로 1기의 타워 높이가 110미터, 블레이드(날개) 길이는 50미터이다.

지구촌에서 기술적으로 개발 가능한 풍력발전 잠재량은 연간 2만~5만 테라와트(1테라와트=1조 와트)로 추정된다. 지금의 풍력발전기의 전체 용량은 5만 메가와트에도 미치지 못하고 발전량을 모두 합해야 100테라와트가 되지 않는다. 아직도 개발 가능한 풍력발전량이 무한정하다 해도 지나친 말은 아닌 것이다. 앞으로 풍력발전이 우리 생활 속으로 들어오는 것은 시간문제일 듯하다. 무수한 이점이면에는 엄청난 투자비용이라는 문제가 도사리고 있었지만 '저탄소, 녹색성장'의 길이 거기에 있다. 바람개비의 힘을 경험했을 때 녹색성장을 체험할 수 있을 것이다.

바이오연료, 해법은 있다

　승용차 연료를 주유하기 위해 주유소에 가지 않는 사람들이 있다. 이들은 아주 특별한 자동차를 운행하고 있다. 우선 화물칸에는 폐식용유에서 추출한 식물성 기름이 실려 있다. 그리고 조수석 아래에는 고무 호스가 달린 특이한 장치가 있다. 이 장치는 식물성 기름을 디젤기관에 직접 분사하는 '바이오디젤 활성화 장치'이다. 일반 경유에 식물성 기름을 섞은 바이오디젤을 연료로 사용하는 자동차는 영하 10도가 넘는 한파 속에서는 시동이 꺼지는 일이 자주 발생한다. 하지만 폐식용유를 원료로 하는 바이오디젤 자동차는 한겨울도 거뜬히 난다.

　지난 2008년 법원은 대두유와 폐식용유 등으로 바이오디젤을 만들어 자신의 차량에 사용한 운전자에 대해 1심에서 무죄를 선고했다. 하지만 상급심은 원심을 깨고 미등록시설이라는 이유로 벌금형을 선고해 적법성 논란이 일었다. 바이오디젤 같은 석유대체원을 제조하거나 수출·수입을 하려면 법적으로 등록해야 하지만, 제3자에게 판매할 목적이 아니라 자신이 사용하고자 한다면 처벌할 규정이 없다는 이유에서였다. 이에 따라 바이오디젤 제조기를 이용해 한 달에 300리터 가량의 바이오디젤을 직접 사용한 운전자는 처벌을 받지 않았다.

식물성 재료에서 연료를 뽑다

국제적으로는 바이오연료의 생산증가로 인해 논란이 제기되고 있다. 바이오연료는 유기체에서 추출하는데, 세계 총생산량의 90퍼센트를 미국과 브라질에서 생산하고 있다.

폐식용유로 바이오디젤을 만드는 간이시설

바이오에탄올은 옥수수와 사탕수수, 감자 등 당질계 전분으로 만든 다음 휘발유와 일정 비율 혼합하면 대체연료로 사용할 수 있다. 바이오디젤은 동·식물성 유지 원료로 만든 다음, 주로 자동차 경유에 첨가하거나 자체를 차량 연료로 사용하는 친환경적 연료이다. 문제는 바이오에탄올의 생산이 많이 이뤄지다 보니 옥수수와 대두 등의 수급이 어려워져 식용 곡물로 쓰이지 못한다는 점이다.

그렇다면 바이오연료는 어떻게 만드는 것일까. 사탕수수, 밀, 옥수수 등의 전분 작물에서 에탄올을 뽑아내는 바이오에탄올의 기본 원리는 술을 빚는 것과 비슷하다. 우선 사탕수수를 물로 씻고 압축시켜 주스를 짜낸다. 이 주스와 발효제를 섞어 탑 모양의 발효조에 넣은 다음 8시간이 지나면 사탕수수즙은 8퍼센트의 에탄올로 변한다. 이렇게 만들어진 에탄올을 원심분리기에 돌리고 증류과정을 거치면 가솔린을 대체할 수 있는 바이오에탄올이 만들어진다. 다른 전분 작물도 바이오에탄올의 원료가 될 수 있지만 이들은 사탕수수와 달리 과당이 없기 때문에 효소를 섞어 포도당을 만드는 과정을 한 단계 더 거쳐야 한다.

바이오디젤의 역사

사실 바이오연료의 역사는 100년 전으로 거슬러 올라가야 한다. 애당초 프랑스 정부의 요청을 받은 루돌프 디젤Rudolf Diesel은 식물로 가는 자동차를 개발했다. 당시 프랑스는 정제된 휘발유나 경유 등을 구하기 어려운 아프리카 식민지에서 현지의 식물 기름을 자동차 연료로 사용하는 방법을 찾고 있었다. 이에 따라 디젤은 1900년 파리

만국박람회에서 디젤엔진 자동차 '오토 컴퍼니Otto Company'에 땅콩기름을 주유했다. 이 차는 가솔린엔진 차량보다 연료 효율성 등에서 훨씬 뛰어난 성능을 보였다. 디젤은 이후 1913년 의문의 사고로 죽

바이오연료를 만들 때 사용되는 대표적인 식물 사탕수수

기 전까지 콩기름 등 다양한 식물 기름을 디젤엔진에 실험하며 천연 기름 사용을 적극적으로 장려했다.

하지만 바이오연료는 화석연료의 대중화로 인해 제자리를 찾지 못했다. 다만, 아주 특별한 상황에서 대체연료 구실을 했을 뿐이다. '사막의 여우'라 불린 에르빈 로멜Erwin Rommel 장군의 전차군단은 제2차 세계대전 당시 북아프리카 한 전선에서 영국군에 포위된 적이 있었다. 설상가상으로 경유 보급이 끊겨 오도가도 못하고 포로 신세가 될 처지에 놓였다. 이때 이가 없으면 잇몸으로 라는 심정으로 생각해낸 게 바이오연료였다. 로멜은 전차의 엔진이 디젤기관이라는 사실을 떠올린 것이다. 폐식용유를 전차에 넣도록 병사들에게 지시했는데, 기적처럼 전차가 움직여 로멜의 전차군단은 영국군의 포위를 뚫고 탈출할 수 있었다.

불과 10여 년 전까지만 해도 바이오연료 보급은 시범적인 수준을 크게 벗어나지 못했다. 오스트리아 그라츠Graz는 1994년부터 모든 시내버스와 택시의 60퍼센트가 폐식용유를 연료로 사용했다. 이유는 고질적인 대기오염 문제를 해결하기 위해서였다.

그러다가 화석연료 고갈과 기후변화, 환경오염 등의 문제가 본격적으로 제기되면서 바이오연료에 대한 관심이 폭발적으로 증가했다. 물론 국내의 사정은 그렇지 못하다. 연간 발생하는 폐식용유 20여 만 톤 가운데 절반 가까이가 하수관에 그대로 버려지고 있다.

지난 2008년 정부는 차량용 연료로 품질 기준을 갖춘 BD5(바이오디젤 5퍼센트+경유 9퍼센트)나 BD20(바이오디젤 20퍼센트+경유 80퍼센트) 외에는 바이오디젤 차량용 연료로 사용하지 못하게 하는 법안을 마련했다. 국내에서는 지난 2002년 5월부터 바이오디젤을 시범적으로 보급하고 있지만 사용량은 미미하다. 국내 경유 소비량(약 1400만 톤)의 1퍼센트를 밑도는 수준이다. 기술적인 문제도 제기되고 있다. 주로 동절기에 바이오디젤을 주유한 차량에서 주행 중 시동꺼짐 현상 등이 잇따라 발생했기 때문이다. 바이오디젤 공급업체들은 바이오디젤의 어는점이 영하 17.5도라고 주장하는 데 반해 운전자들은 영하 10도만 넘으면 이상이 생긴다고 한다.

바이오디젤 보급이 더딘 이유

국내 바이오디젤이 추위에 약한 까닭은 원료가 되는 식물성 기름의 종류와 제조 과정에서 찾을 수 있다. 일반적으로 바이오디젤은 식물성 기름 분자에서 글리세린을 추출해 만든다. 분자를 가늘게 만들어 디젤엔진에 사용할 수 있도록 하는 것이다. 이때 알콜(대부분 메탄올)과 촉매제(잿물)를 혼합하는 과정을 거치며, 바이오디젤과 함께 글리세린이나 비누 등이 따로 분리된다. 문제는 국내에서 생산되는 식물성 기름인 대두유는 메틸에스테르(바이오디젤) 같은 방식으로

화학 처리하는 과정에서 식물의 어는점을 낮추는 '올레산 Oleic acid'
이 유럽의 유채유보다 훨씬 적게 들어 있다는 데 있다. 대두유의 경우 오일 상태에서는 어는점이 영하 12도지만 메틸에스테르화 과정을 거치면 영하 10도로 높아진다.

바이오디젤 원료식물인 유채

이런 까닭에 유럽에서는 동절기에 바이오디젤이 젤처럼 굳어져 필터를 막아버리지 않도록 응고방지제를 사용하고 있다. 이 바이오디젤은 주로 식물성 기름 원료 가운데 어는점이 낮은 유채유를 이용해 만든 것이다. 유럽 바이오디젤 표준(EN14214)이 BD100의 어는점을 영하 20도(필터막힘점)로 규정한 까닭이 여기에 있다. 하지만 국내의 필터막힘점은 BD20의 경우에도 영하 16도로 규정해 동절기에 취약하다고 한다. 더구나 식물성 기름을 이용한 응고방지제가 개발되지 않아 바이오디젤 상용화의 걸림돌이 되기도 한다. 이런 이유들로 대형 정유사들로선 이윤이 적은 데다 안정성까지 확보되지 않은 바이오디젤 보급을 주저할 수밖에 없다. 사정이 이러니 바이오연료 애호가들은 법적 테두리 안팎을 오갈 수밖에 없는 것이다.

현재 디젤엔진은 경유에 걸맞게 설계되어 있다. 그런 엔진에 여러 단계의 화학적 처리 공정을 거친 바이오디젤을 주유하면 예기치 않은 문제가 생길 수 있다. 그래서 유럽에서는 바이오디젤의 품질 안정성을 고려한 제도를 만들었다. 바이오디젤의 엄격한 품질 규격을 정해 관리하는 것은 기본이고 디젤 자동차 제조사가 바이오디젤 주유에 맞는 부품을 장착하기도 한다. 독일의 경우 100퍼센트 바이오디젤을 주유하는 차량에는 별도로 옵션 품목을 부착해 소비자에게 판매하고 있다. 이렇게 바이오디젤 업체와 자동차 회사가 서로 협력해 문제를 해결하고 있는 것이다.

식물성 기름을 연료로 이용하는 방법은 매우 다양하다. 현재 국내에 보급되는 바이오디젤처럼 촉매를 이용한 에스테르교환법으로 얻는 것이 일반적이지만 원통형의 압력솥에 식물성 기름과 에탄올을 넣어 초임계 상태에서 얻을 수도 있다. 국내에서는 아직 식물성 기름을 직접 연료로 이용하는 방법은 관심을 끌지 못하고 있지만 유럽에서는 바이오디젤 표준(EN14214)을 제정할 때 유채유 자체를 연료로 인정해 연구 개발을 지원했다. 실제로 네덜란드와 오스트리아·독일·덴마크 등지에서는 식물성 기름를 직접 사용하는 활성화 기술을 연구하는 별도의 기구를 설치하기도 했다. 이런 까닭에 유럽과 미국 등에서는 100퍼센트의 식물성 기름을 사용하는 차량이 속속 등장하고 있다.

그런데 근래에는 바이오디젤이 친환경적이라는 장점도 의심받고 있다. 바이오디젤 생산 과정에서 추출 연료의 10배 이상의 물을 세척제로 사용해 수질오염을 유발시킨다는 것이다.

이에 비해 식물성 기름은 화학적인 후처리 과정을 거치지 않기 때문에 오염 물질이 발생하지 않는다. 환경을 생각하는 최상의 선택은 유채유와 콩기름 등의 식물성 기름을 그대로 이용하는 방식인데, 원료 단가가 비싼 탓에 이들을 이용하기는 힘들다고 한다. 그래서 폐식용유를 정제해 식물성 기름을 만들려고 하는 것이다. 국내의 폐식용유 발생량 20여 만 톤을 대부분 회수할 수 있다면 폐식용유 연료화 가능성은 현실이 될 수 있다.

또 다른 문제는 바이오연료가 곡물값 폭등의 주범이라는 시각이다. 유엔식량농업기구 FAO 자크 디우프 Jacques Diouf 사무총장은 식량가격이 2005년부터 3년 동안 83퍼센트가 인상됐다며, 주요 원인으로 바이오연료를 지목했다. 논란은 바이오연료가 사람이 먹는 곡물을 원료로 한다는 근본적인 내용에서 출발한다. 곡물값 폭등으로 굶주린 이들이 세계 곳곳에서 폭동을 일으키는 상황에 이르다보니, 식량 작물의 생산을 갉아먹는 바이오연료를 이대로 방치해서는 안 된다는 것이다. 바이오연료 비판론으로 가장 타격을 입게 된 나라 브라질의 룰라 Luiz Inacio Lula da Silva 대통령은 이에 대해 바이오연료 생산이 아마존 삼림에 영향을 끼치지 않으며 경작지의 3퍼센트에 지나지 않아 곡물 재배에 그다지 영향을 주지 않는다고 주장했다. 그러나 곡물 가격이 떨어지지 않는다면 바이오연료의 어두운 구름은 걷어내기 힘들 듯하다.

유채유 주유소 차

제2세대 바이오연료 시대가 다가온다

반면 폐식용유는 곡물 가격과 무관하고 환경에도 이로워 새로운 대안으로 여겨진다. 그러나 일각에선 기술적으로 충분히 가능하지만 품질의 안정성이 떨어지는 문제가 있다고 주장한다. 지자체별로 수거 거점을 운영하는 일본의 폐식용유는 유채유에서 유래했지만 국내의 폐식용유는 대두유로 만든 것이어서 같은 폐유라도 품질이 떨어진다는 것이다. 대두유처럼 점도가 높은 식물성 기름을 100퍼센트 연료로 사용하려면 바이오디젤 활성화 장치를 필수적으로 사용해야 한다. 활성화 장치의 성능만 확보된다면 폐유를 이용하는 데 큰 걸림돌은 없어 보인다. 하지만 폐식용유 회수량에 한계가 따를 수밖에 없기에 대규모 보급은 기대하기 어려운 상황이다.

사정이 이렇다 보니 바이오연료의 원료로 곡물을 사용하는 방식보다 '가스화합성액체연료BTL'에 관심을 기울이는 추세이다. BTL은 지푸라기, 풀, 나뭇잎, 나무 조각, 동물 배설물 등에 포함된 셀룰로오스를 바이오연료로 바꾼 것이다. 주변의 흔한 자원들을 생화학적 처리과정을 거쳐 바이오에탄올, 바이오디젤로 바꾸거나 메탄가스처럼 기체로 변환한 것이다. 이 기술만 있으면 지천에 널린 나무와 잡초 등 셀룰로오스를 포함한 모든 식물들을 석유로 탈바꿈시키는 것은 시간 문제이다. BTL은 작물을 생산하기 위해 삼림을 깎아낼 필요도 없고 연료 때문에 식량이 부족해지는 일도 없다.

바야흐로 '제2세대 바이오연료' 시대가 다가오고 있는 것이다. 덴마크 코펜하겐 근교 덴마크 공과대학에 있는 '바이오가솔' 공장에서 그 가능성을 발견할 수 있다. 이곳에서는 볏짚이나 밀짚, 버드나무, 옥수숫대를 비롯해 커피찌꺼기까지 이용해 자동차 연료를 생산한다. 온갖 재료가 섞인 펠릿 형태의 나뭇조각을 원료로 삼아 에탄올을 만드는 것이다. 차세대 바이오에탄올은 지구에서 가장 풍부한 유기물인 셀룰로오스를 원료로 이용해 이전 바이오연료의 문제를 단숨에 해결하고 있다. 현재 시험 공장에서 밀짚 1톤에서 에탄올 300

 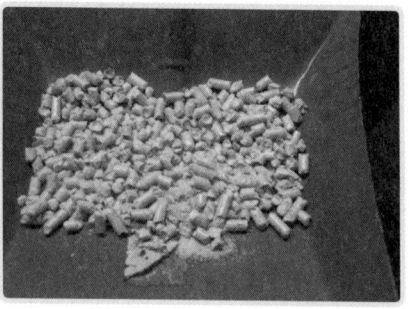

바이오에탄올과 가스화합성액체연료 등 바이오연료가 화석연료의 대안 연료로 부상하고 있다.

리터를 생산하고 있는데, 2010년 무렵 상업 생산에 들어가면 생산단가가 리터당 0.31달러로 휘발유보다 저렴해 경제성이 있다고 한다. 그동안 바이오연료 업체들은 농작지를 확보하는 게 관건이었다. 안정적으로 원료를 공급해야 했기 때문이다. 그래서 국내 업체들은 중국이나 동남아 등지에 농지를 대여하여 원료를 생산하고 있었다. 하지만 이제는 기술력의 문제로 돌아서고 있는 추세이다. 원료물질의 목질(리그닌) 구조를 깨뜨려 다당류가 빠져나오도록 하면서 원료가 에탄올로 바뀌는 효율을 높이는 게 관건인 셈이다. 에탄올을 얻으며 수소와 메탄가스, 땔감용 목질까지 덤으로 이용하고, 폐수도 전량으로 재이용할 수 있다니 일거다득인 상황이다. 자연의 부산물을 효율적으로 이용하는 기술, 거기에 석유독립의 길이 있지 않을까.

바이오연료의 생산 흰개미가 있소이다

흰개미가 화석연료의 구원투수가 될까? 요즘 흰개미가 나무와 옥수숫대 같은 식물의 섬유질 폐기물을 확실하게 처리하면서 화석연료를 대체할 수 있는 에너지를 만들어내 주목을 받는 중이다. 정확히 말하면 흰개미 창자 속에 있는 미생물들이 천연 에탄올을 생산하고 있다.

근래에 흰개미에서 나온 에탄올은 풀 grass로 휘발유 gasoline을 대신하는 연료라는 뜻에서 '그라솔린 grassoline'이라 불리기도 한다. 독일 마르부르크 Marburg에 있는 막스플랑크 토양미생물연구소에서는

흰개미가 A4용지 한 장으로 2리터의 수소를 만들어낼 수 있다는 연구결과를 발표했다. 이는 수소연료전지 자동차를 10킬로미터 이상 주행시킬 수 있는 양이다. 흰개미가 나무에 들어 있는 목질 섬유를 분해해 이산화탄소, 수소, 메탄 등으로 배출하기 때문이다. 연구자들은 흰개미의 소화기관에서 목질섬유를 당분으로 분해하는 효소를 배출하는 박테리아를 발견해 효소의 유전자를 분석하고 있다.

실제로 미국의 한 연구팀은 코스타리카의 열대우림에 서식하는 흰개미 165마리의 세 번째 위를 추출해 유전자 코드를 조사했으며, 목질섬유를 당분으로 만드는 두 개의 유전자를 찾아냈다.

하지만 그것만으로 흰개미에서 나온 바이오 에탄올의 대량생산을 기대하는 것은 아직 이르다. 다양한 유전자들이 서로 영향을 끼치며 에탄올 생산에 개입할 수 있기 때문이다.

그래서 흰개미에서 나온 바이오 에탄올을 생산하는 방법도 여러 경로로 추진되고 있다. 예컨대 소화기관에 서식하는 미생물 자체를 에탄올로 바꾸거나, 폐기물을 연료로 전환하는 효소를 만들어내는 유전자를 다량 발견해 이를 박테리아에 결합하는 방식 등이다.

쓰레기에서 유전을 찾는다

폐기물 처리는 골머리를 앓게 하는 사안이다. 파묻을 땅을 구하는 데는 엄청난 비용이 들어가고, 소각장을 지으려면 '우리 동네는 안 된다'는 님비NIMBY가 난무하다. 국내에서 발생하는 폐기물 중에는 재활용되는 양도 적지 않다. 재활용으로 생명을 연장하는 것이다. 폐기물 중에서 연료로 사용할 수 있는 양은 약 700만 toe(석유환산톤)로 추산된다. 해마다 양이 증가하기에 2011년 무렵에는 850만toe 정도의 폐기물에너지를 생산할 수 있다. 처치 곤란했던 쓰레기가 에너지원으로 자리 잡는 셈이다.

버림받던 쓰레기의 화려한 변신

오랫동안 온실용 비닐, 각종 플라스틱 용기, 플라스틱판 등 농업용 플라스틱들은 쉽게 재활용되지 않아 골칫거리였다. 이들은 저밀도 및 고밀도 폴리에틸렌, 폴리프로필렌, 폴리스티렌 등을 이용해 생산된 제품으로 쉽게 사라지지 않는다는 특성이 있다. 비닐봉투만 해도 전 세계적으로 한 해에 5조 개 안팎이나 생산되고 있다. 만일 폐비닐을 매립하면 분해되는 데 100년 이상 걸릴 뿐 아니라 지반의 안정성이 저해되고 매립지 사용 연한이 단축되는 등 심각한 결과를 초래한다. 각종 플라스틱 제품을 재활용하려고 해도 에너지 낭비를 초래한다. 재활용을 위한 분리, 세정, 운송 등에 많은 에너지 비용이 들어가기 때문이다.

그런데 이렇게 사업장이나 가정에서 발생하는 가연성 폐기물을 에

인류는 폐기물에서 에너지를 얻는 방안을 모색하고 있다.

너지화하는 방안이 등장했다. 에너지 함량이 높은 폐기물을 열분해해서 에너지를 만드는 오일화기술, 타지 않는 폐기물과 수분을 제거한 뒤 남은 폐기물을 분필이나 막대 모양으로 만드는 성형고체연료 제조기술, 고체 및 액체 유기물질을 가스로 전환하는 가연성 가스 제조기술, 소각에 의한 열회수기술 등이 그것이다. 이 기술들은 가공·처리 방법을 통해 액체 연료, 고체 연료, 가스 연료, 폐열 등을 생산한다. 여기에 따르는 기술은 비교적 단순해 빠른 시일 내에 상용화할 수 있으며 다른 신재생에너지에 견줘 경제성이 높은 것이 장점이다. 폐기물을 청정 처리하면서 자원으로 재활용하는 효과까지 있으니 도랑 치고 가재 잡는 격이다. 환경과 에너지 문제를 해결하는 유력한 수단인 셈이다.

그동안 크게 주목을 받지 않았지만 폐기물에너지는 국내 신재생에너지 생산에서 독보적인 위치를 차지하고 있다. 2007년 국내 신재생에너지 공급량은 총 에너지 사용량의 2.5퍼센트를 차지했는데 이 가운데 폐기물에너지는 무려 75퍼센트였다. 폐기물 가운데 1.8퍼센트만 에너지로 바꾸어도 그만큼 된다고 한다. 환경부는 2008년 5월 폐기물에너지화율을 2012년까지 31퍼센트로 높이고 2020년에는 연간 1,218만 톤에 이르는 에너지화 가능 폐기물 전량을 에너지화하겠다는 목표를 제시하기도 했다. 2030년에는 신재생에너지 공급목표인 11퍼센트 가운데 절반을 폐기물에너지로 공급할 예정이라고 한다. 신재생에너지의 보급이 폐기물에너지에 달려 있다 해도 지나친 말이 아니다.

폐열과 성형고체연료로 만드는 에너지

이미 대규모 아파트 단지나 신도시 인근 소각장은 폐열을 난방에 이용하게끔 처음부터 설계되어 있다. 오래전에 지은 소각장이라면 폐열회수 시스템을 별도로 설치하면 된다. 화석연료의 고갈이 눈앞에 다가오는 상황에서 숨은 에너지를 버리는 것은 안타까운 일이다. 어떻게든 폐열을 모아 주변 아파트 단지, 농가, 비닐하우스, 수영장과 파이프라인을 연결하는 식으로 재활용해야 한다. 폐열의 가치가 설치 유지비를 감당하고도 남을 뿐만 아니라 에너지 재활용이라는 의미도 있기 때문이다.

환경부에 따르면 전국 지방자치단체가 설치 운영 중인 대형 생활쓰레기 소각장 42곳에서 발생하는 열은 연간 552만 1,278기가칼로리(1기가칼로리=10억 칼로리)에 이른다고 한다. 이 가운데 489만 1,184기가칼로리를 회수해 사용하고 있으니 89퍼센트나 재활용하는 것이다. 이를 중유로 환산하면 341만 7,000배럴로 3,500억 원 이상의 원유 수입 절감 효과를 얻을 수 있다. 이렇게 소각 폐열을 적극 활용하면 일석삼조의 효과를 얻을 수 있다. 우선 버려지던 에너지를 난방과 전력 생산에 사용할 수 있으며, 고열을 그냥 방출하지 않기 때문에 대기온도 상승을 줄일 수 있다. 또한 열 공급 및 전력 판매에 따른 판매 수익으로 소각장 운영비가 낮아져 결국 주민에게 혜택이 돌아가기도 한다.

또 다른 폐기물 에너지화 기술 가운데 상용화된 것은 성형고체연료RDF, Refuse Derived Fuel이다. 한마디로 종이, 나무, 플라스틱 등의 가연성 폐기물을 파쇄, 분리, 건조, 성형 등의 공정을 거쳐 제조한 고체연료이다. 정부는 폐기물 에너지 활용을 위해 소각로 대신 RDF 제조시설을 널리 보급하려고 한다. RDF는 생활폐기물에서 타지 않는 물질을 제거하고 수분을 건조시킨 뒤 남은 종이와 플라스틱 등에 중화제를 첨가해 분필모양으로 만든 것이다.

원주시 RDF 생산시설

2008년 현재 일본에는 57기의 생활폐기물 RDF 플랜트가 가동 중이며 전용 발전소도 5곳이나 된다. 유럽에서도 100기 이상의 RDF 플랜트가 가동되고 있다. 아직까지 국내에서는 널리 보급되지 않았지만 2006년에 강원도 원주 지역에 국내 최초로 1일 80톤 규모의 생활폐기물 고형연료화 시설을 설치하여 연간 가연성폐기물 1만 3,230톤의 생활폐기물을 처리, 고형연료 RDF를 5,801톤 생산하고 있다. 이것으로 원주시 청사 난방연료로 사용하거나 시멘트공장 등에 공급해 수입연료 절감 등의 대체 효과를 거두고 있다. 민간에서도 35개소의 RDF 제조시설이 운영되어 연간 약 3만 7,000톤의 생활 폐기물이 처리되고 있다.

정부가 추진하는 '폐기물에너지화 종합대책'에서 핵심을 이루는 게 RDF 플랜트라고 할 수 있다. 쓰레기를 고체연료로 바꾸어 에너지를 만들어낼 수 있다는 게 매혹적이기 때문이다. 실제로 RDF는 부피가 적고 강도가 높아서 운반성을 획기적으로 개선한다. 각 지역에서 배출된 쓰레기를 RDF화 하면 대형 소각장에서 집중처리하기 때문에 소각효율을 높일 수가 있다. 게다가 강도가 높고 저장이 쉬운 데다, 수분이 적고 발열량이 높아서 고효율 연료로 모자람이 없다. 다만 대체로 비닐 플라스틱 등을 RDF로 모양을 바꾼 것이기 때문에 환경적인 장점은 없어 보인다. 실제로 RDF의 탄소배출량은 LNG보다는 매우 많고 폐유보다도 많으며 유연탄과는 비슷한 것으로 나타났다.

이같은 쓰레기에 대한 발상의 전환은 에너지 문제에 대한 근본적인 해결책은 아니라 할지라도 기술에 의한 가능성을 예감케 한다. 폐열을 전기에너지로 변환하는 재료를 합성하고 있고 폐열회수용 보일러도 개발되고 있는 상황이라면 버려지는 열을 재이용하는 것은 생각이 아닌 현실이 될 수 있는 것이다.

플라스틱 오일을 빼내다

폐기물에너지는 폐열을 회수하거나 RDF로 형태로 바꾸는 데서 열분해 연료유 생산으로 이어지고 있다. 폐타이어와 폐플라스틱뿐만 아니라 농촌 폐비닐, 스티로폼, 어망, 어구 등 '원유'로 만들어진 석유화학 제품(고분자 화합 폐기물)을 '열분해 유화 과정'을 통해 다시 산업연료와 카본원료로 분리·생산하는 기술이다. 국내의 폐플라스틱 발생량은 연간 약 600만 톤으로 추산되는데, 이 가운데 100만 톤만 사용해서 오일을 생산하면 연간 약 70만 톤의 석유 수입대체 효과를 얻을 수 있다고 한다.

사실 폐플라스틱에서 오일을 빼내는 원리는 비교적 간단하다. 컵라면 용기나 장난감 등은 대부분 연료유를 가공해 만들어진다. 반대로 폐플라스틱을 산소가 없는 조건에서 열분해를 하면 플라스틱이 다시 석유 형태로 바뀌게 된다. 즉 석유로 만든 플라스틱을 사용 후

다시 석유로 환원하는 셈이다. 폐플라스틱의 상태에 따라 차이가 있지만 대체로 폐플라스틱 1킬로그램을 열분해하면 1리터에 가까운 오일을 추출할 수 있다. 플라스틱은 탄소 수십 만 개가 연결된 고분자 형태로 이루어져 있다. 열분해를 통해 사슬이 끊어지는 분해반응이 일어나 탄소 개수(분자량)가 작은 오일이나 가연성 가스로 전환하도록 하는 것이다.

이런 원리에 따라 잘게 부순 각종 플라스틱을 400도 이상의 반응로에 넣어 녹이는 과정을 거쳐야 한다. 그런데 열에 녹은 플라스틱이 반응로 벽에 달라 붙어 작업을 방해할 수 있다. 게다가 높은 온도에서 플라스틱을 분해하면 새까만 탄소 찌꺼기가 발생해 플랜트 장치를 작동시키는 데 장애가 되기도 한다. 식용유 용기처럼 딱딱한 플라스틱이라면 1센티미터 안팎으로 잘라 반응로에 넣는 게 간단하지만 폐비닐은 전처리가 매우 어렵다. 딱딱한 플라스틱은 재활용 여지가 많기 때문에 비닐처럼 재활용이 어려운 재료를 주원료로 삼는 게 과제이다. 이론상으로는 폐플라스틱 150~200만 톤을 유화플랜트에 넣어 140만 톤 가량의 기름을 얻을 수 있다고 한다.

현재 한국에너지기술연구원 대체연료연구센터 신대현 책임연구원은 연 3,000톤급 유화플랜트 설비를 만들어 본격적인 실증작업에 들어갔다. 실험결과 효율은 78퍼센트로 높게 나왔다. 폐플라스틱 1톤을 넣을 경우 약 780킬로그램 가량의 오일을 얻을 수 있다는 말이다. 이 가운데 34퍼센트는 휘발유에 가까운 경질유였고, 66퍼센트는 경유와 비슷한 경질유였다. 이러한 기술을 폐플라스틱과 유사한 폐타이어, 폐유, 바이오매스 등 유사 성질의 폐기물에 확대 적용하는 것도 가능할 것으로 보인다. 다양한 분야로의 응용을 통해 많은 부가 가치를 얻으면서 덤으로 환경파괴도 줄일 수 있는 것이다.

미국 펜실베이니아 주립대학 농업엔지니어링 인스트럭터인 제임스 카츠James Kats 박사도 플라스틱 폐기물을 연소시켜 에너지를 발생시키는 대안을 연구하고 있다. 그의 접근 방법은 다양한 필름과 고체 플라스틱을 석탄과 함께 연소시키거나 석탄연소기, 화로 등에서 연소될 수 있는 플라스틱 덩어리로 변환시키는 것이다. 이 공정은 대부분의 플라스틱을 용융시키지 않기 때문에 플라스틱 종류를 혼합시킬 수 있다. 플라스틱 덩어리의 일부만 녹아서, 압축 플라스틱 폐기물을 담고 있는 용융 재킷을 형성하게 된다. 플라스틱 덩어리의 제조에 사용되는 비용은 플라스틱 덩어리로 생산 가능한 에너지 가격의 85분의 1에 지나지 않는다.

이러한 공정은 플라스틱 파쇄 공정과 주형으로 알갱이를 밀어 넣는 호퍼로 이루어져 있다. 주형은 바깥층을 녹일 수 있도록 가열되고 긴 파이프 형태의 압축 플라스틱을 생산하게 된다. 이 경우 대부분의 플라스틱은 녹지 않는다고 한다. 긴 파이프 형태의 플라스틱은 고온의 나이프에 의해 알갱이 형태로 잘린다.

지금까지의 연구결과에 따르면 재생 플라스틱 병이 신뢰할 만한 윤활유 공급원일 수 있다고 한다. 폴리에틸렌에서 나온 오일이 연료 경제성을 향상시키고, 오일 변질의 빈도를 줄일 수 있다. 실험실 연구에서 사용된 플라스틱 중 대략 60퍼센트가 자동차 오일이나 윤활유로 활용될 수 있는 왁스로 변환되었다. 폐플라스틱을 산소가 없는 상태에서 섭씨 400도로 가열하면 고분자 물질이 분해되면서 기름 80퍼센트, 가스 15퍼센트, 물 5퍼센트가 생산된다. 이 과정에서 나오는 가스는 열분해 공정의 열원으로 다시 활용하고, 재활용이 불가능했던 폐플라스틱을 원료로 사용하기 때문에 폐플라스틱에너지는 친환경 청정 기술임에는 틀림없다.

지구 상의 자원이 한정된 만큼 과학자들은 무한한 자원의 가능성을 찾기 위해 전력질주하고 있다. 연료를 생산할 가능성이 있는 플라스틱Fuel-Latent Plastic은 매우 흥미로운 주제임에 틀림없다. 하수슬러지에 기름과 석탄을 정제·응집하는 특수한 방법을 이용해 소카SOCA, Sludge Oil Coal Agglomeration라는 높은 발열량의 연료를 제조하는 기술도 상용화 단계에 접어들었다. 일상생활에서 유전을 찾아내는 기술이 개발되고 있는 것이다. 일부에서 폐기물에너지 규모와 에너지를 만드는 과정에서 손실되는 에너지 등을 모두 고려하면 폐기물에너지 자원화는 지속 가능하지 않다고 지적하기도 한다. 하지만 지금 우리가 선택할 수 있는 작은 대안 중 하나인 것만은 부정하기 어렵다.

인공 태양은 떠오를까

정말로 인간의 손으로 지상에서 태양을 재현하는 것은 가능할까. 이 열망에 의해 꿈의 기술인 핵융합 연구가 시작되고 있다. 핵융합은 수소나 헬륨처럼 가벼운 원소가 충돌해 무거운 원소로 바뀌는 반응이다. 이 과정에서 원소의 질량이 손실된 만큼 열이 나온다. 태양을 비롯한 항성도 이런 원리로 열을 내고 있다.

원자핵은 양성자와 중성자가 붙어 있는 형태이다. 일반적으로 핵융합로에서 사용하는 원료는 중성자 1개, 양성자 1개로 이루어진 중수소와 중성자 2개, 양성자 1개로 이루어진 삼중수소이다. 이 둘을 초고온으로 가열하면 서로 충돌해 헬륨(중성자 2개, 양성자 2개) 하나와 중성자 하나를 만들어낸다. 이 때 줄어드는 질량이 아인슈타인의 공식 $E=mc^2$에 의해 엄청난 양의 에너지로 바뀐다.

핵융합은 바닷물에 있는 중수소를 연료로 쓰기 때문에 환경오염이나 자원고갈의 우려가 없다. 원자로가 우라늄이나 플루토늄의 핵을 쪼개는 연쇄반응을 일으켜 에너지를 발생시키는 데 비해, 핵융합로는 초고온 플라스마 상태에서 중수소와 삼중수소의 핵을 융합해 에너지를 만들어내기 때문이다. 핵융합로가 제대로 가동되면 바닷물 1리터로 만들어낼 수 있는 에너지의 양은 석유 300리터에 해당할 정도라고 한다. 열효율도 뛰어나다.

문제는 이러한 과정이 1억 도 이상의 플라스마 상태에서 일어난다는 데 있다. 현재 가장 많이 쓰이는 방법은 도넛 형태의 자기장 안에 플라스마를 가두는 '토카막(자기밀폐) 방식'이다. 토카막 방식은 중수소와 삼중수소가 서로 충돌하는 빈도를 늘리기 위해, 원자핵과 전자가 흩어져 있는 플라스마라는 상태로 변화시켜 각 원자핵이 초속 1000킬로미터의 초고속으로 비행할 수 있도록 섭씨 약 1억 도까지 가열한다. 플라스마 속에 흐르는 전류에 의해서 생겨난 자장이 용기를 둘러싼 코일로 만든 자장과 조합되면서 도넛 용기에 따라 자력선이 형성되고 이 힘을 빌려서 플라스마를 밀폐시키는 것이다.

최근 미국·프랑스·일본 등 주요 선진국들은 토카막 방식과 함께 고에너지 레이저를 이용한 핵융합 연구를 병행하고 있다. 레이저 핵융합은 100마이크로미터 (1마이크로미터=100만분의 1미터) 크기의 핵융합 연료에 고에너지 레이저를 집중시켜 플라스마 상태를 만들어내고 여기서 방출되는 중성자를 이용해 에너지를 발생시키는 방식이다.

수소시대는 다가오는가

수소가 미래 청정에너지 운반체Carrier로 여겨지고 있긴 하지만 아직까진 현실에서 힘을 발휘하지 못하고 있다. 기껏해야 석유 정제 과정을 비롯해 화학, 식품, 전자 등의 분야에서 '산업 원료'로 쓰이고 있을 뿐이다. 그것도 고비용을 치러서 말이다. 저렴한 천연가스에서 수소를 분리하더라도 산출 대비 투입 에너지가 4배나 된다. 제러미 리프킨Jeremy Rifkin은 『수소경제The Hydrogen Economy』라는 저서에서 세계 경제의 미래를 '수소에너지 체제'라고 선언했지만 이를 경험하는 것은 쉬운 일이 아닐 것이다. 수소가 에너지원 구실을 하려면 생산효율을 높이면서 대량생산의 기틀을 마련해야만 한다.

제러미 리프킨의 저서
『수소경제』

수소시대가 현실화될까. 제러미 리프킨은 세계 경제의 미래를 '수소에너지 체제'라고 선언한 바 있다.

생산효율과 대량생산의 문제

그럼에도 수소경제가 앞으로 현실화될 것이라는 데는 이의를 제기하기 어렵다. 우리나라만 해도 2040년 무렵에는 수소·연료전지가 대중화돼 국내 전체 자동차의 54퍼센트, 발전 설비의 22퍼센트, 주거전력 설비의 23퍼센트, 모바일 기기의 100퍼센트가 수소·연료전지로 대체되는 등 수소 기반 경제가 현실화될 전망이다. 온실기체 배출을 크게 줄이는 수소가 환경친화적인 에너지 운반체로 각광받게 된다는 말이다. 이를 뒷받침하려는 구체적인 방안도 제시되었다. 수소 제조·저장·공급 등 인프라를 구축하고, 수소경제이행촉진법을 제정하며 수소경제센터를 신설하는 등 지원기반을 강화한다는 것이다.

하지만 수소가 다양한 방식으로 환경에 영향을 끼친다는 사실을 기억해야 한다. 무엇보다 대기 중에 수소 농도가 높아질 때 발생할 문제를 고려해야 할 것이다.

오늘날의 에너지 시스템이 수소로 완전히 대체될 경우 연간 약 14억~19억 톤의 수소가스가 필요하다. 이때 1,700만~4,900만 톤의 수소가 생산이나 이용 과정에서 대기 중에 배출될 것으로 추정된다. 대기 중의 수소가 지금보다 22~64퍼센트 늘어나게 되는

미래에 수소시대가 되면 수소 연료 전지 자동차가 대중화될지 모른다.

것이다. 이렇게 늘어난 수소는 대기 중에서 이뤄지는 다양한 화학적 반응에 개입하게 마련이다. 수소가 무해가스인 것은 틀림없는 사실이지만 여러 반응에 개입하면서 발생되는 문제는 한두 가지가 아니다.

대규모의 수소가 대기 중에 유입되면 기후변화가 가속화될 수도 있다. 메탄이나 수소화염화불화탄소HCFC 같은 물질로 인해 온실기체의 수명이 길어지기 때문이다. 게다가 대기 중의 수증기가 증가해 구름의 생성, 성층권의 온도, 오존량 변화 등의 문제가 발생할 가능성도 있다. 친환경에너지가 대형사고를 치는 것이다.

그러나 만일 태양열이나 풍력, 바이오매스 같은 신재생에너지로 수소를 만든다면 산화질소나 이산화탄소 배출이 줄어들어 환경을 개선하는 효과를 기대할 수 있다. 수소를 생산하는 원료를 친환경

자원에서 찾아야 할 이유가 여기에 있다.

수소는 태우고 나면 필요한 에너지(전기나 열)를 주면서도 발생하는 부산물은 물밖에 없다. 문제는 수소가 풍부한 게 사실이지만 단독으로는 거의 존재하지 않고 물이나 유기화합물 형태로 존재한다는 데 있다. 수소는 상온, 상압에서 기체이지만 공기 중에는 겨우 1천만 분의 5가량 포함되어 있을 뿐이다. 이는 수소가 물이나 유기화합물로부터 에너지를 소비해야 얻을 수 있는 에너지 매체energy carrier라는 의미이기도 하다. 화석연료가 장기간에 걸쳐 농축 저장된 태양에너지의 한 형태라고 한다면, 수소 역시 풍부한 태양에너지의 유용한 저장수단이라 할 수 있다.

오래전부터 과학자들은 태양빛을 에너지로 삼아 물을 분해해 청정연료인 수소를 생산·이용하기를 꿈꿨다. 이를 위해서는 충족되어야 할 몇 가지 요건이 있다. 우선 태양빛을 효율적으로 흡수해서 빛을 흡수하는 물질(이를테면 광촉매) 내에서 여기excitation*된 전자electron 상태를 만들 수 있어야 한다. 다음은 화학적 또는 전기적인 형태 어느 것이든 일(작용)을 하기 위해 광여기된photo excitation** 전자와 정공hole이 재결합하지 않도록 해야 한다. 마지막으로 광여기된 전하charge가 물 분해처럼 원하는 화학물질로 전환될 수 있어야 한다. 이 모든 조건을 만족시켰을 때 수소경제를 실현할 수 있는 것이다.

---

*외부에서 에너지를 가해 원자나 분자의 가장 바깥쪽에 있는 전자가 높은 에너지 상태로 이동하는 것
**빛을 가해 여기된

에너지 · 147

우리는 수소시대로 가고 있다

미생물 같은 생물체 내부의 시스템을 공학적으로 활용해 수소를 얻을 수도 있다. 일찍이 20세기 초반에 냇가에서 자라는 미세조류(이끼)에서 수소 가스가 생성되는 것을 생물학자들이 발견하면서 미생물로 수소를 생산하는 방법이 관심을 끌었다. 그러나 미생물을 이용하면 상대적으로 저렴하게 수소를 얻을 수 있지만 대량생산에는 어려움이 따른다. 최적화된 인위적인 광합성 시스템을 만드는 게 쉽지 않기 때문이다. 이런 까닭에 미생물학자들은 수소를 효율적으로 만드는 방법에 오랫동안 관심을 기울였지만 공학적 연구 성과가 제대로 결합되지 않아 효율을 높이지 못하고 있다.

근래에는 전방위 환경 해결사로 활용되는 광촉매가 주목받고 있다. 광촉매에 나노 기술이 접목되면서 놀라운 가능성이 점쳐지고 있기도 하다. 광촉매로 수소를 경제적으로 생산할 수 있기 때문이다. 다시 말해 녹색식물들이 빛을 화학에너지로 변환하는 것을 모방한 광촉매로 물 분자를 분해해 수소를 발생시키는 것이다. 광촉매를 이용해 수소를 생산할 때는 반도체의 개념이 응용된다. 반도체가 고온에 이를 때 전기 전도도가 증가하는 것처럼 빛을 쬐면 정공과 전자가 생기면서 광반응이 일어나는 것이다. 이를 외부 회로에 연결해 전기를 얻으면 태양전지가 되고, 환원과 산화 반응을 일으켜 화학에너지로 바꾸면 광촉매가 된다.

한마디로 물에 촉매를 넣어 빛을 조사

미생물로 수소를 생산할 수 있을까. 미생물학자들은 수소를 효율적으로 만드는 방법에 오랫동안 관심을 기울여왔다.

해 수소를 모으는 광촉매법은 태양전지보다 저렴하고 미생물보다 많은 수소를 얻을 것으로 기대된다. 문제는 물속에서 물 분자가 햇빛에 약 4퍼센트밖에 들어 있지 않은 자외선에 의해서만 분해된다는 데 있다. 물 분해 효율을 높이는 데 초점을 맞추고 있는 연구자들은 넓은 흡수 파장을 가진 높은 활성의 광촉매를 개발하는 중이다. 예컨대 질화칼륨이나 산화아연을 섞은 노란색의 분말에 특정 보조 촉매를 첨가해 햇빛의 46퍼센트를 차지하는 가시광에도 반응하는 광촉매를 만드는 식이다. 가시광으로 물을 분해하면 자외선으로 했을 때보다 효율은 10배 이상 높아진다.

더불어 광촉매와 생물학적 방법을 융합하는 방법도 관심을 모은다. 햇빛을 흡수하고 전자쌍을 생성하는 것은 광촉매가 맡고 수소이온 환경은 바이오 촉매가 맡도록 하는 것이다. 이렇게 하면 물 분해 효율이 27퍼센트 수준까지 향상되는 것으로 나타났다. 물론 아직까지는 실험실 수준으로 상용화되기까지는 넘어야 할 산이 수두룩하다. 광바이오 촉매 연구는 초보적 단계일 뿐이라서 시너지 효과를 기대하기는 이르다고 할 수 있다. 그럼에도 광바이오에 관련된 연구자들은 공학적으로 시스템을 구축하면 생산 효율을 높이는 게 어려운 일이 아니라고 입을 모으고 있다.

그동안 탈취나 항균 작용 등 유기물 분해 작용으로 관심을 모았던 광촉매, 태양광 에너지의 수소연료 변환 효율이 높아지면서 가격 경쟁력도 극복될 조짐을 보이고 있다. 여기에서 광촉매가 차지하는 비중도 갈수록 높아지고 있다. 프랑스의 소설가 쥘 베른 Jules Verne은 공상과학 소설 『신비의 섬 The Misterious Island』에서 "언젠가 물이 연료로 이용될 것이다. 물을 이루고 있는 수소와 산소는 각자 단독으로 혹은 둘이 함께 사용되어, 석탄이 따라가지 못할 정도로 강렬하고 고갈되지 않는 열과 빛을 내게 될 것"이라며 130여 년 전에 수소시대를 예언했었다. 하지만 여전히 수소시대 진입로는 좁기만 하다. 과연 광촉매가 수소시대로 가는 고속도로를 뚫을 수 있을까.

또 다른 수소 발생법으로는 열화학적 방법이 있다. 금속산화물의 산소가 떨어지면서 금속 혹은 산소가 결핍된 상태의 금속산화물로 변하는 과정을 이용하거나, 이들이 다시 물과 반응해 수소와 금속산화물로 되는 과정을 반복하면서 물로부터 수소와 산소를 만드는 기술이다. 물론 여기에도 난관은 있다. 800도 이상의 고온이 필요하기에 태양광 집광장치 등을 이용해야 하는 것이다. 또 금속산화물과 같은 매개체를 활성이 좋으면서 오래가도록 만들어내는 건 무척 어렵다. 철·티타늄·망간·코발트 혹은 철과 니켈의 혼합 금속화합물 등이 유력 후보물질이다.

이렇게 만들어진 수소는 널리 활용될 수 있을까. 아무리 수소가 이용한 청정에너지 운반체라 해도 시장에서 인정받기는 쉽지 않다. 무엇보다 경제적 효율성의 문제를 쉽게 극복할 수 없다. 만일 수소연료 공장과 충전소를 세우려 한다면 막대한 비용을 지불해야 하기 때문이다. 이런 탓에 수소연료의 단가를 최대한 낮추어도 기름값의 두 배 이상 될 것이라는 우울한 전망도 있다. 하지만 그것이 수소경제를 가로막을 것 같지는 않다. 화석연료 이후는 미래의 일이 아니라 바로 지금 현실이기 때문이다.

수소는 어떻게 만들어지나

수소는 1개의 양성자와 1개의 전자로 이뤄졌다. 가장 간단한 원소인 수소가 지구의 경제와 환경, 에너지 문제를 해결할 수 있을까.

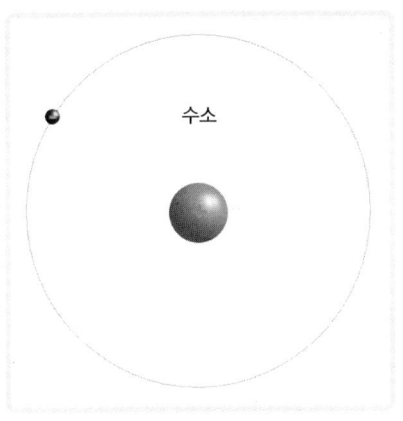

1개의 양성자와 1개의 전자로 이루어진 수소. 수소는 우주에서 발견할 수 있는 원소 가운데 가장 흔하기 때문에 인류의 '영구연료'가 될 수 있다.

지금까지 가장 널리 이용되는 수소에너지 생산방법은 천연가스에 포함된 메탄의 수증기 개질법이다. 니켈 촉매에 반응하면서 수소와 일산화탄소로 분해하는 것이다. 이렇게 생산하는 수소가 연간 4,500만 톤에 이른다. 이는 전 세계 수소 생산량의 절반 가량을 차지한다. 물에 1.75볼트 이상의 전류를 흘려서 양극에서 수소가, 음극에서 산소가 발생하도록 하는 전기분해법도 널리 쓰인다. 석탄의 가스화 공정이나 원유의 정제과정, 황산·산화철 화학공정 등에서도 수소를 얻을 수 있다.

이렇게 천연가스나 원유 부산물을 이용하면 수소가 원료 가격보다 비쌀 수밖에 없다. 물을 분해할 때 화석연료를 이용한다면 환경에 악영향을 끼치게 마련이다. 더구나 요즘처럼 원유 가격이 요동치는 상황에서 화석연료에 기반한 수소에너지 생산은 고비용을 치러야 한다. 미생물을 활용해 태양광으로 물을 수소와 산소로 분리하는 기술 등은 아직 상용화 단계에 이르지 못했다. 기존의 신재생에너지를 이용해 수소를 만드는 게 최선의 방법이지만 모든 나라가 그럴 수는 없다.

우리나라에서 수소를 만드는 데 신재생에너지를 활용하기는 쉽지 않다. 예컨대 풍력으로 우리나라 전략 소비량인 30기가와트를 감당하려면 1만 제곱킬로미터의 면적이 필요하다. 경기도 크기의 풍력발전소가 필요하다는 말이다. 더구나 그곳에서 나오는 에너지로 수송이나 산업용 에너지까지 충당하려면 면적은 몇 배나 더 커져야 한다.

수소경제,
그 거대한 실험

북대서양 노르웨이와 그린란드 사이에 자리잡은 섬나라 아이슬란드. 한반도 남쪽 땅보다 넓은 10만 제곱킬로미터에 빙하와 화산이 뒤섞인 아이슬란드의 전체 인구는 고작 우리 나라 중소도시 규모인 30여 만 명에 지나지 않는다. 우리에게 아이슬란드는 영화 〈프리 윌리 Free Willy〉의 주인공 범고래 '케이코'의 고향이며 바이킹의 후예들이 사는 나라 정도로 기억된다. 그런데 2008년 하반기 국가부도 위기를 막기 위해 가장 먼저 IMF의 구제금융을 받아 반면교사로 삼아야 할 나라가 되고 말았다. 여기에서 아이슬란드를 떠올리는 것은 국가부도의 상황을 살피기 위해서가 아니다. 지금까지 야심차게 북반구의 쿠웨이트를 꿈꾸며 카본프리 Carbon Free 사회 즉 '수소경제 Hydrogen Economy'를 실험했기 때문이다.

카본프리 사회를 꿈꾸던 아이슬란드

새로운 에너지원으로서 수소의 재발견을 꿈꾸던 아이슬란드의 수도 레이캬비크Reykjavik에선 지금 무슨 일이 벌어지는 것일까. 아이슬란드 전체 인구의 60퍼센트인 18만 명 가량이 거주하는 수도 레이캬비크에서 수소경제의 실상을 체험하는 것은 쉬운 일이 아니다. 수소경제의 수장국이 되려는 아이슬란드의 야심이 속절없는 바람으로 느껴질 정도였다. 아이슬란드 전역을 누비는 10만여 대의 승용차 가운데 수소 연료전지차 14대가 레이캬비크 시내에서 운행되고 있을 뿐이다. 천혜의 지열과 수력 자원, 정부의 적극적인 지원으로 수소경제가 실현될 것으로 기대한 사람들로선 믿고 싶지 않은 현실일 것이다. 수소경제의 국제적 시험무대로 주목받던 시절을 한때의 추억으로 여길 수만은 없는 일이다.

아이슬란드 정부가 수소경제를 추구하겠다고 선언한 것은 1999년의 일이다. 1970년에 일단의 학자들이 30년 계획의 수소 개발 계획을 수립해 수소경제의 토대를 마련하고자 했다. 지난 1999년 아이슬란드 정부는 '아이슬랜딕 뉴에너지'(당시 회사 이름은 '아이슬란드 수소연료전지사')를 설립했다. 이 회사는 정부 지분이 51퍼센트이고 나머지는 다임러크라이슬러·셸 오일·노르스크 하이드로 등 세계적 기업들이 나눠 가졌다. 아이디어에 지나지 않던 아이슬란드의 수소경제가 구체적인 현실로 드러날 것으로 기대한 거대 기업이 관심을 가졌던 것이다. 물론 고원지대에 빙하가 녹아 만들어진 강과 호수의 수량이 많고 인구밀도가 낮아 보상과 환경 문제가 부담스럽지 않다는 점이 크게 작용했다.

그러나 아쉽게도 아이슬란드는 수소에너지 기술 선진국이 아니다.

다만 아이슬란드는 정부가 지대한 관심을 표명하며 수소경제를 위한 다양한 비전을 제시하고 정책적 지원에 깊은 관심을 기울인다는 점이 주요하게 작용했다. 수소에 관한 사회경제적인 의미에서 말한다면 아이슬란드는 수소경제의 작은 시장에 지나지 않는다. 전 세계에 수소 충전소가 비약적으로 늘어나고 있지만 아이슬란드에 있는 수소 충전소는 고작 1곳일 뿐이다. 그럼에도 아이슬란드는 '수소경제를 위한 국제협력 파트너십IPHE'의 의장국으로서 수소에너지에 관한 세계적 흐름을 주도하는 국가로 자리 잡았다. 마치 아이슬란드를 통하지 않으면 수소경제에 다가서지 못할 태세였다.

정말로 레이캬비크는 수소경제의 중심 도시로서의 가능성을 간직하고 있는 것일까. 안타깝게도 화석연료가 필요 없는 나라가 되려는 아이슬란드의 비전은 현실과의 괴리감을 극복하지 못하고 있다. 아이슬란드의 에너지 구조는 여전히 수입 석유제품에 크게 의존하고 있다. 우주를 뒤덮고 있는 수소로 사회경제 시스템을 실현하려는 계획은 현실이 되지 못하고 있는 것이다. 정부 차원에서 국제적 기반

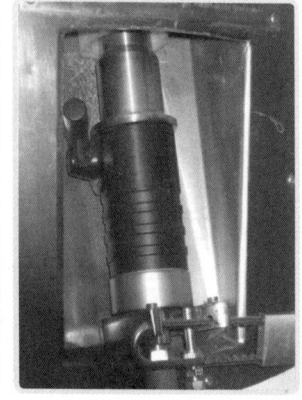

아이슬란드 수도 레이캬비크에 있는 수소 충전소와 수소 주입기구

조성을 지원하며 수소에너지에 관한 세금 지원과 수출입 관세 등의 정책까지 준비했던 것이 사실이다. 단 5개의 수소 충전소만 전국 일주도로에 건설하면 전국을 수소 고속도로로 연결할 수 있을 것으로 기대했지만, 그것은 밀려드는 외화를 감당하기 어려웠던 시절의 백일몽이었다.

지열·수력에너지 강국

그럼에도 수소경제의 수장국이 되려는 아이슬란드의 희망사항이 잠든 것은 아니다. 아이슬란드는 거대한 화산 제국이다. 16세기부터 아이슬란드 화산 분출량은 전 세계 화산 분출량의 3분의 1을 차지할 정도로 화산활동이 활발히 이뤄졌고, 화산활동으로 데워진 온천수가 지표면 곳곳에서 부글부글 끓으며 분출하고 있다. 레이캬비크를 벗어나면 곧바로 화산지대에서 피어오르는 커다란 수증기 기둥을 만나게 된다. 지열을 이용하는 곳곳의 발전소에서 몇 백 메가와트급의 전력을 생산하면서 수십 킬로미터에 이르는 지름 90센티미터의 파이프라인으로 섭씨 94도 안팎의 온수를 공급하고 있다. 또 거대한 바트나 빙하를 비롯한 곳곳의 얼음지대와 화산 폭발로 깊게 잘린 계곡의 폭포

지열발전소의 내부 모습

아이슬란드에는 지열에너지를 뿜어내는 온천이 도처에 널려 있다.

등을 이용해 수력에너지를 생산하고 있다.

　아이슬란드가 꿈꾸는 재생에너지를 이용한 에너지 강국의 미래는 하루아침에 나온 것은 아니다. 아이슬란드 대학의 화학자 부라기 아르나손Bragi Árnason이 40여 년 전에 수소경제의 씨앗을 뿌렸다. 그는 지열 전문가로 1970년대에 아이슬란드 전역의 온천수 위치를 파악해 지열 에너지 매장량을 밝혀냈다. 그에 따르면 아이슬란드의 지열 에너지 잠재량은 연간 20테라와트시(1테라와트시=1와트의 전력을 1시간 동안 사용할 때 나오는 전기량의 1조 배)나 되는데 실제로 생산하는 것은 7테라와트시/년에 지나지 않았다. 그것만으로도 지열은 국가 에너지 소비전력의 17.5퍼센트를 담당하고 있다. 막대한 규모의 펄펄 끓는 지하수가 만들어내는 지열은 향후 아이슬란드의 꿈을 실현할 커다란 자산임에 틀림없다.

　그것만이 아니다. 아이슬란드에서 수력에너지는 거의 방치되는 것이나 마찬가지다. 잠재량(30테라와트시/년)의 5퍼센트도 채 되지 않는 1.4테라와트시/년만을 생산할 뿐이었다. 국가 전력의 82.5퍼센트를 수력이 담당하고 있는 데도 말이다. 근래에도 아이슬란드 정부는 거대한 빙하 유역인 카란주카Kárahnjúkar 일대 57제곱킬로미터에 690메가와트급의 발전 설비를 건설해 연간 4,600기가와트시의 전력을 생산하려고 한다. 환경단체에서는 수소경제를 내세워 무작정 댐을 짓는다고 지적했지만 수소에너지 체계에 대비하려는 정부의 계획 앞에선 큰 힘을 발휘하지 못했다. 이렇듯 아이슬란드는 천혜의 재생에너지 자원을 보유하고 있다. 언제든 금융 위기를 넘기면 지열과 수력을 수소경제의 밑거름으로 삼을 수 있는 것이다.

하늘과 땅의 에너지를 모아라

여전히 전 세계 수소경제의 대부 노릇을 하는 부라기 아르나손이지만 초창기에는 미치광이 소리를 들어야 했다. 화산활동에서 나오는 지열과 거센 강줄기를 이용한 수력을 이용해 물에서 수소를 분리하자는 그의 주장에 동조하는 학자는 거의 없었다. 자연상태에 널려 있는 수소를 분리하는 것은 이론적으로 어려운 게 아니었는 데도 말이다. 하지만 수소를 연료전지에 주입해 모터를 돌리면서 무공해 에너지원으로 이용하자고 했을 때 대부분의 사람들은 황당해했다. 모두들 석유·석탄을 이용하는 내연기관 대신 수소·연료전지를 활용하자는 것을 수긍하지 못했다. 수소라면 우주계획에서나 이용하는 폭발력의 상징으로만 생각했기 때문일까? 수소로 모터를 돌리면 소음도 없고 부산물로 물만 나오는 데도 아무도 관심을 기울이지 않았다.

문제는 아이슬란드가 엄청난 에너지 소비국이라는 데 있었다. 화석연료라 해봐야 한파에 쉽게 얼어붙는 토탄밖에 없기에 아이슬란드는 석탄과 석유를 모두 수입해야 했다. 요즘은 연간 85만 톤의 석유를 수입해 국가 전체 에너지 사용량의 38퍼센트를 충당하고 있다. 연간 5테라와트시의 에너지를 석탄과 석유에 의존하고 있는 셈이다. 이들 화석연료는 차량 운행과 어선, 에너지 집약 산업인 알루미늄 생산 등에

아이슬란드 지열발전소에서 수도 레이캬비크로 온수를 보내는 배관

각각 3분의 1씩 쓰이고 있다. 사정이 이런 탓에 아이슬란드는 난방과 전력을 수력과 지열로 해결하면서도 국민 1인당 탄화수소 방출량은 세계 최고라는 '불명예'를 떠안았다. 더욱이 마땅한 대체 산업이 없어서 갈수록 알루미늄 공장 굴뚝은 높아져갔다.

이러한 절박한 사정 때문인지 아이슬란드는 수소경제를 선언하고 레이캬비크는 '수소 벤처기업'이 되려고 했다. 나름대로 수소 생산 실험도 했다. 1950년대 후반부터 레이캬비크 근교의 국영 비료공장에서 수력발전에 의한 전기로 액화수소를 만들어 암모니아의 원료로 이용한 것이다. 아이슬란드 대학 수소연구소의 하네스 존슨Hannes Jónsson은 "대양 컨베이어 벨트와 화산대지, 대기 등이 1차 에너지 생산을 위한 최적의 조건이다. 하늘에서 떨어지고 땅에서 솟는 에너지를 모으기만 하면 된다. 우리의 조건은 화석연료 체계의 중동이 더 이상 부럽지 않다"라면서 수소에 미래를 맡기는 일만 남아 있다고 자랑스럽게 말한 바 있다.

수소를 향한 열망은 지속된다

이에 따라 1999년 아이슬란드 정부는 수소에너지 강국을 지향하는 'ECTOS Ecological City Transport System 프로젝트'를 제안했다. 2005년까지 대중교통 시스템을 완전히 수소 시스템으로 바꾼다는 것이었다. 하지만 여전히 수소 충전소에서 충전하는 버스를 보기는 쉽지 않다. 버스 승객들도 차량에 물의 분자기호(H_2O)가 쓰인 것을 신기하게 여길 뿐 수소경제를 실감할 수 없기는 마찬가지다. 물을 산소와 수소로 쪼개면서 문을 열고 승차하면서도 말이다. 수소에너지 버스라고 해서 특별히 승차감이 다른 것도 아니고 운행 속도가 느리거나 빠른 것이 아니다. 이제는 좀처럼 수소경제 전도사들도 비전을 말하기를 주저한다.

사실 수소·연료전지 버스는 거대한 시작의 첫걸음일 뿐이다. 버스 운행에 필요한 수소도 화력발전소에서 나오는 것이니 말이다. 아이슬란드는 수소에너지 생산을 차츰 지열발전소로 확대하는 계획을 포기하지는 않았다. 하지만 아이슬란드의 재생 가능한 천연에너지를 수소경제에 활용하는 게 간단한 일은 아니다. 수소경제의 소프트웨어 구실을 하는 수소에너지 자동차 모델에 관한 국제적 합의도 이뤄지지 않았다. 수소를 차량에 저장하는 방식을 놓고도 의견이 분분한 상태다. 아이슬란드는 여기에서도 힘을 발휘하지 못했다. 수소경제 관련 기술이나 제품 모두를 수입에 의존해야 하기 때문이다. 수소경제의 실험실을 개방하면 연료전지 자동차기 몰려올 것으로 예상했지만 현실은 그렇지 못했다. 자동차 회사들이 아이슬란드가 아닌 미국 캘리포니아를 매력적인 시장으로 여겼기 때문이다.

지난 10여 년 동안 아이슬란드는 세계 여러 나라에 청정에너지 수

레이캬비크에서 운행 중인 수소에너지 버스

소경제에 대한 희망을 전했다. 언젠가는 무너질 수밖에 없는 화석연료에 기대를 거는 것이 어리석은 상황에서 수소경제는 피할 수 없는 흐름임에 틀림없다. 누구도 물로 에너지를 만드는 것을 마다하지 않을 것이다. 수소는 우주 원소의 90퍼센트나 될 정도로 무한한 자원이며 물을 분해하면 3분의 2가 수소 원자이다. 수소로 모터를 돌리면 소음도 없고 부산물로 물만 나오기 때문에 관심을 기울이지 않을 이유가 없다. 부라기 아르나손은 땅속에서 꿈틀대는 열로 국토에 널린 빙하를 녹이면 수소를 무진장 만들 수 있을 것으로 예측했지만 최근의 경제 위기에 수소경제의 꿈이 무너지는 것으로 여기지 않을지 모르겠다.

지금 레이캬비크 시민들은 수소경제에 대한 막연한 환상에서 깨어나고 있다 해도 지나친 말이 아니다. 운송수단만 대체하면 수소경제가 싹틀 것으로 예견했지만 아이슬란드의 작은 시장에 사활을 걸 기업은 나타나지 않았다. 본질적인 문제는 연구개발 역량이 부족한 탓에 자국에 맞는 수소 제조 및 저장 기술을 개발하지 못할 뿐 아니라 산업 기반이 부실하다는 데 있었다. 신재생에너지에서 나오는 수소를 수출할 것이라는 기대도 사그라들고 있다. 그럼에도 아이슬란드는 수소경제의 거대 실험실인 것은 틀림없는 사실이다. 경제와 환경, 에너지 등을 둘러싼 '트릴레마 Trilemma'를 극복하려는 아이슬란드의 야심찬 도전, 그것이 슬로건만으로 실현되지 않는다는 것은 너무나도 자명한 일이다.

원자력이
수소경제를 주도하나

수소는 환경과 경제, 에너지라는 세 마리의 난제를 해결할 유력한 대안으로 꼽힌다. 하지만 수소 자동차가 실용화되는 데는 적잖은 시간이 걸릴 게 틀림없다. 무엇보다 수소를 경제적으로 생산할 수 있는 기술이 확보되지 않았기 때문이다. 대부분 천연가스나 석유 등 화석연료에서 수소를 추출해 사용하고 있는 중이다. 이런 까닭에 적지 않은 학자들이 "수소경제는 없다"면서 "수소를 얻으려고 화석연료를 3배나 소비하는 것은 득보다 실이 많다"고 역설하기도 한다.

물에서 수소를 얻는 가장 손쉬운 방법은 전기분해를 하는 것이다. 가장 저렴하게 전기를 생산할 수 있는 원자력을 이용하더라도 현재의 기술력으로는 물을 끓이는 데 사용되는 에너지의 절반가량이 조금 넘는 수소에너지를 얻을 수 있을 뿐이다. 많이 생산할수록 밑지는 장사가 된다. 태양열·풍력 등을 이용해 생산한 전기로 물을 전기분해해 수소를 만드는 방법, 석유나 천연가스에서 고열로 수소를 분리해내는 방법 등은 원자력보다 더 경제성이 떨어진다. 게다가 화석에너지를 사용하는 탓에 탄산가스 같은 오염물질이 생기기도 한다. 전기를 생산해 물을 전기분해한다면 원래 에너지마저 비효율적으로 사용하게 된다.

원자력을 이용하여 수소를 얻다
다행히도 기존의 원자력발전소에서 수소를 효율적으로 생산하는 방법이 대안으로 떠오르고 있다. 심야에 생산되는 잉여 전기를 이용해서 수소를 생산하거나, 버려지는 폐열로 증기에서 수소를 추출할 수 있기 때문이다. 이에 대한 가능성도 제시되었다. 증기가 구리와 염소 혼합물에서 다섯 단계를 거치면서 반응하게 되면 물이 분해되는 현상이 발생하기 때문이다. 이 공정을 이용하면 직접적인 전기분해보다 33퍼센트나 효율적이고, 부산물로 나오는 구리와 염소도 재활용할 수 있다고 한다. 원자력발전소의 잉여 전기와 폐열을 이용한다는 아이디어는 신선한 제안이다. 특히 폐열은 모든 산업현장에서 발생하는 것이기에 가능성에 대한 기대가 높다. 하지만 온도가 그리 높지 않아 분해가 더디게 이뤄진다는 단점이 있다.

그러나 원자력발전소의 원자로를 이용해 수소를 분리하는 데는 어려움이 뒤따른다. 효율적으로 수소를 얻기 위해서는 물을 분해하는 공정이 섭씨 1,000도 안팎이 되어야 하기 때문이다. 이 열을 경제적으로 공급하는 게 최대의 과제라 할 수 있다. 여기에서 새롭게 주목받는 게 '초고온 가스냉각로VHTR, Very High Temperature Gas-cooled Reactor'이다. 초고온 가스냉각로는 원자로에서 발생하는 섭씨 950도 고온을 이용해 물을 열화학적으로 분해함으로써 수소를 만들어낸다. 이 기술은 황산(H_2SO)과 요오드화수소(HI)가 결합·분리를 반복하는 분젠 반응에 물(H_2O)과 고열을 공급함으로써 수소를 분리한다. 한 마디로 원자력을 이용하여 고온의 열을 얻고, 이 고온의 열을 이용하여 물을 직접 분해하는 것이다.

이른바 원자력 수소를 위해서는 초고온 가스냉각로가 필수적이라 할 수 있다. 원자력 발전에 사용되는 원자로는 섭씨 300도를 견딜 수 있도록 설계되는 반면, 초고온 가스냉각로의 원자는 섭씨 1,200도 이상을 견딜 수 있도록 설계된다. 고온을 견디며 핵분열을 지속할 수 있어야 하기 때문이다. 이를 위해서는 핵연료·냉각재를 고온에서 견디도록 개발해야 한다. 과학자들은 고열에 견딜 수 있는 방법으로 섭씨 4,000도부터 녹기 시작하는 흑연을 원자로의 노심으로 사용하고 헬륨가스를 냉각재로 사용하는 방법 등을 연구하고 있다. 핵연료의 경우 금속 재질의 파이프로 피복하는 기존의 핵연료와 달리 고온에 강한 흑연으로 감싸게 된다.

고온에 견디는 핵연료를 만드는 방식은 두 가지가 있다. 먼저 구슬형 핵연료는 0.6밀리미터 크기의 우라늄을 탄소와 실리콘 카바이드 소재 등으로 감싸 직경 1밀리미터 크기의 구슬형으로 만든 뒤 동일한 재질로 감싼 직경 6센티미터 크기의 구슬에 가득 채워 당구공만한 핵연료로 만든다. 원자로에 약 40만 개의 핵연료를 채운 뒤 핵분열을 일으켜 고열을 만든다. 다른 하나는 다발형 핵연료로 여러

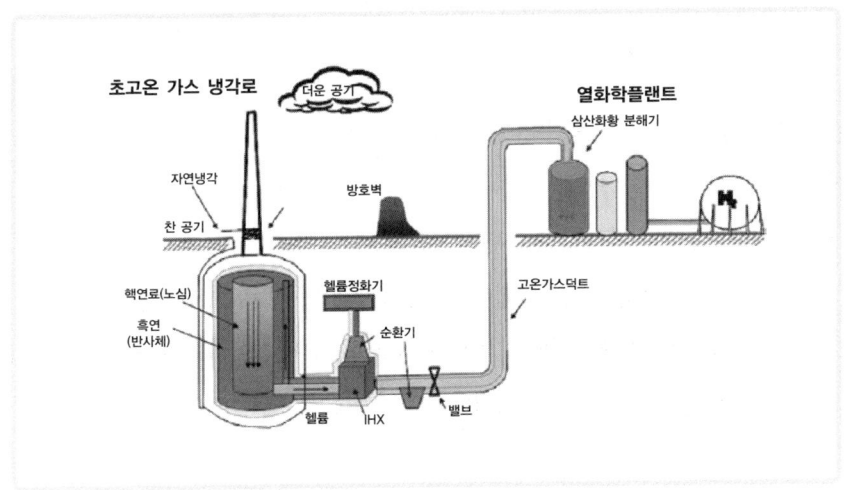

원자력수소는 초고온 가스로의 고열을 이용해 물을 열화학 또는 고온 전기분해 방법으로 직접 분해, 대량의 수소를 생산하는 기술이다.

개의 파이프형 핵연료가 밀집된 다발형 연료를 흑연으로 감싸는 것이다. 이와 같은 방식으로 핵연료를 만들면 핵분열로 발생하는 방사능 물질이 외부로 유출되지 않고 구슬이나 다발형 연료 내부에 남아 있게 된다. 이때 방출되는 방사선량은 기존 원자력발전소의 1,000분의 1 수준에 지나지 않는다.

최근 들어 원자력 수소에 불을 붙이고 있는 나라는 미국과 일본, 중국, 유럽 등이다. 미국은 지난 2003년 5월 에너지부에서 원자력 수소 실증기술 개발을 발표, 2015년 실증원자로인 고온가스로 완공을 목표로 세웠다. 이를 위해 2010년까지 10억 달러를 책정해 프리즘형 고온가스로를 개발할 계획이다. 일본은 프리즘형 고온가스로를 채택해 1998년 고온가스로가 초임계에 도달한 상태에서 2001년 12월 30메가와트 전 출력을 달성했다. 후발주자인 중국도 2000년 12월 초임계에 들어간 고온가스로에서 2003년 1월 10메가와트 전

출력에 도달하는 성과를 올렸다. 물론 지금의 기술력만으로 어느 나라가 '원자력 수소 원년'을 이룰지는 예상하기 어렵다.

녹색성장의 길은 원자력에 있을까

기술주도형 에너지인 원자력에 많이 의지하고 있는 우리나라도 원자력 수소에 대한 기대가 높다. 정부는 2021년까지 생산시스템을 설계·건설·운영하고 이를 바탕으로 상용화 기술의 실증까지 완료한다는 원자력수소개발 계획을 발표한 바 있다. 미국과 일본 등에 비해 상대적으로 늦은 2004년부터 기술개발에 착수했지만, 집중적으로 투자해 2021년까지 이들을 따라잡겠다는 것이 정부의 바람이다. 일단 목표는 2019년까지 연간 3만 톤 규모의 수소를 원자력으로 생산하고 '원자력 수소 생산기술 개발 및 실증사업'에 15년 간 총 9,860억 원을 단계별로 투입할 계획이라고 한다. 이 프로젝트가 성공한다면 2020년쯤 국내 수송 에너지의 20퍼센트(원유 8,500만 배럴 분량)를 원자력 수소로 공급할 수 있는 기술을 확보하게 될 것이다.

실제로 한국원자력연구원은 2023년께 열출력 200메가와트급 실증 시스템 개발이 이뤄지면 이후 열출력 600메가와트급 상용로를 개발할 계획이다. 초고온 가스로의 경우 열출력 기준 100메가와트당 연간 약 1만 톤의 수소를 생산할 수 있다. 중소형 원자로이기 때문에 600메가와트급 5기를 건설하면, 열출력 3,000메가와트급 경수로와 동급의 열출력을 얻는 것도 가능하다. 600메가와트 원자로 1개에서 생산하는 에너지로 차량 24만여 대에 수소를 공급할 수 있다. 경수로가 열출력의 33퍼센트를 전기로 바꿔주는 데 비해, 초고온 가스로는 열출력의 50퍼센트를 전기로 바꿀 수 있는 고효율을 지니고 있다. 더구나 초고온 가스로에서 곧바로 수소를 만들면 전기를 만들어 다시 수소를 만드는 것보다 2배 이상 효율이 높다.

사정이 이렇다 보니 선진국과의 기술경쟁을 통해 원자력 수소의 가능성을 현실화하려는 연구가 활발히 이뤄지고 있다. 한국원자력연구원은 미국 정부가 추진하는 차세대원자로사업NGNP에 정식으로 참여하면서, 원자력 수소 생산을 위한 초고온 가스로VHTR 설계 관련 기술을 수출하기도 했다. NGNP사업은 오는 2018년까지 초고온 가스로를 이용해 전력과 수소를 동시에 생산하는 시스템을 건설하는 프로젝트이다. 미국 정부는 제너럴아토믹스GA, 웨스팅하우스Westinghouse, 아레바Areva 등 세계적 원자력 전문회사가 주도하는 3개 컨소시엄에 각각 용역을 발주해 수행하고 있다. 원자력 종주국의 대표기업이 추진하는 프로젝트에 우리의 원자력 기술을 수출한 것은 의미 있는 일일 것이다.

2008년 11월 경제협력개발기구 산하 원자력기구NEA는 '원자력에너지 전망'이라는 보고서를 펴냈다. 이 보고서에서 NEA는 2050년까지 전 세계에 1,400기의 원자력발전소가 가동될 것으로 내다보았다. 또 세계 원자력 발전 설비 용량은 2008년에 전기출력 372기가와트에서 2050년에는 최소 1.6배, 최대 3.9배까지 증가하고, 원자력 발전 점유율은 현재의 16퍼센트에서 2050년 22퍼센트로 증가할 것으로 예측했다.

국내에서도 원자력은 준국산에너지로 평가받으며 국내 총 발전량의 44퍼센트를 생산하고 있다. 상대적으로 가격변동성이 적고 우라늄 1킬로그램이 석유 1만 배럴에 해당하니 장기 저장이 쉽기 때문이다. 더구나 수소경제라는 화두를 날개로 삼아 원자력 발전은 더욱 기세등등한 형국이다. 원자력 발전의 위험 사례로 거론되었던 사고도 잊혀져 가는 듯하다. 예컨대 1979년 미국 TMI 원전에서는 노심이 부분적으로 용융되는 사고가 발생했고 우크라이나의 체르노빌 원전에서는 4호기 원자로가 폭발하여 엄청난 재앙을 유발하기도 했다. 물론 지난 20여 년 동안 괄목할 만한 성장을 거듭하면서 안전성과 경제성이 혁신적으로 향상되었지만 말이다.

이제는 재생에너지의 하나로 분류해야 한다는 말이 공공연히 나오는 원자력 수소. 전통적인 신재생에너지의 관점에서라면 비판적 시각이 없을 수 없다. 초고온 가스로에 대한 막대한 연구비 지원으로 다른 신재생에너지 연구개발이 뒷전으로 밀리고 있다는 것이다. 설령 초고온 가스로에서 수소가 쏟아져 나온다 해도 마땅히 저장할 매체가 없다면 쓸모없는 일이라는 지적도 있다. 또다시 심각한 원전사고와 방사성 폐기물 처리 문제가 대두되지 않을 것이라는 보장도 없다. 그럼에도 수소경제에 대한 기대 속에서 원자력 발전의 자리는 갈수록 넓어지고 있는 게 사실이다.

불타는 얼음
가스 하이드레이트에서
천연가스를 얻다

가스 하이드레이트에서 천연가스를 채취하면 지구온난화를 막을 수 있을까?
차세대 에너지 부국을 꿈꾸는 나라, 인도는 가스 에너지원인 가스 하이드레이트_{Gas hydrates}를 통해 에너지 문제를 영구히 풀려고 한다. 지금까지의 연구에 따르면 인도의 안다만스와 크리슈나 고다바리 등지에 무려 1,894조 세제곱미터의 가스 하이드레이트 자원이 매장되어 있다고 한다. 이게 사실이라면 인도는 수만 년 동안 사용할 수 있는 천연가스를 확보한 셈이다. 물론 하이드레이트에서 천연가스를 안정적으로 뽑아내는 기술을 확보하는 게 관건이지만 말이다. 아직 세계 어디에서도 그런 기술이 상용화되지 않았지만, 늦어도 10년 뒤에는 가스 하이드레이트가 실용화될 것으로 보인다. 그만큼 가스 하이드레이트는 가능성이 높은 차세대 에너지원이다.

'불타는 얼음'이라 불리는 가스 하이드레이트는 바닷속 미생물이 썩으면서 생긴 메탄과 물이 높은 압력에 의해 얼어붙은 고체연료라 할 수 있다. 대체로 천연가스전이나 유전 등지에 미생물에 의해 생성된 메탄이 포함되어 있는 것과 비슷하다. 메탄생성균은 이산화탄소나 수소, 아세트산을 원료로 하는 것으로 알려졌다. 화학적으로는 물분자들 사이에 메탄 분자가 끌려들어간 일종의 셔벗_{Sherbet, 과즙을 얼린 빙과처럼 버석거리는 얼음 상태} 같은 결정체이다. 바꾸어 말하면 메탄이 주성분인 천연가스가 얼음처럼 고체화된 상태라고 할 수 있다.

가스 하이드레이트가 차세대 에너지원으로 떠오르는 까닭은 에너지원으로서의 장점을 두루 갖춘 데 있다. 우선 가스 하이드레이트는 방대하게 매장되어 있다. 지구 상에 매장되어 있는 가스 하이드레이트의 양을 천연가스로 환산하면 1천조에서 5경 세제곱미터로 추정된다. 이는 현재 인류 전체가 200~500년기량 쓸 수 있는 엄청난 양으로 석탄과 석유, 천연가스 등을 모두 합친 것보다 두 배 이상 많다. 게다가 질적인 면에서도 탁월하다. 연소 과정에서 물과 이산화탄소만 나올 뿐 다른 유해물질이 없다. 이때 발생하는 이산화탄소의 양이 석탄이나 석유 등 화석연료를 연소했을 때의 절반 수준에 지나지 않는다.

지금까지의 조사에 따르면 가스 하이드레이트는 주로 알래스카, 시베리아, 극지방 등의 동토 지역과 수심 500미터 이상의 바닷속 깊은 곳에 매장된 것으로 알려졌다. 저온과 고압이 가스 하이드레이트의 '생존조건'인 셈이다.

이슈@전망

석유를 대체할 신재생에너지를 찾아라

기술로 '흔하게 써 왔던' 기존의 화석에너지원을 어느 정도나마 대체할 경제적인 에너지를 만들어낸다는 것은 결코 쉬운 일이 아니다. 이론적으로 뒷받침되고, 또 기술적으로 가능하다고 해서 모두 상용화까지 넘볼 정도로 경제성을 갖출 수 있는 것도 아니다.

현재 전 세계가 모두 환경과 자원 위기에 대응책을 모색하고 있고, 우리나라 또한 새로운 성장 동력이 필요한 것이 사실이다. 지금까지 그래왔던 것처럼 에너지믹스 즉, 가용 가능한 자원과 기술을 결합하여 에너지 자립률을 높여야 할 것이다. 풍력과 일사량 조건이 그리 좋지 않은 우리나라 환경에서 경쟁력을 갖는 신재생에너지 기술이라면 세계 어디에 내놓아도 팔릴 수 있는 기술이 될 것이다.

신재생에너지란 넓은 의미로는 석유를 대체하는 에너지원이며, 좁은 의미로는 신·재생에너지원을 의미한다. 우리나라는 '신재생에너지 개발 및 이용·보급촉진법 제2조'에서 미래에 사용될 신재생에너지로 11개 분야를 지정하였는데, 재생에너지는 태양열, 태양광발전, 바이오매스, 풍력, 소수력, 지열, 해양에너지, 폐기물에너지 등 8개 분야, 신에너지는 연료전지, 석탄액화·가스화, 수소에너지 등 3개 분야로 정의하고 있다. 물론 여기에 우리가 지금까지 사용하고 있는 석유, 석탄, 원자력, 천연가스는 제외되었다.

2008년도 1차 에너지 기준 세계 에너지 소비량은 약 15테라와트(1테라와트=10^{12}와트)에 해당되는데, 이중 80퍼센트가 화석연료의 연소로 얻는 에너지이며, 수력을 포함한 재생에너지의 공급량은 7퍼센트 수준에 불과하다.

풍력, 태양열, 태양광 발전, 해양에너지, 바이오매스 등은 태양에너지의 대표적 형태라 할 수 있다. 지구 표면에 도달하는 에너지는 연간 3,850,000엑사줄인데, 인류가 1년 사용하는 에너지(473엑사줄)만큼을 1시간(439엑사줄) 남짓한 동안에 보내주는 셈이다. 태양에너지는 광합성으로 바이오매스(3000엑사줄)를 만드는 데 쓰이고, 지표면과 바다의 물을 증발시킴으로써 비를 만들어 물을 순환시키고, 이 과정에서 수증기의 잠열이 태풍과 허리케인을 비롯한 바람(풍력 2250엑사줄)을 만들어낸다. 식량도 주고 오염된 물을 식수로 정화시켜주며, 에너지도 보내주고 있으니 인류는 태양의 힘으로 산다 해도 과언이 아니다. 석탄과 석유도 그 기원이 태양에너지에 있으니 인류는 의식주 모두를 태양에 의존해온 셈이다. 한 번 쓰고 버려야 할 에너지를 풍부한 태양에너지로 충당해보자는 것은 인류의 오래된 바람 가운데 하나다.

2005년도 세계 전기에너지양이 56.7엑사줄이었다는 것을 감안하면서 이를 태양전지로 해결하려고 한다면, 태양전지 효율이 12퍼센트, 하루 일조시간이 5시간이라고 할 때 태양전지는 약 7.2만 제곱킬로미터가 필요하며, 사하라 사막의 1퍼센트도 안 되는 면적(사하라 사막의 면적은 9백만 제곱킬로미터가 넘는다)에 태양전지를 깔면 충분하다는 계산이 나온다.

온실기체를 줄이면서도 인류 문명을 유지시킬 수 있는 신재생에너지는 태양에서, 혹은 바람과 물, 수소에서 찾을 수 있을지 모른다.

물론 태양열로도 발전이 가능하다. 최근 독일 대기업 20개가 뭉쳐 독일 신재생에너지 역사상 최대 규모인 4000억 유로를 북아프리카 지역 사하라 사막에 투자해 태양열 발전소를 짓고 생산된 전력을 유럽으로 공급한다는 프로젝트를 현실화시키려 하고 있다. 반사거울로 태양빛을 모아 기름 종류인 열매체를 뜨겁게 하고 여기서 생산되는 증기로 터빈을 움직여 발전을 하는 방식인데, 유럽이 필요로 하는 전력의 15퍼센트나 차지할 수 있을 것이라는 전망이다. 탈화석 연료를 꿈꾸는 녹색 프로젝트는 장래 국가 경제의 커다란 동력이 되기 때문에 독일 정부도 적극 지원할 것으로 예상된다고 한다.

전 세계적으로 풍력발전도 매년 30퍼센트 정도 꾸준히 늘고 있으며, 2008년 기준으로 풍력에너지는 121기가와트에 이르렀다. 바이오디젤, 바이오에탄올, 바이오가스 등의 용어도 많이 익숙해졌다. 브라질의 경우는 수송용 연료의 18퍼센트를 사탕수수로 만든 에탄올로 사용하고 있다. 수소연료전지도 중요한 에너지 기술로서 정부 투자분만 연간 10억 달러 정도가 전 세계적으로 투자되고 있으며, 일부 분야는 세계 표준도 만들어지고 있고, 현재 실증난계 수준까지 가 있는 분야도 있다. 소비자가 자발적으로 살 만큼의 수준에 비해 아직은 비싸고 내구성이 갖추어진 상태는 아니지만, 초기에 비해 큰 기술적 진전을 보이고 있다.

화석연료 기반의 에너지 체제에서 벗어나는 것은 어느 한 가지 기술로 해결될 일도 아니고 단기간에 이루어질 일도 아니며, 나라마다 처해 있는 상황도 다르다. 지속적인 연구로 각 분야의 성과가 어우러져야 탈화석 연료 에너지믹스가 이루어질 것이다.

김종원 한국에너지기술연구원 수소연구실 책임연구원

3장

식량

"농약과 농기계를 동원해 몇 가지의 농산물을 다량으로 생산하면서 막대한 석유를 소비하자 이산화탄소와 같은 온실기체가 대기권에 늘어났다. 저장 기간을 늘이고 맛과 향을 유지하기 위해 가공식품에 첨가물과 방부제를 경쟁적으로 넣으면서 식품의 질은 형편없어졌다. 부유한 지역에 살고 있는 가난한 사람들은 칼로리는 많아도 영양분이 부족한 패스트푸드에 의존해야 할 때가 많다. 그뿐이 아니다. 잉여 농산물이 사료로 전용되는 과정에서 가축의 본성은 억압되고, 쏟아지는 가축 분뇨로 토양과 수질과 대기오염이 심화되었으며, 그로 인해 가축의 질병이 악화되어 사람의 건강을 위협할 정도가 되었다. 생태계 파괴의 대가로 증가한 식량은 결국 가난한 지역의 배고픈 인구와 부유한 지역의 비만 인구를 늘린 셈이다."

박병상
인하대학교 대학원 생물학과에서 박사학위를 받았으며, 환경운동가로 활동 중이다. 근본생태주의 견지에서 도시 문제, 생태계 문제를 고민하고 대안을 찾고자 하고 있으며, 수도권의 여러 대학에서 '환경과 인간'이라는 주제로 강의하고 있다. 현재 인천도시생태환경연구소 소장, 전태일을 기리는 사이버 노동대학 문화교육원장, 생태보전시민모임 운영위원 등을 맡고 있다. 저서로는 『굴뚝새 한 마리가 GNP에 미치는 영향』『파우스트의 선택』『내일을 거세하는 생명공학』『생태학자 박병상의 우리 동물 이야기』『참여로 여는 생태공동체』『녹색의 상상력』『이것은 사라질 생명의 목록이 아니다』등과 다수의 공저가 있다.

먹을거리에 얽힌
21세기 풍속도

150년 전 미국의 재야 철학자 헨리 데이비드 소로 Henry David Thoreau는 모든 동물은 체온을 유지하기 위해 밥食과 집住만이 필요한데 사람은 옷衣까지 요구한다고 말했다. 사람에게 털이 없기 때문일 텐데, 동물 중에는 집마저 필요 없는 경우도 있다. 그저 추워지면 후손에게 생을 넘겨주고 마는 곤충들이 그렇다. 번식기 이외의 새들도 딱히 집이라 할 만한 곳에 머물지 않는다. 소로는 척추동물을 생각했나보다. 한데, 의식주 중 모든 동물이 피할 수 없는 필수 요소가 있다. 짐작하듯, 식이다. 밥을 먹지 않으면 아무도 살아갈 수 없다.

사람의 많은 욕구 중에서 가장 원초적인 욕구는 식욕이다. 군종장교도 고된 훈련으로 허기지면 평소에 사병에게 나누어주던 배급 건

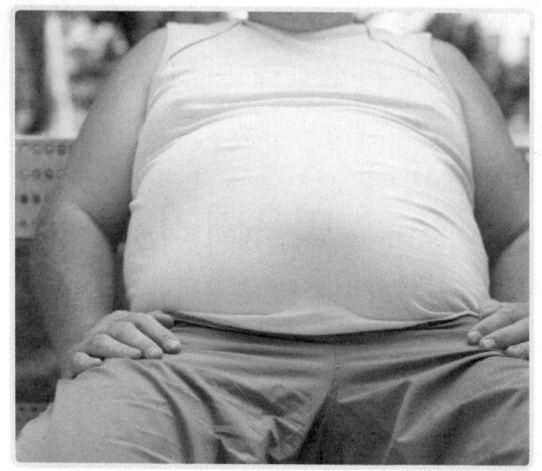 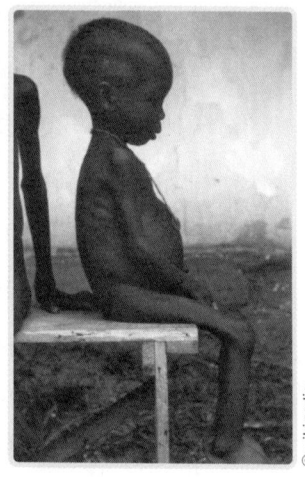

한쪽은 먹을거리가 넘쳐나 비만으로 골머리를 앓고, 한쪽은 극단적인 굶주림에 시달린다.

빵을 슬쩍 숨긴다지 않던가. 금욕이나 명예욕도 배가 고프지 않을 때 한하는 이야기일 텐데 요즘 우린 배고픈 고통을 모른다. 도처에 먹을거리가 넘치니 굳이 챙기지 않아도 굶을 이유가 없고 극구 사양하지 않으면 거북해진 위장을 감당하지 못할 경우가 많다. 역사상 먹을거리가 가장 풍족한 21세기. 하지만 전문가들은 21세기에 심각한 식량 위기가 닥칠 것이라고 전망한다.

요즘 거리에 나가면 비만인 사람들이 눈에 띄게 늘었다. 어린이 비만이 사회문제가 된 지 오래고, 많은 사람들이 적게 먹으려고 필사적으로 노력한다. 입맛을 없애는 약을 사먹기도 하고 심지어 위장을 잘라내는 수술도 감행한다. 명절이나 생일상에 조금 올라오던 고기와 계절을 앞당긴 과일이 식품매장을 가득 채웠고 주차장이 완비된 식당마다 임금님과 진시황이 부럽지 않은 식단을 앞다투어 선보인다.

하지만 이러한 갑작스런 풍요는 지구촌의 보편적인 현상이 아니다. 한쪽에선 영양실조와 기아가 좀처럼 줄어들지 않는데 다른 쪽은 살을 빼려고 시간과 돈을 퍼붓는다. 다이어트에 들어가는 돈이면 지구촌의 기아를 해결하고도 남는다고 한다. 먹을거리가 남아돌아도 배고픈 인구가 늘어가는 현실에서 역설적인 현상은 풍요로운 지역에서 비만은 가난의 상징이라는 것이다. 이것은 누구나 지적할 수 있는 분배의 왜곡일 텐데, 앞으로 분배할 식량 자체가 줄어들면 그때는 어떤 혼란과 비극이 연출될까. 그 위기의 시험대를 안고 있는 21세기. 누군가는 말한다. 위기危機는 위험危險과 기회機會를 동시에 가지고 있다고.

지구온난화와 먹을거리 위기

생각이 있는 사람이라면 지구온난화가 가장 먼저 떠오르는 위험의 원인일 것이다. 바다는 이미 아열대화가 진행되어 명태와 대구와 같은 한대어종은 자취를 감췄고 온대어종인 오징어가 풍어를 이룬다. 문제는 우리가 먹지 않는 보라문어를 비롯해 아열대와 열대어류가 속속 올라올 뿐 아니라, 아무르불가사리나 노무라입깃해파리 떼들이 출몰해 어업을 방해하고 어부들을 위험에 빠뜨린다는 거다. 수온이 변함에 따라 바다에 해조류가 달라붙지 않는 백화현상이 만연하고 해조류가 없는 바다에서 먹이와 알 낳을 장소를 찾지 못하는 물고기들이 사라지

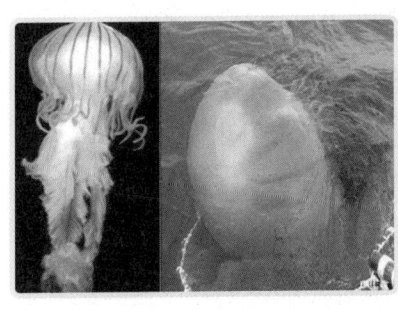

바다의 아열대화가 진행됨에 따라 우리나라 해상에 예전에 없던 노무라입깃해파리들이 떼를 지어 출몰하고 있다.

는 현상은 이제 일상이 되었지만, 대형 선단을 동원하여 알을 가진 생선까지 싹 쓸어 잡는 자본의 남획은 그칠 줄 모른다.

육지도 예외가 아니다. 우리가 즐겨 먹는 품종의 사과나무가 남쪽 지방에서 통 자라지 못한다. 이젠 예전에 어림도 없던 강원도 홍천에 사과나무를 심어야 제대로 수확할 수 있다. 감나무 북방한계선은 자꾸 올라가 이제 북한 지역에서 감을 가져와야 할 날이 멀지 않았다. 어떤 이는 우리도 열대과일이나 작물을 심자고 제안하지만 농작물의 재배 환경은 그리 간단하게 변하는 게 아니다. 보수적인 식습관 때문만이 아니다. 어릴 적부터 익숙해진 음식을 간단히 포기할 사람은 흔치 않을 테지만, 그보다 농작물이 싹터 열매를 맺는 때까지 영향을 주고받는 생태계의 복잡다단한 관계를 사람이 결코 재현할 수 없기 때문이다.

지구온난화로 해수면이 상승하면 문제는 더욱 심각해질 것이다. 태평양에 흩어진 작은 국가들의 농토에 바닷물이 침입하기 시작했고 국가 재난을 선포한 투발루는 전 국민의 이주를 심각하게 고려해야 할 지경에 빠졌다. 그런데도 온실기체는 좀처럼 줄어들 조짐을 보이지 않는다. 지구온난화 극복의 시나리오로 잘 알려진 영국의 '스턴 보고서Stern's Reports'는 현재 늘어나는 온실기체를 당장 줄일 수 없으니 최대가 되는 2015년에 해마다 1퍼센트씩 줄이자고 제안했다. 2050년에 지금보다 평균 3도 오르는 정도에서 멈출 것으로 기대하면서 말이다. 하지만 많은 학자들은 3도 상승은 위험하다고 경고한다. 3도 이상으로 오르면 상승효과가 가속화되어 6도까지 오르는 걸 막기 어렵다고 분석하기 때문이다. 시나리오는 그 정도에 이르면 인류는 물론이고 지구촌의 생물 대부분이 멸종하게 될 것이라고 예측한다.

  요즘과 같은 추세로 더워지면 5년 이내에 여름철 북극권의 얼음이 다 녹을 것이라고 예측하는 학자들은 지금보다 3도가 오르면 아마존이 사막으로 변하고 호주가 타버리며 도시는 거대한 태풍에 시달릴 뿐 아니라 그린란드도 완전히 녹을 것이라고 추정한다. 그러면 해수면은 7미터 이상 상승할 테니 주로 해안에 분포하는 세계의 곡창지대는 버림받게 될 것이다. 물론 우리나라도 예외일 수 없다.

유전적 다양성을 잃은 농작물

기계화된 농토에 일제히 심는 농작물의 씨앗은 과거의 것과 완전히 다르다. 불과 얼마 전까지 농부들은 이듬해에 심을 씨앗을 겨우내 엄격히 보관했지만 지금은 아니다. 이제 그들은 기업이 파는 다수확품종 씨앗을 산다. 다른 기업의 씨앗보다 소출이 늘어야 이듬해에 판매 수입을 늘릴 수 있는 까닭에 종자회사들은 연구개발 경쟁이 치열하고, 그럴수록 씨앗이 가지고 있던 유전적 다양성의 폭은 줄어들 수밖에 없다. 일손이 크게 줄어든 농촌에서 값비싼 기계를 사용할 수밖에 없는 농사꾼들은 수지를 맞추기 위해 몇 안 되는 품종의 농작물을 넓은 농토에 획일적으로 심는다. 자칫 씨앗이 요구하는 조건을 잘 맞추지 못하면 수확은 기대 이하로 떨어진다. 따라서 종자회사가 지시하는 대로 화학비료나 농약을 그때그때 뿌리며 재배 환경을 유지해야 한다. 외상으로 구입한 농기계와 씨앗 비용을 갚고 식구를 건사하려면 다른 도리가 없다.

  소출은 늘었어도 품종이 단순해진 농작물은 자급자족과 관계없이

일손이 크게 줄어든 농촌에서 값비싼 기계를 사용할 수밖에 없는 농부들은 수지를 맞추기 위해 몇 안 되는 농작물을 넓은 농토에 획일적으로 심게 된다.

오로지 상품이 되었다. 농부들은 수확한, 아니 수확도 하기 전에 농산물을 전부 거래처에 팔아넘기고 자신이 먹을 농산물은 따로 구입한다. 수확한 농작물을 조금씩 팔기 귀찮고 보관 비용도 만만치 않아 커다란 창고를 가진 기업에 팔아치우게 되는 것이다. 지역과 국가, 국제 간 거래에 따라 농작물을 농민에게 구입하는 기업의 규모는 차이가 크다. 농산물의 국제 거래를 독과점하는 다국적기업은 자급 기반을 잃은 국가에 군림할 정도로 영향력이 지대하다.

막대한 규모의 창고와 운송 능력을 가진 다국적기업은 전 세계를 돌아다니며 농산물을 파는데, 그 과정에서 투기가 개입한다. 세계 경제 상황에 따라 요동치는 원유 가격이 생산량과 관계없듯, 국제 곡물 가격이 오르내리는 현상도 투기자본 때문인데, 가난한 국가는 남아도는 농산물을 충분히 구입하지 못한다. 선박으로 오랜 시간 운송하는 농작물은 도중에 상하지 않게끔 농약을 집중 살포해야 하고 비행기로 나르는 농작물은 가격이 지나치게 높아 아무나 먹지 못한다. 그런데 유전적 다양성의 폭이 줄어든 농작물은 환경변화에 매우 취약하다. 멸종 가능성이 점쳐질 정도다.

사라지는 농토와 생태계 위기

농토가 사라진다. 해수면 상승을 피부로 느끼지 못하는 이들에 의한 각종 개발과 분별없는 산업화로 농작물 재배 공간이 거듭 줄어들거나 오염되고 있기 때문이다. 농토가 도시에 잠식되는 사례는 신도시 개발 열기에 휩싸인 우리나라를 포함해 공통적인 세계 현상이다. 그러나 생산성이 아주 뛰어난 갯벌을 매립하는 행위는 우리나라만이 지닌 독특한 사례다. 대규모 산림벌채로 목장이나 농장을 만듦에 따라 토양이 황폐화된 아마존이 있는가 하면 대형 댐으로 드넓은 농토가 수몰되는 인도와 같은 국가도 있다. 지구온난화에 의한 사막화로 목초지가 메말라가는 중국과 몽골도 21세기를 걱정해야 한다. 겉보기에 멀쩡한 농토도 과다한 농약 사용과 산성비로 전에 없이 부실해졌다.

최근 유럽과 미국을 중심으로 꿀벌이 사라져 걱정이 태산이다. 아직 그 구체적인 실태가 파악되지 않은 우리나라도 예외가 아닐 것이다. 대기오염과 과다한 농약이 원인으로 지목되고 있지만 전문가들은 지나친 인공 증식으로 유전적 다양성을 잃은 꿀벌들이 늘어난 현상에 주목한다. 유전적 다양성을 잃은 꿀벌들이 환경에 적응하지 못하면서 많은 수의 꿀벌이 사라졌다는 것이다. 더욱이 꿀벌 집단에 천적인 응애가 급격히 늘어났는데도 그런 벌통이 경작지를 따라 국내는 물론 세계를 오고가는 현실이 아닌가. 겨우내 비닐하우스용 꿀벌을 수입하는 우리나라도 마찬가지일 것이다. 아인슈타인은 꿀벌이 사라지면 4년 내에 사람도 견디기 어렵다고 예측했다.

  21세기로 접어들면서 우리나라의 인구는 세계 최하의 출산율 덕택에 머지않아 줄어들 것으로 전망되지만, 세계의 인구는 여전히 늘어나고 있다. 주로 분쟁과 벌목과 사막화로 농토가 황폐해지고 마실 물이 오염되었으며, 수출 작물에 자급 기반을 빼앗긴 국가 위주로 인구가 늘어나고 있다. 아이가 자꾸 죽어가는 탓에 더 낳는 것인데, 그러자 배고픈 인구가 더욱 늘어나는 이 역설을 어떻게 해야 할까. 사회적 약자, 다시 말해 남성보다 여성, 어른보다 어린이나 노인들이 먼저 굶주린 뒤 병에 걸리고, 치료와 영양공급의 순위에서 밀려나는 여자 아이와 할머니부터 희생된다. 그렇게 희생되는 이들이 해마다 2천만 명 이상이다. 그들도 먹어야 살 수 있다. 먹을거리에 얽힌 21세기의 풍속도가 시방 이렇다.

위기의 먹을거리,
자연스러움으로 극복해야

세상의 모든 위기는 근본에서 원인을 찾아야 극복 가능한 대안을 확실하게 마련할 수 있다. 먹을거리 위기도 예외가 아니다. 투기의 대상으로 남아 있는 한, 남아돌아 버려지는 세계의 농산물도 굶주리는 지역에 나눠질 수 없다. 투기를 막으려면 농작물로 큰돈을 벌어들일 수 없어야 하고, 그러자면 궁극적으로 예전에 늘 그랬던 것처럼 마을에서 자급자족하는 농작물을 이웃과 나눠야 한다. 맞는 말이다. 이렇듯 말은 참 쉽지만 현실에서 실천하는 것은 사실 불가능에 가까울 정도로 어렵다. 일부 지역을 제외하고 농사지을 땅이 부족한 마당에 농사지을 인구도 태부족하고, 무엇보다 굶주리는 자들이 주도권을 행사할 수 없지 않은가.

완벽한 극복은 당장 어렵더라도 노력에 따라 위험 요인을 줄여나갈 수는 있을 것이다. 원인을 제공한 국제사회가 굶주리는 당사자와 함께 대안을 모색할 필요가 있겠다.

먹을거리 자급을 위한 기술과 자본을 굶주리는 지역에 제공하고, 수출용 환금작물을 재배하는 다국적기업 소유의 기름진 농토를 주민에게 돌려주면서 국가 채무를 획기적으로 탕감해줄 수 있어야 한다. 노예무역과 자원 약탈에 얽힌 반성과 그에 합당한 배상을 생각한다면 서구의 자본은 의당 그래야 할지 모른다. 이를 위한 국제 시민 사회의 공감대가 형성되어야 할 텐데, 아직 움직임이 미약하니 안타깝다. 먹을거리를 지역에서 자급한다면 굶주리는 인구의 증가도 꽤 줄어들 것이다. 제 아이가 잘 자랄 것이라는 확신이 생기면 더 낳기를 중단할 테니까 그렇다.

출산율이 형편없이 낮은 우리는 농촌 인구가 급격이 줄어들고 농토가 각종 개발로 거듭 잠식되고 있다. 아직은 공산품이 벌어들이는 외화로 필요한 먹을거리를 충분히 수입할 수 있지만 그런 호사가 지속될 수 없다. 시시각각 변하는 국제 정치와 무역의 이해관계가 언제까지 우리에게 호의적일지 알 수 없을 뿐 아니라 지구온난화로 수입할 수 있는 먹을거리마저 바닥을 드러낼 가능성이 점쳐지기 때문이다. 역시 대책은 자급자족일 수밖에 없다.

자급자족을 위해 경작지를 보전하고 나아가 골프장을 장차 농토로 활용할 방안을 연구하는 것이 필요할 것이다. 또 당장 농사지을 사람을 획기적으로 늘려야 한다. 화학비료나 농약, 관개농업과 기계화에 의존하는 농업은 얻는 에너지에 비해 들어가는 에너지가 오히려 많으므로 예전처럼 가족 중심의 자급자족 체제를 회복해야 한다. 생태계를 교란하는 유전자조작 농산물로 위기에 대처한다거나 그런 농산물을 수출하겠다는 일부의 발상은 위험을 증폭시킬 것이다. 농촌으로 돌아가는 운동이 필요할 텐데, 그러자면 농촌이 도시보다 정신적·육체적 삶의 질이 풍요롭고 행복해야 한다.

자연스러움을 회복하는 대안

수입 농산물과 그 농산물에 온갖 첨가물을 넣어 가공한 먹을거리에 불신이 극에 달한 이때, 소비자들은 자신이 먹을 농산물을 스스로 재배해야 비로소 안심할 수 있을 것이다. 하지만 도시에 주로 사는 소비자들은 그럴 만한 땅도, 시간도, 경험도, 관심과 경각심마저도 없다. 텃밭은 어떨까. 우리보다 먼저 고민한 국가들은 근교에 시민을 위한 땅뙈기를 마련해 저렴하게 임대해주고 있다. 텃밭에서 스스로 재배한 채소를 그때그때 먹는다면 식

텃밭에서 스스로 재배한 채소를 먹는 것이 가장 안전하지 않을까.

비도 절감하고 식구의 건강도 꽤 챙길 수 있다. 그도 저도 어렵다면 잘 아는 농민이 재배한 농산물을 건네받으면 좋다. 얼굴도 아는 사이에 허투루 생산한 농산물을 내놓지 않을 것이다. 아는 사람이 없다면? 신뢰를 바탕으로 농촌의 생산자와 도시의 소비자를 연결하는 생활협동조합과 같은 유통공간이 동네마다 열려 활발하게 움직인다면 어떨까.

되도록 제철 과일과 채소를 선택하는 게 좋다. 비닐하우스로 들어가는 에너지가 없으니 지구온난화를 부추기지도 않는다. 제 고장의 농작물에 우선하자. 아무래도 환경조건에 잘 맞을 테니 살충제와 제초제보다 천적이 제 역할을 했을 가능성이 높으며 무엇보다 익숙했던 음식에 가장 잘 어울리는 재료가 아니겠는가. 가공식품을 피하려면 농산물로 직접 조리하면 된다. 이탈리아에서 시작한 '슬로푸드 운동'이 바로 그것이다. 가족과 더욱 친밀해지는 건 물론이고 음식물 쓰레기도 훨씬 적게 나온다.

제철 과일과 채소는 인위적인 성장호르몬에 노출되지 않아, 비닐하우스 과일과 채소에 비해 안전한 편이다.

내 땅에서 생산한 농산물의 인기가 늘어날수록 떠나는 농민보다 찾아오는 농민이 늘어날 것이다. 귀농 인파가 그 가능성을 증명한다. 그렇다면 귀농 희망자를 위한 중앙과 지방정부의 정책적 배려가 요긴하며 나중에 귀농하려는 이를 위해 교육 기회를 적극 마련할 필요가 있다. 안전한 농산물을 생산하는 농민은 땅뿐 아니라 먹는 이의 건강을 보전하니 애국자이자 환경 파수꾼이며 국토의 안보를 책임지는 자임에 틀림없다. 따라서 농산물을 앉아서 받아먹는 소비자는 생산자에게 항상 고마워하고 미안해할 의무가 있다. 다시 활기가 넘치게 될 농촌은 살맛과 함께 자부심도 배양될 것이므로 자급자족의 규모는 더욱 확대될 수 있다. 이를 위해 농민들은 기업에서 판매하는 씨앗보다 환경변화에 강한 전통 씨앗을 다양하게 확산시킬 책임이 있다.

돈벌이에 유난히 신통한 과학기술보다 자급자족의 가치를 되살릴 과학기술이 동원되어야겠지만, 우선 골프장이나 주택단지로 허물어지는 경작지를 절대 보존해야 한다. 또 육지의 어떤 경작지보다 많은 영양분을 제공해온 갯벌을 되살려야 한다. 탄산칼슘 껍질을 가진 조개들과 식물성 플랑크톤이 풍부한 갯벌은 수많은 어패류의 산란장일 뿐 아니라 지구온난화를 효율적으로 예방하는 '바다 숲'이다. 식물성 플랑크톤의 막대한 탄소동화작용은 바다 생태계의 원천이기도 하다.

먹이사슬의 단계를 거치지 않고 에너지 효율이 높은 채식 위주의 식사법을 회복하는 것이 지구는 물론 먹는 이의 건강에 좋다. 육식을 하더라도 밀집시킨 가축에 곡물 사료만 먹이며 공장처럼 대량 사육해 얻는 고기를 되도록 마다하고, 자연에서 구한 여물로 사육한 가축이나 강과 바다에서 잡은 생선을 조금만 먹는 육식이 바람직하다. 내 나라 땅에서 자급자족할 수 있는 규모의 인구를 유지하는 것이 좋지만 인구는 이미 좁은 국토에 넘친다. 우선 우리 전통과 입맛에 맞는 농산물을 생산해 제공해줄 수 있는 지역을 모색할 필요는 있겠다.

밥 한 공기를 나눠 먹던 두 아이가 한 공기씩 먹겠다고 할 때 정신이 퍼뜩 들었다는 가장이 있었다. 세계의 곳간에 먹을거리가 넉넉한 것 같아도 사정이 생기면 금방 사라질 수 있다. 아직 여유가 있을 때 생산성 있는 농토를 소비자와 가장 가까운 곳에 확보하고 변화될 환경에 이겨낼 수 있는 품종의 씨앗을 다양하게 심어야 21세기에 닥칠 위기를 극복할 수 있을 것이다. 결국 자연스러움이다. 가장 기초적인 식욕을 먼저 안전하게 충족시키기 위해 먹을거리를 나누던 시절의 풍경으로 돌아가는 것이다.

지나치게 순진한 발상일까. 도저히 실현 불가능한 상상일까. 그렇다면 코앞까지 다가온 지구온난화를 바라보면서 어떤 한가로운 대안을 제시해야 할까. 먹을거리의 위기는 지구온난화보다 먼저 올 텐데. 신자유주의의 한계가 드러난 요즘 다시 주목받는 경제학자 칼 폴라니Karl Polanyi는 경제논리보다 우정과 환대로 나누는 것이 전통이었다는 점을 귀띔하지만 사실 우리는 얼마 전까지 늘 그랬다.

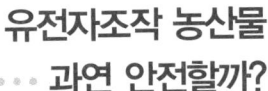

유전자조작 농산물
과연 안전할까?

유전자조작 농산물을 먹으면 사람에게 어떤 문제가 일어날까? 참 대답하기 곤란하다. 명확히 드러난 사례가 드물기 때문이지만 그런 일이 벌어질 가능성을 설득력 있게 이야기하기 어렵기 때문이다.

사람의 소화기는 다른 동물과 마찬가지로 입으로 들어온 먹이를 강력하게 살균한 뒤 완전하게 소화해 흡수하므로 조작이 되었든 조작되지 않았든 유전자 상태로 몸에 들어갈 리 없다지만 반드시 그런 건 아니다.

여름철 상한 음식을 먹고 식중독에 걸리는 일이 잦은 것처럼 유전자도 몸에 들어갈 수 있다. 음식으로 바이러스가 침투할 수 있는 현상과 비슷할 수 있다. 유전자를 조작하는 과정에서 많이 사용하는 플라스미드라는 유전자가 있는데, 플라스미드가 바이러스와 비슷하기 때문이다. 유전자조작 농산물에 들어간 플라스미드에는 조작된 유전자가 끼워져 있는데, 유전자조작 농산물을 먹으면 플라스미드가 바이러스처럼 몸에 들어간 뒤 플라스미드 유전자 사이에 끼어 있던 조작된 유전자가 우리 몸으로 빠져나가 미처 생각하지 못한 문제를 일으킬 가능성이 있는 것이다.

유전자조작 브라질너트Brazil nut로 심한 가려움증이 발생했다는 건 간단한 문제가 아니다. 면역에 이상이 생겼다는 건데, 면역에 관여하는 유전자에 문제를 일으킨 결과일지도 모른다. 유전자조작 감자를 먹은 쥐의 뇌와 심장이 위축되고 비장이 확장된 예, 유전자조작 옥수수를 먹은 제주왕나비의 절반이 죽은 예는 사람도 위험할 수 있다는 가능성을 웅변한다.

당장 문제가 드러나지 않았다고 앞으로 문제가 없을 것으로 확신할 수 없다. 유전자는 발현될 환경이 조성되지 않으면 침묵하기 때문이다. 몸이 건강할 때 발현하지 않다가 늙거나 다른 병으로 허약해졌을 때 에이즈처럼 퍼져나간다면 사실상 대책을 세울 수 없다. 살아서 번져가는 유전자를 무슨 수로 회수하겠는가.

더 큰 문제는 조작된 유전자가 먹이사슬뿐 아니라 바람이나 곤충에 의해 생태계로 퍼져나갈 경우에 발생한다. 조작된 유전자가 농산물에서 곤충으로, 곤충을 먹는 새로, 더 큰 새에서 포유류로, 그 다음 사람으로 이동하지 않는다고 확신할 수 없다는 건데, 이미 그런 현상이 도처에서 확인되고 있다. 보이지 않는 위험성은 대책을 세울 틈도 주지 않는다.

삼라만상의 생명은
밥이 그 중심

모든 생명은 먹을거리, 다시 말해 밥이 그 중심이다. 밥이 없으면 생명활동을 영위할 수 없다. 건강을 유지하며 짝을 짓고 다음 세대를 이어가려면 밥을 먹어야 한다. 물론 먹을거리의 에너지 원천은 태양이지만 녹색식물을 제외하고 태양이 쏟아내는 에너지를 직접 활용하는 생명체는 없다. 그래서 현미경으로 겨우 볼 수 있는 미생물에서 지구촌에서 가장 덩치가 큰 흰수염고래에 이르기까지 밥을 먹는다.

밥은 입으로 먹는다. 옛 사람들은 "내 논에 물 들어갈 때와 자식 입에 이팝 들어갈 때 가장 기쁘다"고 했다. 여기서 이팝은 흰 쌀밥을 말한다. 봄철에 가는 가지마다 자잘한 흰 꽃이 흐드러지게 피는 나무가 있다. 바로 이팝나무다. 나뭇가지에 흰 쌀밥을 잔뜩 묻혀놓은 모습으로 진한 향기를 내뿜는 이팝나무는 시민들이 즐겨 찾는 공원의 입구에 많이 심는다. 입은 대개 머리의 눈과 코 아래에 자리 잡는다. 평소에 먹던 밥인지 눈으로 살펴본 다음 코로 안전을 확인하고 냉큼 삼킬 수 있는 위치가 거기다.

입에서 삼킨 밥은 분명히 몸속으로 들어갔지만 아직 세포 밖에 있다. 얇은 세포막을 통과해 안으로 흡수되어야 비로소 영양분이 되므로 대부분의 동물은 복잡한 과정을 거쳐 밥을 잘게 나눈다. 흡수될 수 있는 분자 상태까지 소화시키는 것이다. 생명체의 세포 속으로 흡수되는 모든 분자들은 밥의 다양한 개성과 관계없이 똑같다. 모든 생물이 가지고 있는 아미노산이나 핵산, 당이나 지방, 비타민이나 무기

아주 작은 미생물에서 가장 큰 흰수염고래에 이르기까지 모든 생명은 밥을 먹는다.

영양소가 똑같은 건, 같은 조상에서 진화하여 분화되었기 때문이라고 풀이할 수 있다. 그래서 먹고 먹히는 밥의 그물망이 복잡하기 짝이 없어도 살아가는 데 아무 문제가 없다.

먹을 수 있는 상태의 밥이 입 앞에 충분하다면 다음 세대를 이어가는 데 큰 문제가 없다. 눈으로 확인할 수 없는 대장균이 아이스크림에 몇 마리 들어 있는지 과학자들은 어떻게 알까. 그들은 이분법으로 세대를 이으며 개체수를 키워가는 미생물의 특징을 이용한다. 조사할 아이스크림의 10,000분의 1을 넣은 영양배지를 인큐베이터 안에 10시간만 놓아 보자. 20분에 한 번 분열하는 대장균 한 마리는 5억 배 넘게 불어, 마침내 점처럼 눈에 띌 것이다. 그 점의 숫자를 세고, 희석한 만큼 곱하면 아이스크림 속 대장균의 총 개체수가 된다. 밥이 충분해 마음 놓고 늘어난 까닭이다. 대장균의 입은 세포막이다. 세포막으로 밥을 감싸 몸 안으로 끌어들여 소화시키고 배설도 한다.

환경이 늘 좋기만 한 게 아니다. 좋은 환경은 오히려 아주 잠시뿐이다. 밥이 없거나 내가 다른 생물의 밥이 될 위기에 몰리기도 한다. 환경이 나빠 마음껏 다음 세대의 개체를 늘리기 어렵다면 대장균은 유전자를 복제하며 빨리빨리 몸을 둘로 나누어 번식하는 이분법을 포기하고 유전자를 교환하는 방식으로 느리게 세대를 잇는다. 그래야 바뀌는 환경에 적응하는 후손을 얻을 확률이 높아진다. 대장균이나 단세포 생물들이 이분법으로 세대를 이어가는 것과 달리 그들보다 몸이 훨씬 크고 살아가는 방법이 복잡한 생물들은 대부분 암수가 짝짓기를 하는 유성생식에 의존한다. 그 덕분에 변화무쌍한 환경에서 종을 유지하며 오랫동안 이어오거나 바뀐 환경에 적응하며 새로운 종으로 다양하게 진화할 수 있었다.

같은 생태계 안에서 종이 다른 개체들은 서로 먹고 먹히지만 생태계에 천적만 있는 건 아니다. 서로 도우며 살아가는 관계가 오히려 많다. 먹는 자에게 일방적으로 희생되는 밥이라 해도 다른 생물에게 천적이 되는 생태계에서 천적도 넓게 보면 서로 도움을 주고받는 관계로 풀이할 수 있다. 희생되는 생물이 사라진다면 천적은 먹고살 일이 막연해질 터이니 모든 생물은 다음 세대를 이어갈 개체를 충분히 준비할 필요가 있겠다. 개체수만이 아니라 유전자도 다양할수록 좋다. 예측할 수 없이 바뀔 뿐 아니라 조심해야 할 천적이 수두룩한 환경에서 살아남으려면 유전적 다양성을 유지하는 개체들이 많아야 유리하다. 미래의 환경이 어떤 유전자 개성을 요구할지 미리 짐작할 수 없으니 일단 유성생식으로 유전자를 다양하게 가진 후손을 많이 확보해놓고 볼 일이다.

천적이 드문 종류는 대개 덩치가 크다. 바다의 참치나 육지의 코끼리가 그렇다. 커다란 식물을 먹는 코끼리는 여간해서 빠르게 움직이지 않는다. 한데, 그들의 체구가 최근 줄어든다고 한다. 덩치가 충분히 크기 전에 후손을 생산하려는 본능이 작동한다는 거다. 새로운 천적, 다시 말해 문명화된 사람 때문이다. 더 자랄 수 없을 만큼 커진 후 천수를 누리다 죽었는데, 느닷없이 나타난 그물이나 낚시, 총과 독극물에 생명을 속절없이 잃곤 해서 어린 나이에 짝짓기에 들어가기 시작했다는 것이다. 상아 때문에, 아니 돈 욕심 때문에 생명을 잃게 되다니…. 코끼리 가운데 상아가 아예 없이 자라는 개체도 늘어난다고 한다.

사라져가는 참치의 현실을 세계에 알리려 노력하는 국제환경단체인 그린피스가 얼마 전 우리나라에 와서 시위를 했다. 일본보다 덜하

국제환경단체 그린피스는 2008년 12월 참치 남획을 중지해달라며 부산 해운대에서 시위를 벌였다.

긴 해도 한국 역시 참치 남획으로 악명을 떨친다면서 지나치게 촘촘한 그물로 어린 참치까지 싹 쓸어가는 어업을 참아달라고 호소했다. 문제는 참치만이 아니다. 우리 남해안에서 주로 잡히는 삼치도 비슷한 실정이다. 지나치게 어린 개체를 잡아들인다. 그물에 걸린 삼치의 90퍼센트 이상은 한 차례도 알을 낳지 않은 어린 개체라는 게 아닌가. 조기도 갈치도 마찬가지다. 이러다 우리 바다에서 물고기들이 사라질지 모르는데, 다행이라고 해야 하나, 어린 조기가 알을 갖기 시작했다고 한다. 식물에도 비슷한 현상이 발생한다. 흙과 공기의 오염이 심해지면서 남산의 소나무는 강원도보다 솔방울을 많이 단다.

돌고 도는 생태계의 그물

전국의 가정과 음식점, 그리고 식품가공회사에서 버리는 음식쓰레기는 대부분 바다에 버려진다. 공해에 쓰레기를 버리지 말자는 '런던협약'이 있어도 음식쓰레기는 물고기의 밥이라는 이유를 붙이며 무시되었는데, 앞으로는 어려울 것이다. 우리도 1992년에 런던협약에 가입한 의무를 수행해야 하기 때문이다. 수도권과 서해안의 도시에서 나오는 음식쓰레기는 군산 앞바다에서 가까운 공해에 버려진다. 유조선 비슷하게 생긴 커다란 배가 음식쓰레기를 꽁무니로 버리면 삼치와 갈치와

1960대까지만 해도 우리나라에서는 인분을 거름으로 사용했다.

조기들이 새까맣게 달라붙어 허겁지겁 먹어댄다. 그 음식쓰레기에는 온갖 식품첨가물이 섞여 있고, 우리는 그 물고기를 상에 올려놓으니, 돌고 돌아 내가 버린 음식을 내가 다시 먹는 셈이다. 따지고 보면 삼라만상의 생명이 다 그렇다.

1960년대, 밖에서 퍼내야 하는 우리 집 화장실은 다섯 가구가 함께 썼다. 한 달이면 꽉 찼고, 사람을 불러 해결하지 않으면 여간 불편한 게 아니었다. 동네 꼬맹이들이 '똥퍼 아저씨'라 하던 이는 어깨에 들쳐매고 온 커다란 들통을 내려놓고 화장실에 고인 인분을 퍼담아 채마밭 가장자리에 파놓은 구덩이에 부었다. 그 인분은 김장김치나 무를 심기 전에 밭에 뿌릴 거름이 되고, 우리 집은 그 밭에서 생산한 배추와 무로 김장을 담가 겨우내 먹었다. 내가 똥이 되고 똥이 다시 밥이 되는 순간이었다.

우유도 함부로 먹지 말라고 주장하는 식품학자가 있다. 맑은 물과 공기를 마시지 못하고 오직 사료만 축낸 젖소의 우유에는 칼로리는 넘쳐도 영양분이 적다는 것이었다. 젖소는 아무 풀이나 먹으면 안 된다. 제초제 성분이 우유에 들어가기 때문이다. 돌고 도는 생태계의 그물은 그렇듯 모두 연결된다.

모든 생물은 밥이 풍성할 계절에 다음 세대 개체들을 세상에 내놓는다. 그때가 대개 늦은 봄이거나 이른 여름이다. 그러므로 보통 그 전에 짝짓기에 들어가야 한다. 덩치가 작은 새나 짐승은 이른 봄이거나 늦은 겨울일 때 짝을 찾는다. 초식동물은 새싹이 돋아날 때, 육식동물은 초식동물의 새끼들이 막 태어난 뒤 새끼를 낳는다. 밥을 충분히 먹일 수 있다면 새끼를 두 번 낳는 동물도 있다. 먹이가 충분한 여름에 날개가 더 크고 화려한 개체를 선보이는 호랑나비를 비롯한 많은 곤충이 그렇다. 제비와 뿔논병아리도 알을 두 번 품는다. 먼저 태어난 형제가 나중에 부화된 동생들을 위해 먹이를 잡아주는 모습도 관찰할 수 있다.

호시탐탐 노리는 천적이 늘어나니 어미들은 제 새끼를 보살피려 무척 애를 쓰지만 불가항력일 경우 어쩔 수 없다. 늑대나 여우가 낳은 새끼 중 많은 개체가 커다란 매나 다른 육식동물의 먹이가 된다. 매도 막 부화한 새끼들을 먹여야 한다. 사람도 예외가 아니다. 엄마가 부엌에서 일하는 사이 툇마루로 기어나온 아기를 늑대가 물어가는 일은 우리나라에서 드물지 않았고, 몽골에선 등에서 잠시 내려놓고 시냇물을 마시는 사이 하늘에서 벼락같이 내려온 매가 아기를 채가는 일이 흔했다고 한다. 한데 사람은 아기를 낳는 계절이 따로 없다. 다른 동물에 비해 밥이 언제나 풍성하기 때문이다. 그건 애완동물도 그렇고, 사람 주변에 사는 쥐도 그렇다. 쥐가 그러니 고양이도 마찬가지일 수 있겠다.

늑대가 강보에 싸인 아이를 키웠다는 인도의 사례도 있지만 우리 조상은 아기를 물어간 늑대보다 아기를 제대로 살피지 못한 자신을 탓했다. 호랑이를 몹시 두려워했어도 반드시 응징해야 할 천적으로 여기지 않았다. 아이를 물어 죽인 도사견처럼 반드시 찾아내 즉결처분하지 않았다. 사실 아무리 사나운 도사견도 함부로 사람을 물지 않는다. 호랑이도 늑대도 다른 밥이 주변에 있다면 굳이 위험한 사람 근처에 얼씬거리지 않았을 것이다. 사람이 무서운 존재라는 걸 그들은 잘 안다. 천지사방을 뛰어다니며 힘을 과시하고 싶건만 묶거나 가두었기에 스트레스가 쌓였을 도사견은 만만해 보이는 아이가 지나갈 때 끈이 풀리고 우리가 열려 본성이 폭발했을 뿐이다. 원래 사람을 잘 따르는 동물을 묶고 가두어 몸집을 불린 다음 때려 잡아먹으면 진정 맛있을까. 개의 스트레스가 먹는 이의 몸에 고스란히 스며들 텐데.

밥이 운명을 좌우하다

태국의 한 사원에서 기르는 호랑이는 아주 겁이 많고 수줍어한다고 한 채식주의자는 귀띔한다. 개가 짖으면 슬며시 피한다는데, 사원에서 수행하는 승려들과 똑같은 밥을 먹으며 일체의 고기도 주지 않자 그리 되었다는 것이다.

우리나라 여의도엔 여름이면 '엽기토끼'가 나타난다고 한다. 아이가 하도 보채는 통에 하는 수 없이 기르던 문방구 종이상자 속의 어린 토끼였다. 집을 지저분하게 만들며 자라더니 어느새 귀여운 모습은 사라지고, 아이마저 흥미를 잃자 아이 부모가 한강 둔치의 공원에 슬그머니 버린 것이다. 그런데 이들 토끼가 공원에서 통닭 뼈다귀와 말라버린 삼겹살을 갉아먹다 사나워져서 나들이 나온 사람에게 접근하며 먹이를 가로챈다는 게 아닌가. 그 채식주의자는 어떤 환경에서 무슨 밥을 먹는가에 따라 성질과 태도가 달라진다고 주장한다. 초식동물이 대개 순하고 육식동물은 포악한 걸 보면 그럴듯하다. 사람도 마찬가지가 아닐까.

사람은 잡식동물이다. 고기를 찢는 송곳니와 채소나 곡식을 가는 어금니가 식성과 조화를 이룬다. 살펴보자. 송곳니와 어금니 비율에 차이가 있다. 어린이는 송곳니 하나에 어금니가 둘, 어른은 송곳니 하나에 어금니가 다섯, 사랑니라고 말하는 마지막 어금니는 음식을 씹지 못하니 빼면 넷이다. 영양 전문가는 육식과 채식의 비율을 송곳니와 어금니 비율에 맞추면 가장 이상적이라고 주장한다. 식단을 그런 비율로 차릴 때 몸과 마음이 건강하다고 강조한다. 육식이 반드시 살코기를 뜻하는 건 아니다. 우유나 계란, 물고기도 포함해야 한다. 우리 식단에 육식은 지나치다. 장년과 청소년층마저 병원 신세를 앞당겨지게 만들 정도다. 요즘 광우병이나 구제역이나 조류독감을 퍼뜨리는 소나 돼지나 닭은 물론이고, 사람과 오래도록 아주 친근한 관계를 유지해온 개를 게걸스레 잡아먹을 필요는 없을 것이다.

많은 동물은 자기에 맞는 밥을 찾아 머나먼 거리를 기진맥진 이동한다. 건기를 맞아 풀이 말라버린 초원을 떠나 머나먼 길을 재촉하는 아프리카의 동물을 보라. 천적이 길목을 노리지만 필사적으로 밥을 찾아 이동한다. 안전하게 무리지어 다녀도 희생되는 개체가 적지 않다. 육식동물도 그때를 놓치면 제 새끼를 제대로 키울 수 없을 것이

가을이면 시베리아 벌판에서 수천 킬로미터를 날아오는 도요새는 서해안 갯벌에서 풍부한 먹이를 구한다.

다. 혹등고래도 적도에서 낳은 어린 새끼를 데리고 수천 킬로미터를 이동해 크릴새우가 무한정 있는 남극으로 간다. 짧은 여름이 지나면 크릴새우도 사라지니 서두른다. 시베리아 벌판에서 여름철에 새끼를 낳고 키운 도요새와 물떼새 같은 철새들도 수천 킬로미터를 날아 우리 서해안의 갯벌로 찾아온다. 가을철 2주일 동안 갯벌에 많은 밥을 식성대로 먹고 몸무게가 두 배 이상 늘면 다시 호주나 인도네시아로 떠날 수 있다. 봄이면 다시 찾아와 배불리 먹고 따뜻해진 시베리아로 날아갈 것이다.

흔히 자연을 먹고 먹히는 약육강식의 정글이라고 말하지만 다정다감하게 서로 돕는 공동체로 해석하는 이도 있다. 어른과 아이가 함께 읽으면 좋을 동화 황선미의 『마당을 나온 암탉』에서, 계란만 죽어라

식량 · 199

고 낳던 '잎싹'은 어렵게 양계장을 빠져나가 족제비에게 어미를 잃은 청둥오리 알을 대신 품으며 모성애를 느끼고, 다 자란 청둥오리를 멀리 보낸 뒤 족제비에게 희생되지만 제 운명을 받아들인다. 잎싹의 부리에 찍혀 눈 하나를 잃은 족제비도 제 새끼를 먹여야 하는 걸 늙은 잎싹이 이해했던 것이다. 윈드서핑하던 아이가 상어에 물려 죽는 사고가 호주에서 발생했을 때, 관계당국은 그 상어를 찾아내 처단하려 했지만 그 아이의 부모는 극구 말렸다고 한다. 상어의 터전에 침범한 건 자신의 아이였고, 상어에게 선택의 여지가 없었다는 걸 제 아이도 이해했을 거라는 이유였다. 삼라만상의 생명에게 밥이 그 중심이라는 걸 이해하는 사람의 아량이었을까.

인구와 식량의 불안한 엇박자

　결혼과 출산 연령이 점점 늦어지고 있다. 1980년대 이전, 30대에 접어든 총각에게 흔히 붙이던 접두어 '노老' 자는 사라진 지 오래다. 서른이 지나도 결혼을 미루는 여성을 고집스럽다거나 성격이 특이할 것이라고 수군대는 사람도 거의 볼 수 없다. 아무리 보수적인 부모라도 결혼을 약속한 이성이 있다면 늘어가는 자녀의 나이 때문에 걱정하지 않고, 본인의 확고한 의지가 있다면 비혼非婚을 받아들이는 분위기가 사회에 짙다. 그만큼 세상이 바뀌었다.

　이렇게 되는 데에는 과학기술의 힘이 컸다. 낳은 아이를 잘 키울 수 있다는 확신을 심어준 것이다. 요즘은 아이의 출생을 고의로 늦게 신고하는 부모를 찾기 어렵다. 살 수 있다는 희망이 생겨야 동네잔치를 벌였던 시절에서 뱃속 아기의 성장까지 손금처럼 들여다보는 세상으로 바뀐 요즘, 탯줄을 자르면서 시작되는 각종 예방접종은 자라는 과정마다 정확하게 처방된다. 과학기술이 임신과 출산과 육아를 친절하게 견인하니 뜻하지 않은 사고나 질병이 개입하지 않는다면 방금 태어난 아기도 노인이 될 때까지 건강하게 살아갈 것이다.

출산 연령은 왜 늦어지는 걸까. 아는 게 부족해 합리적 해석을 내놓을 재간이 없지만, 굳이 추정하자면, 산모의 나이와 관계없이 아이가 독립할 때까지 잘 키울 수 있다는 믿음이 한몫하지 않았을까. 하지만 다른 이유도 무시할 수 없을 성싶다. 경쟁사회에서 처지지 않도록 제 아이를 애지중지 키우는 데 들어가는 비용이 엄두가 나지 않거나, 비로소 얻은 알토란 같은 자신만의 시간을 아기 키우는 데 소비하고 싶지 않다는 이유가 작용했을지 모른다. 그래서 그런가. 아이를 나중에 낳으려는 신혼부부도, 아이 하나로 만족하는 부부도 적지 않다.

몇 년 전, 모자보건학회는 이른바 '123운동'을 홍보하고 나섰다. "결혼 1년 내에 임신을 해서 2명의 아이를 30세 이전에 낳아 잘 기르자!"는 123운동은 결혼과 출산을 앞당기고 고령화사회와 인구 감소를 예방하자는 취지였다. 가족보건복지협회에서 내건 표어는 자극적이었다. "엄마! 아빠! 혼자는 싫어요!" 그런 홍보물에 호응할 청춘남녀가 얼마나 될지 통계자료를 입수하지 못해 알 수 없지만, 네티즌의 반응은 지극히 냉소적이었다. "포스터를 만들고 운동을 선동해 많은 이들을 꾀어내기 전에 현실적인 정책을 내놓아야 할 것"이라는 충고는 점잖은 편에 속한다. "결혼 1년 이내 임신을 해서 2명의 아이를

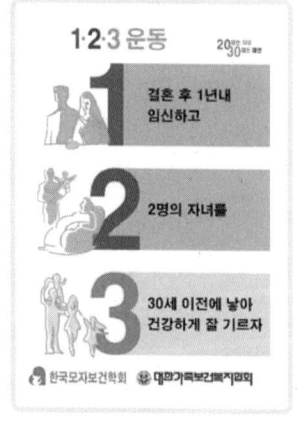

123운동 홍보 포스터

서른 살 이전에 낳는다면 나이 마흔이 되기 전에 파산한다!"는 반응도 나왔다. 소중한 제 아이 애지중지 키우는 데 들어가는 부담을 먼저 생각했을 것이다.

    정부는 고령화사회를 걱정한다. 해법은 역시 아이를 더 낳자는 건데, 국토 면적에 비해 우리나라의 인구가 많다는 걸 부정하지 않는 정부로서 좀 느닷없지 않나 싶다. 고령화사회라는 용어가 익숙해지기 얼마 전까지 정부는 산아제한 정책을 포기하지 않았기 때문이다. 정부는 셋째 아이의 병원비는 보험 혜택에서 제외시키는 것도 모자라 정관시술에 응하면 예비군 동원훈련을 면제해줬다. 정부는 "아들딸 구별 말고 둘만 낳아 잘 기르자!"에서 "잘 키운 딸 하나, 열 아들 안 부럽다!"로 바꿨고, 그에 화답한 방송국은 아이 하나로 행복해하는 드라마를 연실 편성하지 않았던가. 외동딸과 함께 사는 '순풍산부인과' 원장도 자손은 외손녀 '미달' 이뿐이었다.

고령화사회보다 걱정스러운 일

인파가 많은 역 광장에 '인구시계'를 세워놓고 경각심을 불어넣던 정부는 14세부터 65세까지로 상정하는 '생산인구'의 비율이 줄어드는 데 위기감을 보인다. 2008년 통계청은 65세 이상 노인이 우리 인구의 10퍼센트인 500만 명을 돌파해 이미 고령화사회에 접어들었다고 밝혔다. 이런 추세로 2026년이면 20퍼센트가 65세 이상의 노인인 초고령사회로 들어갈 것이라 추산한다. 참고로, 전체 인구의 7퍼센트 이상이 65세 이상이면 고령화사회, 14퍼센트 이상이면 고령사회, 20퍼센트가 넘으면 초고령사회라고 한다. 전문가는 초고령사회가 되면 노인 1명을 부양하는 데 생산인구 3명이 동원되어, 개개인의 경제적 부담이 커지고 국가성장률도 떨어진다고 분석한다.

14세 이하를 생산인구에서 빼는 건 이해할 수 있는데, 65세 이상까지 제외하는 건 서글픈 일이다. 넘치는 힘과 패기로 생산 현장에서 비지땀을 흘리기는 어려울지라도, 경륜으로 젊은이를 이끌 수 있고, 정책적 고려가 뒷받침된다면 의지가 있는 노인에게 배려할 수 있는 일을 얼마든지 찾을 수 있기 때문이다. 젊은이의 일자리도 모자라는 판에 노인의 일자리를 어떻게 만드느냐고 혀를 차는 사람도 있을 테지만 말이다.

20대의 절반이 백수라는 '이태백'이 90퍼센트가 백수라는 '이구백'으로 악화된 세상에서 아이를 더 낳으라고 하는 권고는 과연 합리적일까? 비록 사정이 여의치 않은 현실이지만 아기가 성장했을 때 종사할 일자리를 지금부터 확실히 준비할 것이므로 염려하지 말라고 장담하려고 한다면, 같은 논리로 평균수명이 늘어나는 추세에 맞게 노인의 일자리도 마련해야 옳을 것이다. 경륜은 사장시킬 수 없는 사회적 자산이 아닌가.

인구학자들은 고령화사회에서 초고령사회로 바뀌는 시간이 유래가 없이 빨라, 일자리는커녕 노인의 복지체계를 정비할 시간이 모자랄 지경이라고 지적한다. 프랑스가 154년, 미국이 94년, 일본이 36년인데 비해 우리는 26년에 불과할 것이라 예상된다. 사실 그 속도는 충분히 예견할 수 있었다. 정부의 의지대로 가구당 1.13명에 불과한 우리의 출산율을 높인다면 초고령사회로 들어가는 시간은 조금 연장되겠지만, 인구밀도와 노인의 수는 늘어날 수밖에 없을 테니 후손의 부담은 더욱 누적될 것이다. 늘어나는 인구의 생활기반 확보를

출산율은 턱없이 낮은 반면, 인간의 수명은 늘어나 세계는 점차 고령화사회에서 초고령사회로 바뀌고 있다.

위해 농토와 녹지는 더욱 협소해지고 식량 확보를 위한 외화 부담도 불어날 것이다. 눈앞의 경제와 GNP 성장을 위한 출산 장려는 근시안적 처방이다. 멀지 않은 후손에게 못할 짓을 하는 결과가 될 가능성이 대단히 높다.

통계청은 평균수명이 늘어나는 만큼 인구가 현재 증가하고 있지만 머지않아 감소할 것으로 예견한다. 대략 4,900만 명에 이를 인구는 2018년을 정점으로 하향곡선을 그린다는 것이다. 그때까지 시간이 얼마 없지만 서둘러야 할 과제를 잊으면 안 된다. 노인의 일자리 확보 방안과 우리 인구가 먹을 식량을 내 땅에서 해결할 수 있는 실천 방안을 구체적으로 마련해야 한다. 세계 인구가 늘어나는 추세가 수그러들지 않고, 세계 식량 생산량이 늘어나지 않는 시점에 식량 자급을 하기 위한 노력은 안보보다 주권, 주권보다 생존의 차원에서 양보할 수 없는 일이다. 기회를 놓친다면 우리도 굶주림에 휩싸일 수 있다. 지구온난화가 빚을 기상이변과 곡창지대의 사막화로 잉여 농산물이 필연적으로 줄어들고 지금처럼 잉여 농산물이 투기자본에 장악된다면 국제 곡물의 시세는 천정부지로 오를 것이기 때문이다.

공식적으로 13억 명인 중국의 인구는 평균수명이 늘어남에 따라 계속 증가해 고령화 추세가 만만치 않다고 한다. 전문가는 우리보다

빠를 것으로 예측한다. 고령화사회를 걱정하는 중국이 한 자녀 낳기 정책을 폐기한다면 장차 어떤 일이 발생할까. 시골에서 농사를 짓지 않는다면 자녀를 하나 이상 낳을 수 없도록 엄격히 제한해온 중국에서는 변화가 벌써 일어나고 있다. 벌금을 내고 아이를 더 낳기 시작한 인민의 식단이 점차 고급스러워지는 것이다. 월드워치연구소 이사장인 레스터 브라운Lester Brown은 산업화 이후 외화보유량이 많은 중국인의 식단에 고기가 늘어나면서 세계적 식량위기가 발생할 것이라 걱정했다. 그 걱정은 현실이 되어간다. 우리나라에 많은 식재료를 수출하는 중국은 이미 식량 순수입국이 되었다.

『중국을 누가 먹여 살릴 것인가』를 쓴 레스터 브라운은 21세기 첫 사분기 이내에 세계 식량위기가 현실화될 것으로 예견했다. 어마어마한 외화보유고를 털어 미국을 비롯한 국가의 잉여 농산물을 모조리 수입하면 중국은 배를 곯지 않을 것이지만 다른 나라는 심각하게 대비해야 할 것이라고 경고한다. 지구온난화 변수를 세심하게 고려하지 않은 그는 '다른 나라'로 일본을 거명했는데, 일본보다 식량 자급률이 낮은 우리나라는 안심할 수 있을까. 이권과 패권에 따라 움직이는 국제사회에서 잉여 농산물이 태부족해지면 어떤 일이 발생할까. 식량을 확보하지 못한 이웃 국가는 남아도는 국가에 어떤 신호를 보낼까. 그 이웃 국가의 군사력이 강하다면 긴장하지 않을 수 없을 것이다.

인구 안정을 위한 식량 안정
세계 인구는 어느새 70억을 바라본다. 영국의 경제학자 맬서스

Thomas Malthus가 유명한 '인구론'을 썼던 200여 년 전보다 5배 이상, 미국을 중심으로 한 신맬서스주의자들이 '인구폭탄론'을 들고 나왔을 때보다 2배 가까이 늘었다. 그런데도 요즘 지구촌에 인구 이야기가 크게 들리지 않는다. 먹을 게 충분하지만 골고루 돌아가지 못해 굶주리는 이가 많다는 주장이 끊임없이 제기되지만 예나 지금이나 사태를 해결할 능력이 있는 국제사회는 경각심이 부족하다. 오히려 자국에 만연하는 비만을 더 걱정하는데, 분명한 건 굶주림과 마찬가지로 비만도 가난하기 때문에 발생한다는 사실이다.

농기계가 개량되고 비료 투입이 활발해지면서 맬서스 시절보다 늘어난 인구는 그럭저럭 먹고살고 농약과 농기계로 다수확품종을 심는 녹색혁명으로 오늘의 세계 식량은 분명히 늘어났다. 하지만 지구촌의 생태계는 엉망이 되었다. 농약과 농기계를 동원해 몇 가지의 농산물을 다량으로 생산하면서 막대한 석유를 소비하자 이산화탄소와 같은 온실기체가 대기권에 늘어났다. 저장 기간을 늘이고 맛과 향을 유지하기 위해 가공식품에 첨가물과 방부제를 경쟁적으로 넣으면서 식품의 질은 형편없어졌다. 부유한 지역에 살고 있는 가난한 사람들은 칼로리는 많아도 영양분이 부족한 패스트푸드에 의존해야 할 때가 많다. 그뿐이 아니다. 잉여농산물이 사료로 전용되는 과정에서 가축의 본성은 억압되고, 쏟아

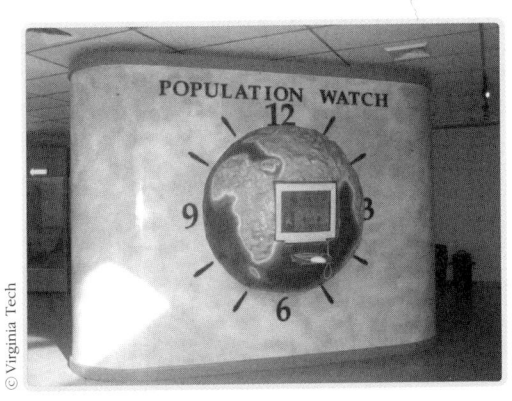

쌀 생산의 절박성을 강조한 세계인구시계

지는 가축 분뇨로 토양과 수질과 대기오염이 심화되었으며, 그로 인해 가축의 질병이 악화되어 사람의 건강을 위협할 정도가 되었다. 생태계 파괴의 대가로 증가한 식량은 결국 가난한 지역의 배고픈 인구와 부유한 지역의 비만 인구를 늘린 셈이다.

죽는 아이가 많으면 많을수록 아이를 더 낳으려는 현상은 인지상정이다. 가계를 이어야 하기 때문이다. 이는 분쟁으로 난민이 양산되면서 농토마저 유린된 아프리카, 그리고 대규모 화학농법과 축산으로 발생한 수인성 전염병과 생태계 파괴가 빚어낸 풍토병이 만연한 남아메리카와 아시아에 국한된 현상이 아니다. 멀지 않았던 과거에 우리도 그랬고, 유럽도 그랬다. 아이가 죽지 않는다는 확신을 심어주는 일 이상 확실한 산아제한 정책은 없다. 분쟁과 환경오염, 생태계 파괴의 원인을 제거할 뜻이 국제사회에 있다면 무엇보다 자국에서 양질의 식량을 확보할 수 있도록 가난한 지역을 지원할 필요가 있다.

배고픈 인구가 늘어나게 된 원인은 자급기반이 상실했기 때문이고, 자급기반의 상실은 남의 나라로 운송될 환금작물을 제 농토에 대량으로 심는 플랜트 농업이 발단이다. 플랜트 농업은 부채상환이 원인이고 부채의 상당 부분은 자급기반을 파괴하는 개발을 하기 위해 도입한 외화가 발단이었다. 장 지글러Jean Ziegler와 같은 유엔인권위원회 위원의 주장처럼 그와 같은 개발을 주도하는 과정에서 외채를 받는 쪽과 주는 쪽 모두 부조리가 많았다면, 국제사회는 가난한 국가의 외채상환을 위해 성의를 다할 의무가 있다. 유엔식량기구가 부유한 지역의 국가들에게 호소하는 부채탕감이 그것이다. 세계 인구의 안정과 생태계 보전을 도모하는 부채탕감은 궁극적으로 부유한 국가의 인구 안정을 위한 대책이기도 하다.

젊은이를 향한 한 광고는 "아버지는 인생을 즐기라고 말씀하셨지!"라며 신용카드 사용을 부추겼다. 인생을 흥청거리며 즐기려면 결혼 연령이 늦어질 수밖에 없을 텐데. 그와 별도로, 평균수명이 짧은 지역은 그렇지 않은 지역에 비해 어린 나이에 결혼하는 인구의 비율이 높다. 사람은 대체로 손자나 손녀가 결혼하기 전에 수명이 마무리되는데, 그런 경향이 인구의 안정에 어떤 영향을 미치는지 궁금하다. 문제는 인구와 식량의 엇박자다. 안정된 인구에 미칠 재앙은 식량이 부족해진 이후에 치명적으로 닥칠 것이다. 현재 누구도 그 사태에 대한 현명한 대책을 세우지 못하고 있다는 점이 큰 걱정이다.

일반적으로 생태계의 동식물은 자신의 환경이 열악해졌을 때 번식을 서두르는 모습을 보인다. 생태학자는 남획으로 개체수가 줄어드는 참치의 짝짓기 시기가 그래서 빨라졌고 대기오염이 심한 남산의 소나무에 솔방울이 그래서 많다고 주장한다. 최근 남아에 비해 여아의 출생 빈도가 오히려 높아졌다는 보도가 나왔다. 환경호르몬 확산이 빚은 부작용이라면 차라리 다행인데, 전에 없었던 자연의 신호에 괜스레 불안해진다.

단작이라는 부메랑

　　　　　도심을 지나는 고속도로에는 시간에 따라 막히는 구간이 거의 정해져 있다. 각오를 하고 천천히 지나다보면 어김없이 챙 넓은 모자에 마스크로 얼굴 가린 사람들이 보인다. 훔친 카드로 현금 찾으러 현금인출기 앞에 모습을 드러낸 범죄자 같은 행색으로 뻥튀기나 오징어를 파는 그들은 햇볕과 매연을 극도로 경계하는데, 소용이 있을까 싶다. 차가 막히는 틈에 장사한다지만 돈 받고 물건을 건네면서 거스름돈을 내주려 이리저리 뛰는 그들이 오히려 도로를 막히게 하는 건 아닐까. 어쩌다 순찰대가 보이면 차선을 가로질러 꽁지 빠지게 달아나는 그들의 건강은 내내 괜찮을지.

　　고속도로와 연결되는 도로 한쪽에 어김없이 등장하는 좌판이 있다. 신호대기 중인 자동차를 상대로 바나나를 파는데, '국민타자' 이

바나나는 한때 매우 귀하고 비싼 과일이었지만 언제부터인가 흔하고 값싼 과일이 되었다. 거대한 농장에서 대량으로 재배하기 때문이다.

승엽 선수가 1루에서 사용하는 야구 글러브를 두 개 엎어놓은 듯 커다란 바나나 한 송이가 오전엔 3천원, 오후면 2천원이다. 한 송이만 사도 온 가족이 실컷 먹을 것 같은 바나나. 멀지 않았던 과거, 선망의 대상이었다. 1980년대 초, 생태조사를 하기 위해 제주도로 간 대학원생은 호주머니와 한참 상의를 한 후 바나나를 달랑 한쪽을 사서 일행과 나누어 먹었다. 대학 등록금이 지금의 10분의 1도 되지 않았던 당시 500원이라는 거금을 들여 산 바나나는 제주도의 한 온실에서 재배한 것이었다.

1980년대 말, 그 대학원생은 미국에 갈 일이 있었다. 부자나라라 그런가. 그리 고급도 아닌 호텔의 로비에 바나나가 산더미처럼 쌓였고 마음대로 방에 가져가도 된다는 게 아닌가. 주위 눈치도 살펴야 하니 딱 한 송이만 가져갔는데, 호텔을 옮길 때까지 시커멓게 변한 바나나를 몇 쪽 먹지도 못했다. 맛난 음식을 먹을 일이 많아 바나나에 미처 손이 가지 않았던 거다. 그후 언제부터인가 우리나라에도 바나나가 흔해졌다. 흔해서 그런 건 아닌데, 웬만큼 배고프지 않으면 식품매장에 쌓인 바나나에 선뜻 손이 가지 않는다. 참 좋은 식품임에는 틀림없지만 좀 찜찜하다. 생산지에서 우리나라까지 먼 길 수송되는 과정에 홍건히 뿌려졌을 농약이 과육에도 스몄을 것 같다.

다년생 풀에서 재배하는 만큼 과일이라기보다 채소에 가까운 바나나는 끝이 보이지 않는 거대한 농장에서 껍질이 파란 상태에서 출하돼 지구를 반 바퀴 돌아 우리 고속도로 입구에 잔뜩 포개져 있을 정도로 흔해졌다. 하지만 전문가는 멸종위기를 점친다. 품종이 지나치게 단순해져 변화된 환경에서 여전히 재배될 수 있을지 의문이라는 것이다. 너나 할 것 없이 다수확 품종만을 심어 곳곳에 널렸어도 지구온난화로 재배 환경이 바뀌면 일거에 사라질 수 있을 만큼 유전적 다양성의 폭이 좁아졌기 때문에, 머지않아 다시 선망의 대상으로 바뀔지 모른다.

단작의 서러움

사탕수수와 담배가 여전히 유명한 쿠바는 한때 이것들 때문에 굶주려야 했다. 몇 가지 안 되는 품종을 획일적으로 광활하게 심는 '단작 單作, monoculture'이 원인이었다. 쿠바의 농장을 소유했던 미국의 농업 자본은 비옥한 땅의 끝에서 끝까지 사탕수수와 담배를 심었지만 지금부터 50년 전 아바나에 입성한 피델 카스트로Fidel Castro와 체 게바라Che Guevara의 혁명군에 쫓겨 혼비백산 탈출하기 바빴고, 쉽게 돌아오리라 믿었지만 미국에 주저앉아야 했다. 독재정권의 착취에 진저리를 친 민중이었기에 혁명세

끝 간데 없이 심겨져 대량으로 재배되고 있는 사탕수수

력에 대한 지지가 매우 단단해 막강한 미국의 지원을 받은 반군이 침입해도 끄떡없었고, 경제 사정이 이내 호전되었기 때문이었다. 미국의 턱밑을 자신의 지지세력으로 묶어두려는 소련이 사탕수수와 담배를 시세보다 훨씬 비싸게 구입했던 거다.

그런 소련이 무너지자 미국은 재빨리 경제 봉쇄에 나섰고 사탕수수와 담배를 식량 대용으로 쓸 수 없는 쿠바는 판로가 막혀 굶주림을 한동안 감내해야 했다. 오로지 사탕수수와 담배만을 재배하다 호되게 혼난 쿠바는 지금 대부분의 식량을 자급자족한다. 아바나 곳곳에 유기농장을 만들어 이웃과 나누면서 건강과 자존심이 회복되었다고 한다.

호주도 사탕수수를 끝 간 데 없이 심었다. 호주에는 원래 사탕수수가 없었다. 그러므로 사탕수수 잎을 갉아먹는 해충이 있을 리 없지만 나타났다. 천지사방이 사탕수수로 가득하니 어떤 풍뎅이가 건드려 보았을 거고, 달짝지근한 게 먹을 만하자 기하급수적으로 늘어났을 것이다. 중간 중간에 다른 작물을 심었다면 풍뎅이는 그렇게 늘어날 수 없었을 것이다. 청정한 습기가 보전되었다면 개구리가 풍뎅이를 먹으며 늘었을 것이고, 개구리를 잡아먹으러 다가온 뱀과 족제비도 풍뎅이 수를 조절했겠지만 오로지 사탕수수만 심은 관계로 한 번 맛들인 풍뎅이는 사탕수수밭에서 제 세상을 만끽했던 게다.

풍뎅이가 눈에 띄게 늘자 살충제를 뿌렸던 농장주는 해마다 보강시킨 살충제도 소용없게 된 순간을 맞아야 했다. 알을 많이 낳는 풍뎅이는 세대를 거듭하면서 독성을 이겨내고 있었던 것이었다. 독성을 갱신한 살충제는 엉뚱하게 남았던 개구리를 몰아냈고, 개구리를 먹던 다른 동물도 쫓아냈으니 방법이 없어 고민하던 농장주는 하와

이의 수수두꺼비를 들여오기로 했다. 과연 덩치가 축구공 반만 한 그 두꺼비는 풍뎅이를 게 눈 감추듯 먹어치웠고 걱정은 드디어 물 건너 가는 줄 알았다. 그런데 예상치 못한 데에서 그만 더 큰 문제가 발생했다. 이번엔 호주에 천적이 없는 수수두꺼비가 막대하게 늘어나는 게 아닌가.

경사가 심한 하와이에서 엉금엉금 기는 습성을 지닌 수수두꺼비

막대하게 늘어나 골칫덩어리가 된 호주의 수수두꺼비

는 평지인 호주에 오자 펄쩍펄쩍 뛰기 시작했다. 사탕수수밭에서 풍뎅이를 원 없이 잡아먹으며 집단을 키운 그 두꺼비는 떼를 이뤄 움직이는데, 멀리서 보면 땅이 들썩이는 듯해, 보는 이를 섬뜩하게 만들 정도였다. 풍뎅이로 양이 차지 않자 토종 곤충과 희귀한 개구리까지 먹어치우는 바람에 여간 골칫거리가 아닌 수수두꺼비를 언론은 주목하지 않다가 악어가 죽자 난리를 쳤다. 당국은 뭐하냐는 거였다. 처음 보는 통통한 두꺼비를 냉큼 삼킨 호주 특산 크로커다일 악어가 수수두꺼비의 피부 독에 중독돼 자빠지는 사건이 발생한 것이다. 하는 수 없어 수수두꺼비 두 마리에 생맥주 한 컵을 경품으로 내놓았지만 효과가 없었다. 아무리 할 일 없는 주당이라도, 일단 취하면 더 잡으려들지 않았던 것이다.

이러지도 저러지도 못한 당국은 유전자조작 기술로 불임유전자를

삽입해 멸종으로 유도하겠다고 발표했지만 글쎄, 농작물에 대한 유전자조작도 대단히 어려운데, 수수두꺼비에 대한 유전자조작이 쉬울지 알 수 없지만, 만일 성공한다면 그 뒤가 더 걱정일 수 있다. 조작된 유전자가 악어 몸속에 들어간다면? 수수두꺼비를 피해야 한다는 각인이 악어의 뇌리에 박히지 않는다면 사탕수수를 끝 간 데 없이 심도록 허용한 호주 당국은 악어마저 멸종될 우려를 지울 수 없을 것이다. 어디 악어에서 그치겠는가.

유전적 다양성 상실이 빚는 비극

회사에서 구입해야 하는 청양고추의 씨앗 유전자는 극히 단순해졌다. 고추를 비롯해 우리나라에 심는 대부분의 채소 씨앗의 사정이 그렇다. 유전적 다양성을 상실한 씨앗을 넓게 심은 농부는 로또하는 기분이 들겠다. 수확이 모 아니면 도이기 때문이다. 모든 조건이 좋았는데 수확을 앞두고 질병이 돌면 일거에 못 쓰게 되는 마술. 환경을 일정하게 유지할 수 있는 비닐하우스에 심으면 탈이 없지만 비용이 들어가 원가가 상승한다. 다른 농토에 질병이 돌고 나만 괜찮아야 로또에 당첨될 수 있는데, 운이 좋을 때는 그리 많지 않다.

유전자가 단순한 씨앗은 한꺼번에 꽃피고 열매를 맺으니 그때 농부는 몹시 바빠야 한다. 때를 놓치면 허탕이니 인건비가 적지 않게 들어가야 한다는 뜻이다. 일본에 거액의 로열티를 지불해야 하는 하우스용 딸기가 그렇다. 에스파냐에서 재배하는 유럽의 가지가 그렇다. 그렇게 '소품종 다량생산'으로 수확한 가지를 보조금 받아 원가를 낮춘 다음에 수출하면서 사단이 났다. 지역 특산 가지들이 자국

시장에서 추풍낙엽처럼 사라지는 게 아닌가. 한데, 지역 농부들의 파산을 부른 소품종 다량생산은 인큐베이터처럼 재배 환경을 통제하는 거대한 비닐하우스에서 싹틀 뿐이다. 지구온난화로 환경이 바뀌면 사라질 가능성이 지역의 가지에 비해 현저히 높다. 유전적 다양성을 상실한 씨앗이기 때문이다.

아마존의 원시림 지대를 흐르는 커다란 강은 물이 항상 많고 맑아 그냥 떠 마실 수 있다. 아니 있었다. 아마존 숲을 끝 간 데 없이 불태워 콩을 심기 전까지 그랬다. 아직 공식적으로 유전자조작 콩은 아니라지만 분명한 건, 그 콩의 유전적 다양성이 매우 낮다는 사실이다. 따라서 재배 방식은 제한적일 테고, 살충제와 제초제가 적지 않게 들어갈 게 틀림없다. 원시림에서 사냥하며 식솔을 먹였던 터전에 광활한 콩 농장이 들어서자 원주민은 사냥감만 잃은 게 아니다. 마실 물마저 말라버렸다. 웅덩이에 고인 물에는 비행기에서 살포한 농약이 뿌옇게 스몄는데 등에 업힌 아이와 아장아장 걷는 아이들은 목마르다 보채니 엄마의 걱정은 이만저만이 아니다. 흙탕을 가라앉힌 물통에서 뿌연 물을 한 컵 떠 주자 허겁지겁 마시는 아이들. 그들은 전에 없던 병으로 시름시름 앓다 속절없이 죽었다. 그리고 브라질은 미국을 제치며 세계 최대 콩 수출 국가로 화려하게 등극했다.

옥수수가 원산지인 멕시코에서 원주민의 주식은 당연히 옥수수다. 옥수수를 갈아 반죽한 또르띨라를 화덕에 만두피처럼 둥글게 구워, 다진 풋고추와 잘게 자른 양파와 으깬 토마토를 넣고 말아서 먹는다. 그 세 가지를 멕시칸소스라고 말한다. 멕시코 국기는 초록색과 흰색과 붉은색으로 구성돼 있다. 멕시코에 일찍이 옥수수가 없었다면 마야도 잉카도 찬란한 문명을 꽃피울 수 없었다. 멕시코 원주민은 개구

멕시코 원주민에게 성스러운 곡물이던 옥수수는 이제는 가축 사료나 시럽으로 대량 가공된다.

리를 신격화한다. 개구리가 있는 곳에 물이 있을 거고, 물이 있다면 옥수수를 재배할 수 있지 않은가. 그래서 멕시코 원주민들은 '옥수수를' 가축에 함부로 먹이지 않는다. 성스러운 곡물이기 때문이다.

옥수수에 포함되는 탄소는 다른 곡물의 탄소와 동위원소가 다르다. 학자들은 탄소동위원소를 측정해 옥수수 섭취량을 국가별로 비교했다. 아침에 우유를 부어 먹는 옥수수 가공식품 이외에 식단에 자주 옥수수 요리를 올리지 않는 미국인을 멕시코인과 비교했더니 의외의 결과가 나왔다. 『잡식동물의 딜레마 The Omnivore's Dilemma』를 쓴 마이클 폴란Micheal Pollan이 "걸어 다니는 콘칩"이라고 해야 할 지경으로 미국인이 옥수수를 많이 먹는다는 게 아닌가. 원인은 음료수에 들어가는 옥수수 시럽과 고기였다. 미국에서 사육하는 대부분의 가축은 옥수수 사료를 먹는다. 그것도 유전자가 조작된 걸로.

하늘에서 보아도 끝이 없는 밭에서 걷은 옥수수의 양은 실로 막대하다. 대부분 가축사료로, 일부가 시럽으로 가공되고 일부는 수출된다. 과학자의 성과로 옥수수 시럽의 당도가 설탕보다 높아지면서 가격까지 저렴해지자 코카콜라를 필두로 옥수수 시럽이 설탕을 대체하기 시작했다. 이제 대부분의 음료수는 옥수수 시럽으로 단맛을 낸다. 그렇게 기업 수익을 늘린 음료수는 비만을 부추기는 데 탁월한 효과를 발휘했다. 미국을 비롯한 북아메리카와 중앙아메리카, 유럽의 많은 국가가 그렇다. 일회용 1리터 용기를 구입하면 대형 매장의 문을 나서기 전까지 몇 번이고 리필이 가능한 까닭에 가난한 이가 선택하게 된다. 옥수수는 고기의 값도 크게 낮췄다. 원료를 궁금하게 하는 다진 고기는 싱싱한 채소보다 가격이 쌀 뿐 아니라 갈증마저 부추긴다. 서구의 비만은 역설적으로 가난의 상징이 되고 말았다.

다품종 소량생산과 농작물의 개성

민족 대이동 현상이 전국에서 연출되는 추석, 혼자 사는 어떤 이는 반드시 차를 몰고 고향에 간다. 시골의 부모님이 이런저런 농산물을 잔뜩 싸주기 때문에 열차를 이용할 수 없다고 너스레를 떠는데, 멀지 않았던 과거, 우리 농촌이 다 그랬다. 이른바 '다품종 소량생산' 이다. 지난 가을에 갈무리한 온갖 채소와 곡식의 씨앗을 여기저기에 심어 계절에 따라 다양한 풍미를 맛볼 수 있게 하는 다품종 소량생산은 해충 피해를 최소화할 뿐 아니라 가족의 영양을 높였고 무엇보다 자급을 가능하게 했다. 환경이 변해 어떤 곡식의 소출이 줄면 다른 곡식이 잘 돼 벌충할 수 있었던 것이다.

    같은 곡식도 품종에 따라 심는 장소도 시기도 달랐다. 쉰이라는 나이에 철학교수를 그만둔 초보 농사꾼인 윤구병은 『잡초는 없다』에서 자신의 경험담을 소개한다. 할머니에게 콩 심는 시기를 물으니 "그 손 펴봐!", "그건 감꽃 필 때 심고, 저쪽 손!", "그건 감꽃 질 때 심는 거여." 했다는 거다. 오랜 개성을 간직한 삼라만상의 생명에 곡식과 잡초가 따로 나뉘어질 리 없다는 걸 윤구병은 깨닫는다. 미안한 마음으로 곡식만 골라 심지만 개성을 배려하면 몸도 마음도 생태계도 건강하다는 걸 배웠다.

단작은 씨앗과 지역의 문화와 개성을 무시한다. 때와 장소에 따라 토지의 환경이 다르건만 단작은 오로지 그 씨앗에 맞는 경작 조건만을 요구한다. 만일 유전적 다양성의 폭까지 좁힌다면 경작 방식은 더욱 협애해지고, 유전자마저 조작했다면 환경변화에 극도로 예민해질 수밖에 없다. 그런 씨앗은 동네 어른이나 선배의 충고를 배척한다. 그저 종자회사의 매뉴얼을 잘 살펴야 로또에 당첨될 자격을 허용할 따름이다.

단작은 지구온난화를 맞을 후손에게 부메랑으로 되돌아갈 가능성이 높다. 바뀐 경작 환경에 뿌리내리지 못하는 단작의 유혹에 길들어 조상이 다채롭게 물려준 전통 씨앗들을 잃어버리지 않았던가. 늦기 전에 획일적 편의에 길들여진 타성을 다양성으로 극복할 방법을 찾아야 한다. 개성이다. 농작물에 국한하는 이야기는 물론 아니다.

본성을 억압하는 농업

　　6월 6일 현충일을 수원의 한 과수원에서 끝물 딸기를 먹으며 보냈던 1970년대 말, 2학기 기말고사를 마치면 우리는 불암산에 올랐다. 하산하며 근처의 과수원에 들러 떨이로 파는 배를 실컷 먹을 수 있었기 때문이었다. 그런데 요즘, 딸기는 겨울에 들어서기 전부터 식탁에 오른다. 5월 딸기는 자취를 감췄는가. 하늘이 구만 리로 넓어진 늦가을에 출하되던 배도 거의 보기 어렵다. 계절을 잃은 배는 추석 전에 선보인다.

　'풀꽃세상을 위한 모임'이라는 소박한 환경단체가 있다. 자연에 대한 존경심을 회복하자는 취지로 설립된 그 단체는 해마다 '풀꽃상'을 선정해 발표하는데 대상자는 자연이다. 날을 잡아 전국에서 모이는 회원은 우리가 관심을 갖고 보전해야 할 자연을 저마다 천거하고, 서로 존중하면서도 격렬한 밤샘 토론을 화기애애하게 펼쳐 하나의 자연을 만장일치로 선정한다. 그동안 동강의 비오리, 보길도의 갯돌, 민둥산의 억새, 인사동의 골목길, 새만금의 백합, 지리산의 물봉선, 그리고 지렁이, 자전거, 논, 간이역, 비무장지대, 우리 씨앗, 작년에 칡소를, 올해는 맹꽁이를 선정했다. 그 선정회의에 자주 참석하게 된 한 회원의 동기를 들어보자.

서울에서 고위 공무원으로 일하던 그는 어떤 계기로 인도를 여행하다 며칠 자원봉사하려는 요량으로 들린 테레사 수녀의 선교회에서 무려 6개월 동안 중증 환자를 돌보았다. 서울로 돌아온 그는 십수년 이상을 근무한 직장을 정리하고 귀농을 결심했다. 하지만 삽자루 한 번 쥐어본 적 없는 처지에 막막할 뿐이었다. 그러던 어느 날 텔레비전에 비치는 배 과수원이 낭만적으로 보이는 게 아닌가. 연고도 없는 전라도의 한 시골로 내려가 매물로 나온 과수원을 덥석 계약하는 데까지는 좋았는데, 당장 배를 어디에 어떻게 팔아야 할지 막연했다. 농약과 화학비료에 의존해 해마다 3천 상자의 배를 생산하던 과수원이었지만 그는 유기농으로 바꾸기로 작정했고 10분의 1에 못 미치는 소출에 만족하기로 했는데 중간상인에 넘기는 가격을 알아보니 백화점의 유기농 배와 비교할 때 터무니없이 낮았다. 그래서 풀꽃세상을 위한 모임에 노크를 했다. 시중에서 쉽게 구하는 일반 배보다 높지 않은 가격으로 추석 전에 공급할 테니 선불로 예약을 부탁한다고.

인터넷 홈페이지 게시판에 올라온 그의 제안에 여러 회원이 응했는데 약속한 날이 다가오도록 배는 공급되지 않았다. 이윽고 게시판에 올라온 그의 해명 글. 자신이 생산하는 배는 11월 중순 이후에 잘 익는다는 걸 늦게 알았다면서 요사이 시중에 나온 커다란 배는 지베

렐린이라는 식물성장호르몬을 처리한 것인데 자신은 그럴 수 없었노라고, 추석 전에 공급할 수 없게 되어 원한다면 환불하겠다는 거였다. 그의 글 아래 댓글이 쏟아졌다. 당장 한 상자 주문한 배를 취소하겠다고, 대신 처가에, 친정에도 보낼 테니 두 상자로, 세 상자로 주문을 바꿔달라는 요구가 빗발치는 게 아닌가. 회원들의 뜨거운 반응에 가슴이 벅찼던 초보 농군은 이후 풀꽃상 선정회의에 개근했던 것이다.

지베렐린

성장을 재촉하는 지베렐린

지베렐린을 처리한 과일이 사람에게 해롭다는 보고는 없다. 하지만 호르몬의 신호에 충실하기 위해 나무와 농부는 감당할 수 없는 스트레스를 받는다. 가는 가지에 주렁주렁 매달리는 과일을 제철보다 빨리 커다랗게 열게 해야 하므로 광합성이 벅차고, 영양분을 과하게 빨아올리려는 뿌리는 지칠 수밖에 없다. 그런 나무는 병충해에 약하다. 화학비료와 살충제가 필수일 뿐 아니라 자주 뿌려야 하고, 제초제를 수시로 살포해야 한다. 화학비료를 탐하는 잡초는 성가시기 이를 데 없지 않은가. 이래저래 들어가는 비용을 감수하고도 수익을 보장받으려면 넓은 과수원에 나무를 빼곡히 심어야 하는데 일일이 손으로 뽑을 수 없는 노릇이다. 지베렐린을 사용하는 과수원의 농군은 일이 하도 많아 지치고 걸핏하면 농약에 취해 허우적거릴 수밖에 없다.

겨울철에 파는 딸기는 크다. 어찌나 큰지 한입에 쏙 들어가지 못한

식물성장호르몬 때문에 무척 커진 딸기

다. 반을 잘라보면 속이 텅 비었다. 딸기는 참외와 달리 속이 비는 채소가 아니다. 역시 지베렐린을 처리했기 때문이다. 한 상자에 몇 개 담기지도 않는 배는 얼마나 큰가. 하나 깎으면 온 가족이 먹고 남는다. 두 개를 플라스틱 파이프로 이으면 이두박근을 키우는 바벨로 충분히 활용할 정도다. 배뿐이랴. 사과와 복숭아도 전에 없이 크다. 봄철, 꽃집 앞에 진열되어 텃밭 가꾸는 도시인을 유혹하는 채소 종묘들도 크다. 한결같이 지베렐린 덕분이다. 성묘 다녀오다 꽃집에 들린 도시인은 아무래도 커다란 종묘에 눈이 가겠지만 지베렐린을 처리했다는 사실은 모를 텐데, 그런 종묘, 유기적으로 가꾸려는 텃밭에 적합하지 않을 것이다.

해마다 거액의 특허료를 해외에 지불해야 하는 겨울철 딸기는 재배 환경을 통제할 수 있는 비닐하우스에 빼곡히 심어야 한다. 비닐하우스는 사막농법이다. 내리는 빗물을 활용할 수 없으니 지하수에 의존하지 않으면 안 된다. 어디 그뿐인가. 무덥고 환기가 원활하지 못한 실내 환경은 농작물은 물론이고 사람의 건강에 좋지 않은 영향을 준다. 토양이 척박해 적지 않은 비료를 뿌리는 까닭에 공기질도 나쁘다. 더 큰 문제는 꿀벌이 접근할 수 없다는 거다. 벌이 없는 계절, 다시 말해 자연스럽지 않은 계절에 꽃이 피지 않던가. 농부들은 겨울철 비닐하우스 딸기의 가루수정을 위해 특별한 꿀벌을 주문해 풀어주어야 하는데, 그 꿀벌은 일회용이다. 물론 다년생 풀인 딸기도 비닐하우스에 들어오면 일회용일 따름이다. 유전적 다양성이 거의 없다 보니 꽃 피는 시기와 열매를 따야 하는 시기가 한정되어 쭈그리고 종일 일해야 하는 품삯 농사꾼은 건강을 망치기 십상이다.

  계절을 앞당기는 비닐하우스는 딸기와 더불어 참외, 토마토, 오이, 호박, 수박, 깻잎과 같은 채소류에 국한하지 않는다. 포도와 복숭아, 심지어 사과와 배와 같은 과일나무도 비닐하우스 안에 심는다. 그를 위해 나무는 더욱 작아지는데, 나무가 작다는 건 어리다는 의미다. 열매를 가득 달아야 하는 어린 나무는 천수를 누리지 못한다. 사다리도 필요 없이 고개를 쳐들지 않은 채로 가루수정을 하고 열매를 따는 농사를 위해 일찍 시들고 마는 생물이 되고 말았다. 비록 식물이지만 가혹하게 본성을 억압했다. 그런 채소와 과일이 겉보기에 탐스럽고 베어 물면 단맛이 혀를 말초적으로 자극하겠지만 영양분까지 충실할지. 사람의 탐욕은 동물을 넘어 식물의 수명과 다양성마저 위축시켰다. 자연스럽던 채소와 과일을 저버린 사람은 정녕 괜찮은 것일까.

자연스럽지 못한 농업과 축산

지중해와 대서양을 잇는 물살이 거센 지브롤터 해협을 헤엄쳐 건너는 아프리카 난민이 적지 않다.

아프리카에 난민이 발생하는 원인은 불안한 정세에서 그치지 않는다. 따지고 보면 분쟁이 끊이지 않는 아프리카 정세의 근본 원인은 유럽에서 기원한 제국주의와 무관하지 않다. 목숨을 걸고라도 아프리카를 떠나려는 난민의 상당수는 환경 때문이다. 기름진 터전을 수출용 플랜트 농장에 빼앗긴 주민들은 밀렵과 화전에 한계를 느끼고 지구온난화로 인한 사막화를 피해 젖과 꿀이 흐른다고 믿는 유럽을 향해 한밤중에 지브롤터 해협을 건너는 것이다. 에스파냐는 자국으로 들어오는 아프리카 난민을 최대한 억제하지만 일단 국경을 넘어 들어오면 먹이고 재우는 데 인색하지 않다고 한다. 난민들은 말도 통하지 않는 유럽에서 먹고 잘 때 잠시 살아남게 되었다는 안도감에 젖을 수 있지만 이내 아무 것도 할 일이 없는 자신의 신세를 처량하게 생각할 것이다. 다행이라 해야 할까. 그들을 기다리는 노동시장이 한시적으로 열리기도 한다. 돈키호테가 누볐음직한 황량한 고원지대의 거대한 비닐하우스들이다.

  15세기 대항해시대의 제국주의가 범선 제작을 위해 울창했던 숲을 모조리 벌목하자 고원지대는 사시사철 도무지 비가 내리지 않는 사막이 됐다. 한동안 방치해오던 고원지대의 일부에 올리브 나무를 절도 있게 심어 최대 올리브유 수출국이 된 에스파냐는 최근 막대한 면적에 비닐하우스 단지를 조성했다. 아직 빙하가 남아 있는 북부 피레네 산맥 주변의 풍부한 물을 끌어들일 수 있기에 가능했다. 거기에 지브롤터 해협을 건넌 아프리카 난민이 저임금 계절 노동력으로 혹사당한다.

  영양분이 포함된 수분이 방울방울 공급되는 비닐하우스 내의 유리섬유 뭉치에는 다국적 종자회사가 개발한 동일한 유전자의 농작물이 일제히 파종된다. 따라서 일제히 싹트 일제히 꽃피고 일제히 열매를 맺는다. 짬짬이 고용되는 계절노동자가 수확하는 농작물은 일제히 상자에 실려 유럽과 세계 각국을 공습하듯 일제히 팔려나가는데, 그 농작물이 떨어지는 국가의 농업기반은 여지없이 무너진다. 거대한 인큐베이터와 같은 비닐하우스에서 공장에서 물건 나오듯 획일적으로 재배된 농작물은 공동체가 살아 있는 지역의 아기자기한 전통 농산물보다 가격이 현저하게 낮기 때문이다. 이들 농산물의 저렴한 가격은 노동자 착취와 막대한 보조금이 무역의 공정성과 지역의 농경문화를 훼손했기 때문에 가능했다.

비닐하우스로 빼곡한 에스파냐의 산업농업 단지

중국발 멜라민 파동이 세계를 흔든 이후, 조제분유와 식품 원자재에 멜라민은 이제 더이상 집어넣을 것 같지 않다. 뜨거운 온도에 강하고 인체에 특별한 문제를 일으킨 적이 없어 식기의 원료로 사용하는 멜라민은 매우 안정적인 물질이다. 그런 멜라민이 아기의 콩팥을 파괴하리라 파악한 농부는 미처 없었을 것이다. 수요에 비해 공급이 부족해 관행처럼 우유에 물을 섞던 중국의 소규모 목장은 우유 단백질이 부족한 만큼 납품 가격이 낮게 책정되는 걸 아쉬워했을 터다. 어떤 약삭빠른 농부가 질소 함양이 많은 멜라민을 넣자 많은 돈을 받았고 그 소문은 삽시간에 퍼졌을 것이다. 비닐하우스로 농작물을 재배하면 남보다 빨리 많은 돈을 벌어들일 수 있다는 소문과 지베렐린을 처리하면 더 큰 과일을 더 빨리 수확할 수 있다는 소문처럼.

예전처럼 대부분의 산모가 모유를 먹였다면 별 문제가 발생하지 않았을지 모른다. 늘 그랬듯 간식이나 가공식품의 원료로 우유와 분유가 이따금 사용되었다면 모르고 지나갔거나 문제가 일부 나타나더라도 특이현상으로 무시되었을지 모른다. 1960년대 우리나라가 그랬듯, 분유가 모유보다 영양이 많은 것처럼 인식되면서 젊은 부부들이 선호하고, 공급이 부족할 정도로 소비가 급격히 늘어나면서 쓰나미 같은 사태가 벌어졌을 가능성이 높다. 그렇듯, 탐욕이 견인한 자연스럽지 못한 농산물과 축산물이 소비자의 신체나 세계 사회에 일으키는 부작용은 초기에 눈에 띄지 않는다. 소비가 광범위하게 확산된 이후 걷잡을 수 없는 게 보통이다. 일단 커진 사고는 돌이킬 수 없는 경우가 대부분이고, 가공 과정이 복잡할수록 부작용의 인과관계와 그에 따르는 책임 소재는 명확히 밝혀지지 않는다. 멜라민 파동처럼 작은 목장에서 비롯되었다면 그나마 쉽지만 규모가 큰 기업이 일으킨 사고라면 오리무중으로 유야무야되는 게 다반사다. 식품에 들어가는 수많은 첨가물이나 농산물에서 검출되는 농약의 경우가 대개 그렇지 않던가. 유전자가 조작된 농산물처럼 문제가 아직 드러나지 않았다고 주장하는 경우도 마찬가지다.

탐욕의 역설

2006년 초, 미국 뉴욕 시는 2000년 로스앤젤레스 시에 이어 급식 목록에서 우유를 제외시켰다. 뉴욕 시 담당자는 "지역 내 110만 학생 대부분의 콜레스테롤 수치가 높고 비만의 징후를 보이는 상황을 감안하면 이번 조치는 불가피하다"고 이유를 밝히면서 "이미 흰색 밀가루 빵이 급식 메뉴에서 제외한 것처럼 우유도 사라지게 될 것"으로 예견했다. 당시 미국 여론은 이미 일리노이와 뉴저지 주도 같은 결정을 내렸기 때문에 우유 급식 중단이 전역으로 파급될 것으로 전망했다. 칼로리는 높지만 필수 영양분이 줄어든 요즘의 목장우유로 인해 비만이나 당뇨와 같은 성인병이 늘어나는 상황에서 어쩔 수 없는 조치였을 텐데, 결국 자연스럽지 못한 축산이 원인이었다.

엉겁결에 배 과수원을 인수했던 초보 농군은 풀꽃세상을 위한 모임 회원의 성원에 기운을 얻고 똥지게 지는 즐거움을 이야기한다. 서툴러 넘어지며 똥 무더기가 옷에 쏟아졌건만 더럽기보다 아깝다는 생각이 머리에 스쳤다면서. 인천 지역 언론은 최근 강화에 5월 딸기가 선풍적 인기를 끌기 시작했다고 소개한다. 옛 맛을 기억하는 장년층부터 아토피에 시달리던 아이들까지 소문을 듣고 밀려들어 예약을 하지 않으면 돌아가야 할 정도라고 한다. 경쟁적 탐욕이 부작용을 일으키자 너도나도 자연스러움을 찾고 있는 것이다.

에스파냐의 비닐하우스에 물을 공급하던 북부 산악지대의 빙하는 지구온난화로 점차 줄어들어간다. 2005년에 1.6미터 소실되더니 2008년에는 2미터나 줄었다고 국제연합환경계획UNEP은 전한다. 알프스를 비롯한 유럽 빙하의 사정이 대개 그렇다. 에스파냐는 물론이고, 에스파냐의 값싼 농작물에 의존하던 국가와 쌀을 뺀 식량의 95퍼센트를 해외에 의존하는 우리도 자연스럽지 않은 밥상이 무서워지기 전에 서둘러야 할 일이 있다. 제철 제고장에서 자연스레 생산한 농산물로 자급자족하려는 행동이다.

2009년은 소띠의 해인 만큼, 세상은 잠시 소에 관심을 기울였다. 그렇다고 쇠고기를 자제하는 분위기가 생긴 건 아니다. 소의 근면성을 상찬하고 마침 어려워진 경제를 소처럼 극복하자는 구호로 이어졌을 따름이다. 한데 지난 소띠의 해는 조금 색달랐다. 이충렬 감독의 다큐멘터리 <워낭소리>가 개봉된 것이다.

2009년 1월 15일 7개의 작은 극장에서 개봉한 <워낭소리>는 "초록 논에 물이 돌 듯 온기를 전하는 이야기"라고 영화사에서 홍보하는 내용처럼 잔잔한 감동의 물결이 번져나갔다. 순전히 입소문을 타고 상영관을 확대, 한 달 만에 관객 100만을 훌쩍 돌파하더니 300개가 넘는 전국의 상영관에서 독립영화로는 전대미문인 500만 가까운 관객을 맞았다. 경제위기를 맞아 더욱 각박해진 시민들의 가슴을 훈훈하게 적시는 애틋함이 아름다운 화면 속에 묻어났기 때문일 것이다.

"팔순 농부와 마흔 살 소, 삶의 모든 것이 기적이었다."고 영화사가 홍보한 <워낭소리>. 평균 연령을 넘어선 나이에도 농사를 짓는다는 게 보통 일이 아닌데 소가 마흔이라면 놀라지 않을 수 없다. 자연 수명이 20년 남짓인 소를 사람과 비교하면 120세 정도 산 셈이다. 살아온 40년의 세월을 오롯이 기억하지 못하겠지만 항상

팔순 농부와 마흔 살 소의 인생을 담은 영화 <워낭소리>

제 곁을 지켜준 할아버지와 함께 늙어온 소 '누렁이'는 다리를 절면서 "말 못하는 짐승이라도 내한테는 소가 사람보다 나아요!" 하던 팔순 노인의 손과 발, 농사 파트너, 그리고 오랜 벗이 되었다.

마지막 숨을 편히 쉬라고 코뚜레와 워낭을 풀어주자 잠시 눈을 크게 뜬 누렁이는 "좋은 데 가거래이" 하는 할아버지의 작별 인사를 뒤

로 40년 세월을 접었다. 그렇게 장수해 땅에 묻히는 소는 요즘은 물론이고 예전에도 극히 예외적이었다. 그러니 별도로 하자. 사람 손에 이끌려 황소를 만나 엉겁결에 짝짓기를 한 암소가 낳은 대부분의 송아지는 어미 곁에서 잠시 천방지축 뛰놀지만 그때뿐. 덩치가 커져 코뚜레가 꿰어지기 이전부터 쥔집의 살림 밑천이었다. 논밭에서 죽어라 일만 하던 황소도, 제 눈앞에서 어디론가 사라지는 송아지를 몇 번이나 낳았던 암소도 기력이 약해질 즈음, 애써 눈을 맞추지 않으려는 쥔에게 멍에를 받은 마지막 쥔을 만나 생을 마감한 뒤 사람에게 고기와 가죽을 바쳤다.

〈워낭소리〉는 시골 할아버지와 늙은 소의 우정을 그렸다.

농기계가 본격적으로 보급된 이후 코뚜레에 이어진 멍에가 당기는대로 움직여야 하는 소는 요즘 보기 어렵다. 그렇다고 사육하는 소가 줄어든 것은 아니다. 예전보다 훨씬 많아졌지만 축사에 가려 눈에 잘 띄지 않는다. 요즘 한우는 코뚜레 대신 잠시 따끔할 뿐인 인식표를 귀에 단 다음부터 힘든 노동을 하지 않을 뿐 아니라 송아지를 빼앗기는 기회조차 얻지 못한다. 쇠죽 끓여주며 등을 다독이는 쥔이 보이지 않아도 배를 곯지 않는 요즘 한우는 이레턱 앞의 젖니가 영구치로 막 바뀔 즈음 오로지 고기용으로 도살되며, 대개 그 소는 생후 30개월이 채 못 된다. 소의 30개월이 사람 몇 살에 해당하는지 따지는 건 무의미하다. 그저 그 무렵 살코기가 부드럽다는 게 중요할 뿐이다.

송아지 고기가 질긴 이유

지구온난화로 심화되는 사막화를 현장에서 보려고 몽골에 간 일행에게 여행사는 30개월 암송아지 한 마리를 서비스했다. 일정에 차질이 생겼기 때문이었는데, 몽골의 이동 텐트인 게르를 숙박용으로 제공하는 목장 측은 굳이 우리 앞에서 직접 소를 도축했다. 자신의 운명을 직감한 송아지는 고개를 저으며 저항했지만 밧줄로 제압한 인부의 억센 손에 끌려 도살장에 서자 체념했고, 다섯 살쯤 돼 보이는 여자 아이가 가지고 온 도끼 뒷날에 정수리를 맞고 기절했다. 긴 칼에 찔린 심장에서 벌컥벌컥 쏟아지는 검붉은 선지를 두 개의 양동이에 받은 인부들은 송아지의 가죽을 벗겨낸 뒤 콩팥과 비장부터 갈비와 등심까지 작심하고 기다리던 한국 손님에게 가지고 왔다. 그런데 얼마 지나지 않아 손님들은 손을 내저었다. 배부른 게 아니라 질기다는 거였다.

　질기다고? 5년 이상 쇠고기와 돼지고기를 마다해왔지만 궁금해 한 점 입에 넣었더니 아닌 게 아니라 질겼다. 꼭꼭 씹으면 충분히 넘길 만했지만 많이 먹자면 턱이 지칠 것 같았다. 30개월 암송아지 고기가 왜 질긴 거지? 그동안 먹어온 쇠고기는 아이스크림처럼 부드러웠는데, 숙성이 안 돼 그런가. 우리가 지나치게 부드러운 쇠고기에 익숙해진 건 아닐까. 원래 쇠고기는 아이스크림처럼 부드러울 리 없다. 덩치가 큰 소의 근육이 아닌가. 어쩌면 몽골의 쇠고기가 정상일지 모른다. 전에 먹던 쇠고기도 비슷하게 질겼을 것이다. 도대체 언제부터 우리가 부드러운 살코기를 찾게 되었던가. 1980년대 중반 대학원을 다닐 때, 힘든 연구 과제를 끝내자 지도교수가 소갈비를 사줘 처음 맛보았는데, 그 언저리부터 한우의 운명이 본격적으로 바뀌기 시작한 건 아닐까.

몽골의 쇠고기는 전부 유기농이다. 전통 그대로라는 뜻이다. 초원에서 방목하는 가축에 사료를 따로 줄 필요도 없지만 그럴 만한 여유 자본도 없다. 수천 년 이상 그렇게 소, 말, 양, 염소, 야크, 그리고 낙타를 사육해온 몽골인에게 쇠고기를 비롯한 가축의 고기는 문제를 일으키지 않았다. 경험적으로 충분히 안전하다 믿는 그들은 자신의 쇠고기가 질기다고 전혀 생각하지 않는다. 전통 방법으로 사육한 한우를 먹던 시절, 우리도 그렇게 생각했을 것이다. 영한사전에서 말하는 'garden'의 뜻과 관계없이 소갈비를 파는 '가든'이 흔해 빠진 요즘은 달라졌다. 쇠고기를 잘못 먹으면 몸에 경하든 중하든 탈이 난다. 전에 없었던 일이다.

젖소 다섯 마리를 키우면 아이의 대학 등록금을 마련할 수 있던 시절이 있었다. 들여온 외양간의 송아지를 여물을 쑤며 정성껏 키워 등록금 만들었던 시절이기도 했다. 그때의 소는 약간이라도 우권이 있었다. 다시 말해, 짝짓기가 허용되었다는 건데, 요즘 암소는 자신도 모르는 사이에 임신한다. 이미 대학은 우골탑이 아니다. 소 한두 마리 팔아 도저히 등록금을 마련할 수 없다. 사육 두수가 늘어나면서 소마저 박리다매의 대상이 되고 말았기 때문이다. 소를 수백에서 수천, 그 이상 사육한다면 소는 개성을 가진 생명이라기보다 그저 상품이다. 어떤 시인은 소를 "숨 쉬는 햄버거"라고 했다.

'프리미엄 젖소'라는 허구

한때 처이모 내외는 예산에서 젖소 15마리 키웠다. 새로 근사하게 지은 집에 초대받아 100일 된 아기를 안고 찾아갔건만 눈코 뜰 사이 없이 바쁜 내외는 조카와 차 한 잔 마실 시간도, 조카사위와 바둑 한 수 나눌 짬을 내지 못해 우리가 떠날 때까지 미안해한 시골의 유지였다. 그 아기가 대학생이 된 요즘, 처이모 내외는 이제 소를 키우지 않는다. 기운도 전 같지 않지만 경제력이 없다. 그 뒤 목장을 정리하고 낯선 서울 생활로 몸고생 맘고생 다했는데, 아이들 공부 다 시킨 뒤 쇠락해진 고향으로 돌아가 텃밭을 일구며 여생을 보낸다. 젖소 15마리로 아이 등록금을 마련할 수 없자 선택한 고육지책이었다.

처이모 내외가 동네 유지였던 시절, 목장의 일과는 새벽부터 시작되었다. 새벽 6시, 현관에 전등이 들어오면 부산해지는 젖소들. 축사 바닥에 물을 끼얹어 배설물을 치우고 기계로 우유를 짜낸 뒤 먹이를 주면 아침 시간이고, 원유를 받아가는 업자와 만나 일처리를 하고 축사를 돌아보면 점심, 잠시 쉬다 다시 배설물을 치우고 우유를 짜고 난 뒤 사료를 주면 저녁이었다. 젖소가 임신하거나 송아지를 낳을 때가 되면 더욱 바빠졌다. 젖소 15마리를 키우면 임신한 젖소가 한두 마리 있게 마련이었다. 처이모부는 자신이 키우는 젖소의 생김새는 물론 습성을 일일이 기억했다. 젖소들도 제 쥔이 자신을 기억한다는 걸 알았다. 하지만 그런 젖소는 머지않아 프리미엄 젖소에 밀려 퇴출되고 말았다.

안겨서 예산에 갔던 아기가 아장아장 걸을 무렵, 요란한 광고와 함께 도시의 슈퍼마켓에 프리미엄 우유가 대거 등장했다. 얼마 전까지 판매대를 독차지했던 우유를 구닥다리로 취급하며 등장한 프리미엄 우유는 가격이 50퍼센트나 더 비쌌지만 소비자는 오직 그 우유만 선택할 수밖에 없었다. 광고 때문만이 아니었다. 이전의 우유가 순식간에 판매대에서 밀려났던 것이다. 대학생 아이를 두 명 둔 예산의 처이모 내외는 목장과 자존심마저 정리하고 서울로 이전, 아파트 경비와 식당에 취직했다. 프리미엄 젖소의 가격이 높고 사육조건이 까다롭기도 했지만 더 큰 문제는 원유를 받아가던 업자가 발길을 돌렸기 때문이다.

우유의 품질까지 프리미엄 급으로 향상된 건 아니었다. 고도의 육종으로 유방이 커진 젖소는 우유의 양을 1.5배 이상 생산해 계산상으로 투자가치를 만족시키긴 했지만 우유의 질은 사실 그대로였다. 대신에 훨씬 까다로워진 젖소를 위해 축사를 엄격하게 개량해 엄밀한 사료를 정확하게 제공해야 했다. 사육 환경을 세심하게 유지하지 않으면 젖소의 우유 생산량이 줄어들거나 당장 질병에 걸렸다. 우유 소비량이 늘어나지 않은 상태에서 1.5배 더 생산된 원유를 전량 수집하지 않는 원유업자는 전보다 1.5배 까다로워졌고, 프리미엄 젖소를 들여온 농가의 수입이 1.5배 늘어난 건 아니지만, 소비자는 1.5배 비싸진 우유를 마셔야 했다.

프리미엄 젖소를 사육하자면 일꾼이 필요했으니 사육 두수를 늘어야 했으며 축사도 확장해야 했다. 사료 구입비용을 늘리고 분뇨처리시설을 확충하는 데까지 어렵게 더 투자하려 했는데, 대규모 축사가 외지에서 들어와 물량공세를 시작하자 처이모 내외는 마침내 손

축사에서 사료를 먹으며 키워지는 젖소들

을 털 수밖에 없었다. 오래 거래했던 원유업자도 살아남기 위해 값이 저렴하고 가져가는 양이 훨씬 많은 외지인의 축사로 발길을 돌렸다. 전에 키우던 젖소는 축산시장에서 이미 사라졌다. 개량에 개량을 더하는 프리미엄 젖소는 50마리로는 농가의 수지를 맞추지 못한다. 200마리 이상 사육해야 안심할 수 있다고 한다. 그런 축사의 주인은 젖소를 일일이 기억하지 못한다.

숨 쉬는 햄버거의 앙갚음

1960년대에 본 발정한 암소는 멍에가 묶인 말뚝 주위를 돌며 진종일 안절부절못했다. 한참을 지켜보던 쥔은 어디서 산만한 덩치를 가진 황소를 데리고 와 짝짓기를 유도했다. 그러다 농업고등학교를 졸업한 인공수정사가 등장하면서 짝짓기는 사라졌다. 종우의 냉동 정액을 녹여 수정시키는 편이 확실했고, 황소 가진 이웃의 눈치를 볼 일이 없어져 속이 편했던 거다. 이제 그 일도 추억이 되었다. 프리미엄 젖소가 나온 요즘은 대학원을 나온 전문가에 의뢰해 냉동 수정란으로 인공수정을 한다. 이제 암소는 대리모가 되었다. 제 난자와 아무 관계없는, 전문가가 미리 준비해둔 우수한 품종의 수정란을 자궁에 착상할 뿐이다.

    많은 젖소를 사육하는 목장은 발정한 암소를 일일이 찾아내 정확한 시기에 착상하는 게 중요하지만 어려운 일이다. 젖소는 주기적으로 새끼를 낳아야 우유 생산을 유지할 수 있는데 달아놓은 감지장치로 놓치는 경우가 많다. 그때 삽입을 불가능하게 미리 생식기를 꺾어놓은 황소가 동원되기도 한다. 발정 징후를 정확히 알아내는 황소는 제 앞으로 지나가는 암소 중에서 발정한 개체와 짝짓기를 시도할 것이고, 그때 미리 황소에 장착한 인주가 암소의 등에 묻을 테니, 인주가 묻은 암소를 골라낸 목장주는 전문가에게 의뢰, 냉동 수정란을 착상시킨다. 이후 소는 그만 우권牛權을 송두리째 잃었다. 고기용 한우의 송아지만 계속 임신, 출산하는 암소의 신세도 비슷하다.

40년 된 누렁이를 묻은 할아버지는 꼴을 베어 먹이므로 논에 제초제나 살충제를 일절 뿌리지 않았다고 한다. 그런 호강을 할 소는 요즘 세상에 드물다. 대부분 수입한 유전자조작 옥수수와 콩으로 배합한 사료를 먹인다. 덕분에 사육 두수가 늘었고 살코기는 연해졌으며 우유는 넘치게 되었지만, 소는 덩치만 큰 송아지로 생을 마감한다. 어쩌면 모든 소의 수명 총합은 예나 지금이나 비슷할지 모른다. 늘어나는 두수만큼 개체의 수명은 줄었으니까. 궁금한 것은 수명이 지나치게 단축된 소를 도축해 저민 고기를 요즘처럼 많이 먹어도 예전처럼 사람에게 이로울까 하는 점이다.

녹색혁명으로 남아돌게 된 곡물을 사료로 활용하자 송아지의 근육에는 지방이 물결친다. 그래서 부드럽다. 쇠고기에 포함된 지방이 사람의 체내에 흡수돼 복부나 내장 사이에 저장되거나 뇌혈관이나 심혈관을 막는 일은 우연이 아니다. 체지방이 늘어난 어린이에게 성인병이 증가하는 것은 부드러운 쇠고기와 무관하지 않다. 젊은 나이에 유방암과 전립선 암환자가 늘어나는 이유도 대개 비슷하다.

생식 능력이 없는 개체는 잠재적 생식 능력을 가진 개체를 보호하려는 경향이 있다. 진화론이 주목하는 내리사랑이다. 할아버지와 할머니가 부모에게 야단맞는 손자손녀를 끌어안는 이유를 진화론은 그렇게 해석한다. 인지상정인데, 새끼 고양이나 강아지와 같이 어린 생명을 소중하게 여기면서 송아지 살코기를 지나치게 먹는 것도 인지상정인가. 돼지와 닭은 어떤가. 송아지가 아니라 고기를 포장해 팔기 때문일까. 요즘 눈에 띄게 늘어나는 성인병은 어쩌면 '숨 쉬는 햄버거'의 앙갚음은 아닐까.

가축 사육의
비윤리적 면모

어미 뒤를 졸졸 사이좋게 따라다니는 마당의 병아리는 자라면서 달라진다. 서열이 정해지기 전까지 연실 쪼아대는 건데, 서열이 정해진 뒤에는 다시 평화로워진다. 엉뚱한 닭이 끼어들기 전까지.

수탉 한 마리에 여러 암탉이 뒤따르는 마당의 닭들은 다양한 유전자를 가지고 있지만, 수천 마리가 24시간 불이 환한 축사에서 계란을 낳아야 하는 닭은 그렇지 못하다. 계란을 많이 낳는 닭끼리 교배시켰기에 유전자 대부분을 잃은 것이다. 온도와 습도가 조절되는 축사의 4층 이상 쌓인 철망 상자에 두세 마리 이상 들어가 하루 종일 호르몬이 섞인 사료와 물만 먹고 계란을 낳아야 하는 닭의 신세가 대개 그렇다.

그들은 서로 쫀다. 그러면 상처가 생겨 병에 잘 걸리니 계란을 잘 낳지 못한다. 사람들은 병아리 때부터 불에 달군 칼로 부리를 뭉툭하게 자른다. 쪼아도 상처가 생기지 않도록. 그런 닭은 조류독감에 쉽게 감염되므로 병이 발생한 축사와 가까이에 있는 닭은 감염되지 않았어도 몽땅 살처분한다. 조류독감이 더 퍼지는 걸 막기 위해 죽이는 거다. 아무래도 그 닭들의 유전적 다양성이 좁기에 질병에 약해졌을 것이다.

돼지는 원래 더러운 걸 싫어한다. 마당을 돌아다니는 토종돼지를 보라. 그들은 더럽지 않다. 배설물과 먹이가 뒤섞인 축사에 가둬 사육하기에 더러울 뿐이다. 요즘 밀집시켜 사육하는 돼지는 전보다 훨씬 깨끗하다. 축사의 벽과 바닥을 스테인리스 파이프로 만들기 때문이다. 그래야 배설물이 쉽게 바닥으로 떨어지고 물로 치워낼 수 있는데, 그런 축사의 돼지는 발굽이 바닥에 잘 끼고, 바글거려 생기는 스트레스를 이기지 못해 서로 꼬리를 문다. 그래서 사람들은 꼬리에 상처가 생겨 병이 돌면 손해가 크기 때문에 미리 꼬리를 잘라놓는다.

오직 사료만 먹고 자는 돼지도 빨리 살찌는 품종으로 획일화되어 유전적 다양성의 폭이 좁다. 어릴 때 일제히 고기용으로 도살되는 그런 돼지는 구제역이 돌면 조류독감이 돌 때 안전 반경 이내의 닭이 일제히 살처분되듯 죽어나간다. 오직 계란과 고기를 위해 가혹하게 사육되는 가축들. 그런 식으로 키워 얻은 고기와 계란과 우유는 과연 인간에게 좋을까.

밥상의 개성을
살리는 슬로푸드

 인천 앞바다의 쓰레기가 얼마나 심각한지 살펴보려고 소래포구에서 작은 고깃배를 타고 덕적도 인근 해역으로 나가본 적 있다. 물때를 맞춰 이른 아침 출발한 고깃배는 4시간을 달려 목적지에 도착했다. 그 사이에 아침과 점심까지 후다닥 먹은 어부들은 바닷물이 낮아지면서 드러나는 '낭장망'이라는 정치망을 끌어올려 그 안에 든 물고기를 뱃전에 털어냈는데, 잡혀 올라온 물고기보다 쓰레기가 훨씬 많았다. 어선에서 버린 폐그물과 밧줄도 눈에 띄었지만 도시에서 휩쓸려온 온갖 생활쓰레기가 상당했고 중국과 북한에서 버린 쓰레기도 적지 않았다. 안타까운 현실은 기껏 건져올린 쓰레기들을 도로 바다에 던져버린다는 것이었다.
 수거된 쓰레기를 바다에 던지는 이유는 포구에 가지고 간들 치워

줄 사람도 관련 제도도 없기 때문이었다. 소래포구의 200여 척 고깃배들이 날을 잡아 작심하고 건져올린 쓰레기를 포구에 쌓아놨더니 더운 날씨에 벌레가 끓고 악취가 진동했는데도 아무도 치우지 않았고, 결국 민원에 시달려 불태우고 말았다지 않던가. 어획물이 점점 줄어드는 마당에 쓰레기를 수거한 만큼 중앙이나 지방정부에서 지원해준다면 바다도 살리고 어부의 일자리도 보전되고 시민들의 식생활도 한층 다채로워지지 않을까 생각해보았는데, 다행이다. 얼마 전부터 인천시는 모아온 바다 쓰레기를 보상해준다.

　10미터가 넘어 보이는 긴 어망은 밀물과 썰물에 휩쓸리던 물고기를 밤새 담고 있었고, 뱃전으로 끌어올려 털어내자 인천 앞바다의 풍성한 기억이 펼쳐졌다. 농어, 숭어, 광어, 우럭, 갈치, 복어, 밴댕이, 서대, 박대, 커다란 망둥이, 그리고 크고 작은 새우들…. 끌어 올린 그물 잡으랴, 방향타와 엔진 출력 조정하랴, 한눈팔 사이 없이 좁은 뱃전을 이리저리 뛰던 어부들은 20여 개의 낭장망을 다 털어내곤 잠시 짬을 내었다. 고맙게도 광어회를 뜨고 펄떡펄떡 뛰는 왕새우의 껍질을 벗겨 아까부터 거치적거리던 조사자에게 내주었던 거다. 그 맛이란! 깔끔한 식당에서 예의를 차리고 먹는 생선회와 차원이 달랐다. 강한 태양 아래 짜디짠 인천 앞바다의 내음이 온전히 입으로 딸려들어오는 느낌이랄까. 어부의 억센 팔과 땀으로 끌어올린 바다의 맛은 기억에서 평생 사라질 것 같지 않았다.

　고마움과 아쉬움으로 헤어신 후 돌고나는 고깃배를 바라보며 기울이는 술잔. 노을이 붉어지는 소래포구가 아니면 느낄 수 없는 정취를 선사했는데, 그때가 벌써 10여 년 전이다. 아파트 단지로 둘러싸인 요사이 소래포구는 사람들로 북적여도 쓸쓸하기만 하다. 식당 골목은 낯모르는 손님을 향한 호객소리로 시끄럽고 지역과 관계없는 온갖 젓갈들은 그곳이 소래포구라는 걸 잊은 지 오래다. 주변 갯벌이 매립돼 거의 사라졌어도 소래포구는 아직 제자리를 지키건만 추억의 멋과 맛, 그리고 갯내음 가득했던 낭만은 기억 저편으로 사라졌다. 양식 회부터 새우튀김까지, 포구를 흉내내고 있을 뿐, 바다를 오롯이 기억하는 곳은 아니다. 거기에도 패스트푸드 가맹점이 가장 많은 손님을 끌어들인다.

느리고 맛있는 슬로푸드

모름지기 음식에는 조리한 이의 노고가 담기고, 음식에 들어간 농작물과 수산물과 축산물엔 재배하고 잡고 키운 이의 땀 냄새가 깊게 배어 있어야 한다. 바다 한가운데에서 먹은 왕새우, 갯벌에서 맨손으로 채취하던 이가 따준 백합, 목장에서 손으로 짠 한 잔의 우유, 산간 밭떼기에서 방금 캐낸 하지감자로 부친 감자전의 맛이 그렇다. 생산 현장에 함께 있기에 그 맛은 더욱 빛난다. 그런 음식은 함부로 대할 수 없다. 감사히 먹을 뿐, 한 톨도 남길 수 없다. 비단 현장이 아니라도 같은 마음가짐으로 대하게 되는 음식이 더 있다. 이웃 농가의 푸릇푸릇한 채소로 어머니가 차려주던 아침상, 장모가 잡은 씨암탉 점심, 텃밭을 다녀온 아내가 내놓는 저녁상이 그렇다. 이른바 '슬로푸드'다.

 마이클 폴란은 풀만 먹으면 되는 초식동물이나 동물을 잡아먹는 육식동물과 달리 잡식동물인 인간은 모든 걸 먹을 수 있지만 아무거나 먹다 자칫 치명적인 독소로 생명을 잃을 수 있다는 점을 상기시킨다. 하긴 독수리는 아무리 썩은 고기도 마다않고 소는 들판의 모든 풀을 다 뜯어먹는다. 하지만 그들 중에도 제법 가리는 종류도 있다. 아무리 허기져도 상한 고기를 외면하는 육식동물이 있고 초식동물도 독초는 피한다. 서해 무인도에 풀어놓은 흑염소는 절대 천남성은 건드리지 않는다. 그걸 본 우리 조상은 사약을 만들 때 천남성 뿌리를 푹 고았는지 모른다. 사람이든 동물이든, 경험으로 제가 먹을 음식을 차린다. 흑염소 새끼는 제 어미의 몸짓에서 배울 테고, 사람도 들로 산으로 뛰어놀다 동네의 어른과 언니와 오빠, 누나와 형에게 배울 것이다. 그러므로 두꺼비 알이나 독버섯을 먹어 사망하는 이는 일찍이 없었다. 하지만 경험할 기회가 없다면, 마이클 폴란이 걱정한 '잡식동물의 딜레마'는 깊어질 수밖에 없다. 음식에 대한 뿌리를 잃었기 때문이리라.

마이클 폴란은 그의 책 『잡식 동물의 딜레마』에서 오늘날 식문화가 산업 시스템 속에서 위험에 빠졌다고 지적한다.

경험은 문화가 되고 역사가 된다. 삶에 뿌리를 내리게 한다. 바닷가 음식이 산골의 식단과 같을 리 없다. 지역에 따라 짜고 싱겁고 맵고 신 음식의 특징은 독특한 문화의 차이일 수 있어도 우열은 결코 아니다. 중요한 건 삶의 방식이 달라 벌어진 다양한 개성이다. 환경에 따라 자연스레 뿌리가 깊어진 문화요, 역사다. 전주비빔밥은 전주에서, 살치회는 제주도에서, 삼치회는 전남 나로도 인근 바닷가에서 먹어야 비로소 제 맛이 난다. 도시에서 활어회로 먹으려면 수족관에 항생제를 넣어야 한다. 전어도 가을철 바닷가에서 먹어야 항생제 없는 맛을 즐길 수 있다. 한데 요즘 팔도 음식의 냄새는 대도시 아파트 단지의 부녀회 난장에서 한꺼번에 진동을 한다. 정성도 문화도 없는 천편일률의 난장판이다.

제철 제고장에서 나온 재료를 사용해야 제 맛이 나는 슬로푸드는 재료가 무엇인지, 누가 재배했는지 훤히 아는 음식이다. 슬로푸드를 먹으면 아무

재료와 음식 고유의 맛을 느낄 수 있는 슬로푸드는 우리의 몸과 마음을 든든하게 한다.

탈도 없지만 탈이 나도 그 원인을 금세 파악할 수 있다. 이른바 '엄마표 식단'이 대개 그렇다. 어떤 재료로 조리했는지 파악할 수 있는 음식일수록 안전하다. 그에 반해 누가 무엇으로 어떻게 만들었는지 모른 채 홀로 찾아와 얼른 먹어치우고 마는 패스트푸드는 음식에 대한 모독이다. 패스트푸드는 불가피할 때 이외에는 기웃거릴 대상이 아니다.

식품첨가물 기준치는 믿을 만할까

세상에는 수많은 기준치가 우리의 섣부른 접근을 가로막는다. 음식이든 약이든 먹으려 할 때마다 "잠깐 기다려!"하듯 기준치를 확인했는지 묻는다. 먹는다는 걸 의식하지 않아도 몸에 들어오는 물질에도 마찬가지다. 도시의 대기오염 전광판을 밝히는 온갖 물질들, 집안에서 사용하는 분무기의 화학물질들, 거기에다 전자제품에서 나오는 전자파까지 '기준치'를 만족하는지 먼저 확인하라고 성가시게 귀띔한다.

멈칫거리게 만드는 온갖 기준치들. 없는 것보다 낫다는 그 기준치들을 누가 어떻게 정했는지 알 수 없는 소비자들은 정신이 없다. 고개 돌릴 때마다 신경 써야 할 기준치, 그 기준치만 지킨다면 인체에 안전하다고 한다. 식품이든 화학제품이든 만든 이가 안전을 확인한 뒤 어느 정도의 양을 허용할 수 있는지 그 수치를 표시하도록 규정돼 있다는 것이다. 그런데 과연 믿을 수 있을까.

다른 건 다 그만두고, 먹을거리에 넣는 첨가물을 보자. 까다로운 소비자가 아니라면 들어갔다고 기록된 물질들이 기준치를 지켰을 것이라 신뢰하지만, 기준치를 준수했다고 해도 안전을 확신할 수는 없다.

가공식품에 넣는 첨가물은 한두 가지가 아니다. 하나같이 기준치를 지켜도 첨가물 사이의 화학반응에 의해 독성이 상승될 가능성이 있는데, 거기까지 조사해서 기준치를 정한 게 아니기 때문이다. 사람에 따라 특이한 물질에 민감할 수 있지만 그런 데까지 일일이 연구된 바도 없다.

동물 실험으로 정한 수많은 기준치를 사람에게 당연히 적용할 수 있을까. 많은 전문가들은 고개를 가로젓는다. 실험동물의 절반에서 이상 현상이 발생할 경우, 그때까지 먹인 첨가물의 양을 측정해 기준치를 정하는데, 첨가물에 따라 동물에 별 영향을 주지 않아도 사람에겐 치명적인 경우가 있다는 거다. 또한 실험동물의 종류에 따라 결과가 판이할 수도 있다.

기준치가 없는 것보다 있으니 다행이라고 쉽게 이야기하지만, 기준치가 필요 없는 식품처럼 안전한 건 없다. 바로 경험과 문화로 먹어오던 식품들이다. 어머니가 만들어주는 밥과 반찬과 간식이 그렇다. 지역의 농산물을 사용해 먹어오던 음식이 그렇다. 문화가 깃든 음식이다. 어떤 재료가 얼마나 들어갔는지 눈으로 확인 가능한 음식, 아는 사람이 조리해 내놓는 음식이 대개 그렇다.

 이슈@전망

식량 문제 어떻게 해결해야 하나

지금도 전 세계에서 기아로 8명씩이 5초 간격으로 죽어가고 있다. 2009년 7월 이탈리아에서 개최된 G8정상회의에서는 세계 빈곤국들의 식량 문제를 해결하기 위해 향후 3년간 200억 달러 규모로 지원한다는 내용의 '라퀼라 식량안보 선언Laquila Food Security Initiative'을 채택하였다. 이 선언은 그간 빈곤국들에 대한 긴급 식량원조에 의존하던 기존의 방식을 벗어나 생산 인프라 구축 등을 통해 자급자족 능력을 키워 주는 데 초점을 맞추고 있다. 우리나라도 범지구적 이슈인 식량 문제에 공동으로 대처하기 위해 저개발국의 농업 인프라 구축과 기술 지원 등에 적극 참여하겠다는 점을 천명했다.

식량안보 문제가 국제사회에서 공식적으로 논의된 것은 1973년 유엔 식량농업기구FAO 총회라고 볼 수 있다. 이때까지만 해도 공급부족에 따른 식량 문제 해결을 위해 다수확 품종개발 등 증산에 주력했다.

이후 FAO에서 식량안보를 "주식主食에 대해 모든 사람이 물리적, 경제적으로 접근할 수 있도록 보장하는 것"이라고 정의함에 따라 식량안보 문제를 수요자의 구매력 관점에서 바라보게 되었고, 최빈국들의 기아와 빈곤 문제가 국제적인 관심사로 떠오르게 되었다.

즉 식량위기란 개인, 가정, 지역, 국가 또는 세계가 필요로 하는 안전하고 영양 있는 식량의 공급이 부족한 상태이거나, 양적으로 충분하여도 구입할 수 없는 곤란한 상황을 말한다. 쉽게 말해서 아무리 식량이 많더라도 구매력이 없다면—경제력이 뒷받침되지 못한다면—국가 또는 개인에게 있어서는 식량 위기인 것이다.

세계은행에 따르면, 세계 인구는 2050년경에 90억 명에 달하며, 소득 향상에 따른 중산층 확산과 식습관 변화 등의 영향으로 전 세계 식량 수요는 2030년까지 약 50퍼센트 증가할 것으로 전망하고 있다. 또 국내외 권위 있는 연구소들은 기후 변화의 영향으로 곡물생산에 어려움이 심해질 것이라는 분석을 내놓고 있다.

이러한 비관적인 전망 속에서 세계 각국은 자국의 식량 문제 해결을 위해 다양한 방법을 동원하고 있다. 일례로, 우리 이웃인 일본, 중국은 남미, 아프리카 등 전 세계 요소요소에 해외식량기지를 확보하기 위해 노력하고 있다. 2008년의 경우 국제 곡물시장이 불안정해지자 30여 개 국가가 곡물 수출금지 조치를 취하기도 했다.

이처럼 식량자원 확보를 위한 소리 없는 전쟁이 치열하게 전개되고 있는 데 비해 우리나라는 현재 식량 문제에 대한 사회적 관심과 고민이 그다지 깊지만은 않은 듯하다.

돌이켜 보면 우리도 과거에 식량위기를 뼈저리게 경험한 적이 있다. 1970년대에 통일벼 개발·보급이 이뤄지기 전까지 속칭 '보릿고개'로 불리는 배고픈 시절을 겪었다. 당시에는 자급자족이 농업 정책의 최우선 과제였으며 통일벼 보급을 통한 쌀 자급이라는 성과를 이루기도 하였다.

두 번째는 1980년대에 극심한 냉해로 인해 쌀 생산량이 대폭 감소함으로써 식량

기아와 경제적 빈곤으로 인한 모든 비극을 끝낼 수 있는 방법은 무엇일까. 지구의 한편에서는 한껏 풍요로움을 누리고 있지만, 다른 한편에서는 지금도 5초 간격으로 8명씩 굶어 죽어가고 있다.

위기에 직면했을 때이다. 당시 미국 캘리포니아 쌀 생산자 조합이 쌀 수출가격을 대폭 인상하고 수년간 독점적 수입을 보장하라는 무리한 조건까지 내걸어 외교적 갈등을 빚기도 했다.

세 번째 식량위기는 1997년 아시아 외환위기 때 찾아왔다. 당시엔 대외 신용도 추락으로 사료곡물을 비롯한 일체의 수입이 중단되어 상당수의 가축들이 굶어 죽고 축산 농가들이 도산하였으며, 밀, 콩, 옥수수 가공제품들의 가격도 급등하였다. 당시 우리나라는 쌀 자급이 어느 수준 유지된 상황이었으나, 필리핀, 인도네시아 등지에서는 쌀 부족 사태로 대규모 시민폭동이 일어나기도 하였다.

일반적으로 국가적 식량위기의 유형은 국가의 총체적 빈곤에 따른 장기적 접근성 결여, 금융위기 등에 의한 일시적 접근성 결여, 전쟁 등의 영향으로 인한 중장기적 가용성 결여 등으로 나누어진다. 과거에 우리가 겪었던 식량위기가 이러한 유형에 속한다.

1997년 외환위기 이후 급속한 개방화에도 불구하고 우리나라는 식량 문제에 관한 한 큰 걱정이 없는 시기를 보냈다고 할 수 있다. 그러나 현실을 보다 구체적으로 검토해보면 사정은 달라진다. 단적인 예로 우리나라의 곡물 자급도는 2007년 기준으로 쌀이 95.8퍼센트, 보리쌀 58.3퍼센트, 밀 0.2퍼센트, 옥수수 0.7퍼센트 등 전체적으로 27.2퍼센트(사료용 제외 시 51.6퍼센트) 수준에 머물고 있는 실정이다. 쌀을 제외한 대부분의 곡물을 수입에 의존하고 있는 취약한 구조이다.

곡물에 대한 수입의존도가 높다는 점은 국제 여건 변화를 면밀히 관찰하고 신속하게 대응할 수 있는 체계를 마련할 필요가 있다는 점을 말해준다. 단기적인 위기에 유연하게 대응하는 한편, 중장기적으로 견고한 식량안보 시스템을 구축하는 것이 향후 국가 식량안보 전략의 기본 방향이라고 하겠다.

김종훈 농림수산식품부 식량정책관

4장

질병

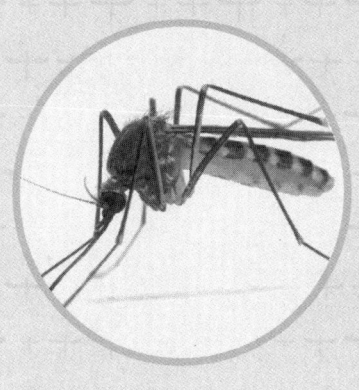

"말라리아, 황열병, 뎅기열, 쯔쯔가무시병과 같은 전형적인 곤충매개 질환은 약 40년 전에 지구 상에 있는 대부분의 지역에서 거의 퇴치된 것으로 여겨졌다. 위생 개념이 증가하고, 벌레를 박멸하는 다양한 살충제가 등장하면서 이들이 일시적으로 사라진 것처럼 보였기 때문이다. 하지만 최근 들어서는 예상치도 못한 이유로 인해 이런 곤충매개 질환들이 다시 증가하는 추세를 보이고 있다."

이은희

1995년 연세대학교 생물학과에 입학, 4년 뒤 같은 대학원에서 신경생물학을 전공했고, 고려대학교 과학기술협동과정에서 박사과정을 수료했다. '하리하라' 라는 이름으로 다양한 매체와 인터넷 카페 등에서 칼럼니스트로 활동하고 있다. 하리하라는 인도 신화에서 따온 것으로, 창조의 신 비슈누와 파괴의 신 시바, 그 둘이 등을 맞대고 결합한 상태를 의미한다. 교양으로서 꼭 알아야 할 현대 과학의 성과들을 쉽게 설명해주고, 과학 지식이 지닌 이면을 날카롭게 들추어내는 등 과학의 대중화에 관심이 많다.

지은 책으로는 『하리하라의 생물학카페』 『과학 읽어주는 여자』 『하리하라의 과학블로그』 『과학고전카페』 『바이오 사이언스』 등이 있고, 2003년에는 한국과학기술도서상(과학기술부장관상)을 수상했다.

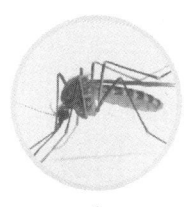

더워지는 지구,
위협받는 인류의 건강

2009년 4월 18일, 전국은 때 이른 폭염으로 뜨겁게 달구어졌다. 이날 기상청의 발표에 따르면, 한낮 최고 기온이 전국적으로 20도를 넘은 가운데 경남 밀양 지방에서는 낮 한때 최고 31.1도까지 수은주가 치솟아서 기상관측 사상 4월 중순 최고 기록을 경신했다고 한다. 보통 우리나라의 4월 평균 기온이 12.6도, 낮 최고 기온이 19.3도였던 것에 비하면 유례없는 폭염이었다.

몇 해 전부터 사람들은 지구가 점점 더워지고 있다고 의심하기 시작했다. 이는 의심만이 아니라 실제 현상으로, 국제기후자료센터 National Climate Data Center는 지구의 기온이 지난 한 세기 동안 평균적으로 0.6~2도 정도 상승했다고 발표한 바 있다. 일상생활에서도 기온이 점점 따뜻해지고 있다는 것을 쉽게 느낄 수 있다. 그중 대표적인

20세기 초, 한강에서 잉어를 낚는 사람들의 모습. 당시만 해도 한강은 1년에 3~4개월간 얼어붙곤 했지만, 최근 들어서는 결빙일수가 현저히 줄었다.

현상이 한강의 결빙 일수의 변화이다. 지난 1927~1928년에는 한강이 12월 25일부터 얼기 시작했다가 이듬해 4월 4일이 되어서야 겨우 녹았지만, 2004년에는 1월 15일에 얼었다가 그달 28일에 모두 녹았다. 한 세기에도 채 못 미치는 시간 동안 한강의 결빙일수가 102일에서 14일로 급감한 것이다. 그간 물의 어는점이 변화했을 리는 만무하니, 한강의 결빙일수가 이렇게 줄어든 것은 날씨가 따뜻해졌기 때문으로밖에는 설명할 수 없다.

얼핏 지구의 평균 기온이 올라가고 겨울이 따뜻해지는 것은 오히려 살아가는 데 편리해지는 것이 아닌가 생각될 수도 있다. 그런데 문제는 기온의 상승이 그저 단순한 기온의 상승만으로 볼 수 없다는 데 있다. 지구의 생태계와 자연환경은 모두 유기적으로 연결되어 균형을 이루고 있는 상태이기 때문에, 기온 상승은 단지 거기서 그치는 문제가 아니라 이와 연결된 지구의 전체 시스템에 영향을 미친다.

예를 들어 지구온난화의 영향으로 기온이 상승하여 극지방의 얼음이 녹으면 해수면의 상승이 나타나고, 이는 다시 해일과 쓰나미를 불러일으킨다. 그리고 얼음이 녹아 생긴 차가운 물의 대량 유입은 바다의 해류 시스템을 교란시켜 고위도 지역에는 이상저온 현상을, 저위도 지역에는 이상고온 현상을 일으킬 수도 있다. 또한 그 전에 더운 날씨는 수분 증발량을 늘려서 지구의 사막화를 가속시키고 태풍과 국지적 집중 호우 등을 발생시킨다.

이처럼 지구의 기온 상승은 단순히 조금 더 따뜻해지는 문제로만 끝나지 않는다. 나아가 지구의 기온 상승은 인간에게도 직·간접적인 영향을 미친다. 그 영향은 긍정적이라기보다는 부정적인 쪽에 가깝다. 지구의 기온이 따뜻해지는 것은 인류가 살고 있는 지구의 생태 기반을 교란시켜 인류의 건강과 생존에 심각한 위협을 가할 수 있다는 것이다.

지구는 왜 따뜻해지고 있는가

지구온난화가 인류의 건강을 위협하는 과정을 알기 위해서는 먼저 인류와 생태계, 그리고 지구가 유지하고 있는 균형에 대한 기본적인 이해가 필요하다. 태양계의 행성 중에 유일하게—어쩌면 전 우주에서 유일하게—지구 상에서만 생명이 생겨날 수 있었던 원인 중 하나는 지구가 '탄소로 만들어진 생물이 살아가는 데 적합한 기온'을 지니고 있었기 때문이다.

알다시피 지구는 스스로 빛을 내지 못한다. 단지 태양에서 받은 복사에너지를 방출할 뿐이다. 태초에 생겨날 때부터 지구는 태양에서 받는 복사에너지를 다시 방출해서 열평형 상태를 이루고 있었다. 이때 태양은 온도가 높기 때문에 태양에서 지구로 유입되는 에너지는 가시광선의 형태를 띠지만, 지구는 온도가 낮기 때문에 지구에서 방사되는 에너지는 적외선의 형태를 띤다. 이는 다른 행성에서도 일어나는 일이지만, 지구에서는 다른 행성들과 달리 대기층 속에 '적당한 양의 특수한 기체'가 존재한다는 것이 다르다. 주로 이산화탄소나 수증기로 이루어진 이 기체들은 파장이 긴 적외선을 붙잡아 두는 성질을 지닌다.

지구가 방출하는 에너지 중 일부는 대기 중의 이산화탄소나 수증기에 의해 흡수되어 우주공간으로 모두 유출되지는 않는다. 즉, 지구의 대기는 태양으로부터 온 가시광선은 모두 통과시키지만, 지구에서 배출되는 적외선은 일부 흡수하여 에너지가 모두 배출되는 것을 막는다. 이런 작용으로 인해 지구는 대기가 없는 경우에 비해 약간 높은 온도를 유지하게 된다. 이는 마치 유리로 만들어진 온실이 내부의 열을 가둬 외부보다 기온을 높게 유지하는 것과 비슷하기 때문에 '온실효과Greenhouse Effect'라고 불리며, 이 온실효과를 일으키는 기체들을 온실기체라 통칭한다.

사실 온실기체에 의한 온실효과는 지구의 생태계가 형성되는 데 결정적인 역할을 하였다. 만약 지구에 대기층이 없거나 극히 적었다면, 달이나 화성처럼 햇빛이 닿은 곳은 기온이 끓는점보다 높아지고, 그렇지 못한 곳은 영하 수십 도 이하로 떨어지는 극단적인 기온 변화가 나타났을 것이다.

지구를 둘러싼 대기 중에는 열을 가두는 성질이 있는 온실기체들이 포함되어 있어, 태양으로부터 유입된 에너지의 일부를 가두는 온실효과가 나타난다.

반면에 대기 중에 온실기체들이 지나치게 많다면 온실효과의 극대화로 인해 지표면은 펄펄 끓는 불바다가 되었을 것이다. 실제로 밤하늘에 아름답게 빛나는 샛별(금성)은 두터운 이산화탄소 대기를 지녀 표면온도가 470도에 이르는 뜨거운 행성이다. 이런 행성들과 달리 지구의 대기에는 이산화탄소가 0.03퍼센트 정도 포함되어 있기 때문에 적당한 온실효과가 나타나 평균 기온 15도로 생명체가 살기에 적당한 온도가 유지된다. 학자들의 추측으로는 만약 지구의 대기 중에 온실기체가 전혀 없다면 지구의 평균 기온은 −18도 정도가 될 것이라고 한다. 지구 생명체의 기본을 이루는 단백질은 열에 민감하게 반응하기 때문에 이 정도 기온에서는 현재와 같은 생명체들이 탄생하는 것은 거의 불가능하다.

지구의 생태계는 이처럼 일정 수준의 온실기체 덕에 비교적 온난한 기후 환경 속에서 태동하였다. 인간 역시 이런 생태계 속에서 탄생되었기에, 이에 맞춰 진화되었다.

인간은 항온동물의 일종으로 주변의 기온에 관계없이 일정 체온을 유지하고자 한다. 그래서 주변의 환경과 지속적인 열교환을 통해 체온을 유지한다. 환경에 따라서 진화적 적응 방식은 조금 다르다. 즉,

기온이 높고 햇빛이 강한 지역에 사는 사람들은 검은 피부와 두껍고 곱슬거리는 모발을 가지게 되었는데, 이는 내리쬐는 직사광선으로부터 피부를 보호하고 머리가 지나치게 뜨거워지는 것을 막기 위한 적응의 결과이다. 일조량이 적은 추운 지방의 사람들이 흰 피부와 높은 코를 가진 것도 마찬가지의 이유에서이다. 흰 피부는 햇빛을 통한 비타민 D의 합성이 피부에서 원활하게 이루어지도록 하여 뼈가 약해지는 것을 막아주고, 높고 긴 코는 건조한 공기가 폐로 직접 들어가기 전에 수분을 함유하도록 하는 역할을 한다.

이처럼 사람들은 저마다 자신들이 사는 곳에 맞도록 진화되어 왔다. 그래서 추운 지방에 사는 사람들은 추위에, 더운 지방에 사는 사람들은 더위에 강한 특성을 보인다.

그런데 갑자기 온도가 높아지게 되면, 특히 더위에 약한 특성을 가진 사람들일수록 신체의 균형이 쉽게 교란될 수 있다. 특히 인체의 균형을 유지하는 효소들은 주로 단백질로 이루어져 있어서 체온이 1~2도만 변화해도 제 기능을 하지 못하는 경우가 많다. 따라서 기온의 상승은 인체 내의 열 균형을 무너뜨려 인체에 피해를 입히고, 심하면 죽음에 이르게 할 수도 있다. 2003년 몰아닥쳤던 기습적인 폭염暴炎에 유럽에서 사망하는 사람들이 급증했던 것은 이런 이유 때문이다. 더위 그 자체가 사람을 죽일 수도 있는 것이다.

지구온난화가 일으키는 질병들

지구의 기온 상승은 그 자체가 직접적으로 인간에게 해를 끼칠 수 있다. 앞서 잠깐 언급했던 것처럼 기온의 상승은 해수면 상승, 해일, 쓰나미, 가뭄, 기습적인 폭우, 허리케인과 돌풍의 발생 등 기상이변을 일으킨다. 그리고 거대한 자연의 힘 앞에서 인간의 힘은 하잘것없기에 이런 기상이변은 커다란 대참사를 불러일으키곤 한다.

특히나 폭우나 해일 같은 기상이변이 지나가고 난 뒤에는 엄청난 양의 물이 남기 마련이고, 물과 더운 날씨가 만나면 순식간에 미생물들이 번식하게 된다. 기상이변이 지나간 자리에 수인성 질병의 대규모 유행이 실과 바늘처럼 따라오는 경우가 많은 것은 이 때문이다.

또한 기온의 상승은 변온동물인 곤충의 섭생에도 영향을 미친다. 곤충은 변온동물이기 때문에 추운 겨울에는 활동하지 못하지만, 지구온난화로 인해 겨울이 짧아지고 온난한 지역이 넓어지면 그만큼

지구의 기온 상승은 기습적인 폭우, 허리케인, 돌풍 등 기상이변을 일으킨다.

곤충의 활동 범위와 시기가 넓어진다. 곤충 중에는 인간에게 이로운 익충들도 많지만, 모기, 벼룩, 파리, 이 등 전염병을 옮기는 해충들도 많다. 이런 해충들의 활동 시기와 범위가 넓어지는 것은 그만큼 이들이 옮기는 질병이 발생하는 지역과 시기가 넓어진다는 것을 뜻한다.

이처럼 지구온난화는 인류를 위협하는 많은 질병들의 원인이 된다. 게다가 지구온난화의 원인이 되는 이산화탄소는 화석연료를 사용할 때 많이 발생되므로, 화석연료를 태울 때 발생하는 아황산가스나 질소산화물 등은 대기오염을 일으켜 호흡기 질환의 발생 비율을 높인다. 즉, 지구온난화 자체가 호흡기 질환과 직접적인 관련이 있는 것은 아니지만, 지구온난화를 불러일으킨 원인이 대기오염의 원인과 겹치면서 간접적인 영향을 미치고 있는 것이다.

'사람 잡는 더위'가 시작되고 있다

2003년 8월 프랑스 파리에 이상한 일이 벌어졌다. 일반적으로 프랑스 파리 지역의 여름은 푹푹 찌는 듯한 '찜통더위'와는 거리가 멀었다. 8월의 평균 기온은 최저 17도에서 최고 29도 사이로 우리나라와 비슷하지만, 일교차가 크고 습도가 높지 않은 편이기 때문에 지내기에 무난한 편이다. 그런데 2003년에는 이상한 일이 일어났다. 갑자기 온도계의 수은주가 치솟기 시작했고, 40도에 육박하는 더운 날들이 이어졌다. 갑작스런 무더위의 위력이 어찌나 대단했던지, 사람들은 속수무책으로 쓰러져갔다. 흔히 견디기 힘든 무더위를 일컬어 '사람 잡는 더위'라고 부르기도 하는데, 2003년 파리에서 이 말은 문자 그대로의 의미였다. 프랑스 정부가 공식 발표한 바에 따르면, 2003년 8월 1일부터 15일까지 보름 사이에만, 프랑스 전국에서 약 11,435명이 사망했다. '사람 잡는' 더위에 가장 많이 희생된 이들은 노인들로, 사망자의 81퍼센트가 75세 이상의 노인이었다. 게다가 이 살인 더위는 프랑스뿐 아니라, 전 유럽을 휩쓸었고 선선한 가을바람이 불기 시작할 때까지 유럽 전체를 통틀어 무려 35,000여 명에 이르는 목숨을 앗아갔다. 역시 이들 대부분이 70대 이상의 노인들이었다.

  2003년의 무더위는 이렇게 수많은 이들의 목숨을 빼앗은 뒤 가을바람에 밀려 사라졌다. 그러나 이후로도 여름이면 지난 한 세기 동안의 평균 기온보다 4~5도씩 높은 날들이 지속되면서, 더위로 인한 사망자들은 계속 나타나고 있다. 이미 유럽뿐 아니라, 전 세계의 여름 기온은 전 세기에 비해서 높아진 상태이며, 그에 따른 사망자도 해마다 속출하고 있다. 도대체 무엇이 여름을 더욱더 덥게 만들었으며, 우리는 어떻게 대처를 해야 하는 것일까?

점점 더워지는 지구. 해마다 상승하는 기온으로 인해 여름은 점점 더 뜨거워지고, 폭염은 더 많은 사람들의 목숨과 건강을 위협하고 있다.

열을 발산하는 신체 시스템

여름은 덥다. 이는 만고불변의 진리로, 해마다 겪게 되는 일이다. 그런데 단지 조금 더 더웠다는 것이 어떻게 사람의 목숨을 앗아갈 수 있을까?

이를 이해하기 위해서는 먼저 사람의 열교환 시스템에 대해서 알아야 한다. 사람은 항온동물의 일종으로, 정상적인 경우 항상 일정한 체온(약 36.5도)을 유지한다. 이렇게 체온이 일정할 수 있는 이유는 우리 뇌에 존재하는 시상하부 부위에 체온조절 중추가 있기 때문이다. 인체의 체온조절 중추는 보일러의 온도조절 장치와 비슷하다. 보일러의 온도조절 장치를 24도로 맞춰놓으면, 이보다 기온이 낮으면 보일러가 가동되고 반대로 이보다 기온이 높으면 보일러가 저절로 꺼져서 실내온도는 항상 일정 수준으로 유지된다. 우리 뇌에 존재하는 시상하부의 체온조절 중추도 마찬가지로 작동해 체온을 일정하게 유지시킨다.

우리 몸에서 체온의 근원은 세포에 있다. 세포는 대사과정 중에서 탈공역 단백질Uncoupling Protein, 이하 UCP로 표기이라는 물질이 활성화되면서 열을 만드는데, 이 UCP는 세포 내 보일러와 같은 존재이다. 그리고 이렇게 만들어진 열은 신체를 둘러싼 주변으로 방출되는데, 체온조절 중추는 우리 몸에서 만들어진 열과 방출되는 열의 균형을 맞추어 체온을 유지시킨다.

예를 들어, 격한 운동을 하게 되면 근육세포가 많은 일을 하게 되고 그만큼 많은 에너지를 사용해 세포 내 대사작용이 활발해지게 된다. 세포 내 대사작용이 활발해지면, 그에 비례해 UCP도 활발하게 작용하고 그만큼 열이 더 발생하게 된다. 따라서 격렬한 운동을 하게 되면 체온이 올라가게 되는데, 운동 중과 운동을 끝낸 직후에는 건강한 사람이라도 체온이 일시적으로 38~39도까지 올라가곤 한다. 하지만 이는 어디까지나 일시적인 것으로 우리 몸은 빠른 시간 안에 열의 방출량을 늘려 체온을 정상 수치로 되돌린다. 인체의 열 발산 시스템이 풀가동하게 되면, 피부 쪽의 혈관을 확장시켜 체열의 발산을 촉진시키고 땀을 내서 증발열을 통해 체온을 낮춰 정상체온으로 돌아가는 것이다.

체온을 내리고자 할 때, 주변의 기온이 낮다면 아무 문제가 없다. 온도 차이가 나는 두 물체가 존재하면, 열평형에 의해 열은 높은 곳에서 낮은 곳으로 흘러 양쪽의 온도를 동일하게 유지하고자 하는 특성이 있기 때문이다. 따라서 주변 공기가 차면 체온은 순식간에 식게 된다.

하지만 같은 원리에 의해서 주변의 온도가 피부의 온도와 비슷하거나 혹은 높다면, 신체는 열을 발산하기가 힘들어진다. 이 경우는 열평형 현상에 의해 오히려 주변의 열이 인체로 흘러들어오려고 하기 때문이다. 이때 인체가 시도할 수 있는 유일한 방법은 땀을 내어, 땀이 증발되는 과정에서 피부의 열을 빼앗아가는 현상을 이용하는 것뿐이다. 하지만 주변의 습도가 높다면 땀의 증발조차도 잘 안 되기 때문에 이것 역시 무용지물이 된다.

체온이 잠시 동안 올라가 있는 것 자체는 크게 문제가 되지 않지만, 체온이 올라간 후 이 상태가 지속된다면 문제가 발생한다. 특히나 기온이 피부 온도보다 높아지는 계절(이때 기온은 실제 체온이 아니라, 피부 온도와 관련이 있다. 인간의 체온은 약 36.5도지만, 피부 표면의 온도는 이보다 낮은 33도 정도이다. 따라서 기온이 이에 육박하면 인체는 체온조절에 어려움을 겪게 된다)에는 체온조절이 제대로 되지 않아 여러 가지 신체적 이상이 생기기 쉽다. 그중에서 대표적인 것이 발진, 열 실신, 열사병, 열 부종, 열 경련 등이다.

더위로 인한 다양한 질병들
필자가 초등학교에 다니던 시절에는 일주일마다 한 번씩, 월요일 아침이면 전교생을 운동장에 모아 아침조회를 하곤 했었다. 조회 시간 내내 꼼짝없이 똑바로 서 있는다는 것 자체가 주의력이 약한 어린아이들에겐 힘든 일이었는데, 날씨라도 더우면 그 고통은 배가됐다. 특히나 더운데다가 교장선생님의 훈화가 유난히 길어지는 날이면 운동장 여기저기에서는 털썩 쓰러져 양호실로 업혀가는 아이들이 생겨났다.

더위 속에서 오랜 시간 있게 되면, 우리 몸은 열을 발산시키기 위해 피부의 모세혈관을 확장시키게 되며 이로 인해 그쪽으로 피가 몰리게 된다. 이로 인해 상대적으로 심장보다 위쪽인 뇌로 가는 혈액량이 줄어들어, 뇌로 가는 피가 부족해지기 마련이다.

뇌로 가는 혈류량이 줄어들면, 눈앞이 갑자기 깜깜해지고 손발에 힘이 쭉 빠지는 듯한 느낌이 들며 주저앉게 되는데, 이는 신체에 별다른 이상이 있는 것이 아니라 일시적으로 혈류량이 부족해서 일어나는 일이기 때문에 눕거나 자세를 낮춰 피가 뇌로 흘러들어가는 것을 편하게 해주면 증상은 금방 회복된다. 이런 경우를 열 실신이라고 한다. 열 실신은 한 자세로 가만히 서 있는 경우에 더 자주 일어나는데 근육에서 심장으로 피를 밀어 올리는 힘이 부족해서이다. 이는 운동장에서 뛰어놀게 하면 아이들이 쓰러지는 경우는 거의 없지만, 가만히 서 있게 하면 오히려 더 많이 쓰러지는 현상을 설명하는 이유가 된다.

열 실신은 상대적으로 가벼운 현상이지만, 열로 인해 일어나는 질병 중에는 때로 목숨을 잃을 수 있을 만큼 위험한 것도 있다. 그중 대표적인 증

열사병 증상이 나타나면 환자를 눕힌 상태에서 발을 높게 하고 선풍기나 찬물, 기타 차가운 물체로 빨리 열을 식히고 체온을 내려주어야 한다.

상이 바로 열사병熱射病이다. 오랜 시간 더운 곳에서 운동을 하거나 한여름에 땡볕 밑에서 작업을 하는 경우, 상승된 체온이 쉽게 식지 않아 열사병이 나타나기 쉽다. 열사병 증세가 나타난 사람들은 대개 체온이 40도가 넘게 측정된다. 이들은 처음에는 졸리고 무기력해지며 두통과 현기증 등의 가벼운 증상을 느끼다가, 심해지면 완전히 의식을 잃거나 경련을 일으키고, 치료하지 않고 놓아두면 호흡곤란 증후군, 신장 쇠약, 간 쇠약, 혈관 내 응고 현상 등으로 사망에 이르기도 한다.

열사병은 '열로 인해서 죽는 병'이기 때문에 열사병 증상이 나타날 때 가장 먼저 해야 할 것은 열을 식혀주는 것이다. 환자를 시원한 그늘로 옮기고 선풍기나 에어컨을 쐬어주거나, 찬물을 뿌려주거나 해서 더이상 체온이 올라가는 것을 방지해야 하고 빨리 병원으로 옮겨 치료를 받도록 해야 한다. 치료가 늦어지게 되면, 호흡기와 신장, 간 등에 손상이 올 수 있고, 혈액 속에 피가 굳는 혈전이 생길 수 있

다. 이는 일단 한 번 발생하면 회복이 잘 되지 않는다.

실제로 1998년 데마테Dematte의 논문에 따르면, 미국 시카고에서 폭염이 일어났을 때 발생했던 열사병 환자들 중 내장 기관에 심각한 기능손상을 보였던 이들은 열사병에서 회복된 지 1년이 지난 후에도, 그 당시에 입었던 내장 기관의 손상이 회복되지 않았다고 한다. 따라서 열사병은 일단 발병하면 가능한 한 빨리 열을 식혀 내장 기관의 손상을 최소화시켜야 한다. 그래야 환자의 목숨을 구할 수 있고, 이후의 후유증도 줄일 수 있다.

이밖에도 더위 그 자체는 다양한 질병들을 일으킬 수 있다. 그런데 여기서 의아한 점은 당시 폭염이 전 세계의 거의 모든 곳에서 동시다발적으로 일어났는데, 유독 유럽 지역에서 사망자가 많이 발생했다는 점이다. 이는 유럽 지역이 전통적으로 더위가 심한 지역이 아니었기 때문에 이 지역에 살던 사람들에게 '열적 순응 현상'이 더디게 나타났기 때문이었다.

또한 의료기술의 발달로 인해 노인 인구가 많았던 것도 '살인 더위'가 더욱 악명을 떨치는 하나의 요소로 작용했다. 특히나 노인이 되면 신체의 신진대사 기능이 떨어지기 때문에 급격한 기온 변화에 대응하는 신체 방어시스템의 효율이 떨어진다. 따라서 노인들은 젊은이들에 비해 체온조절이 잘 되지 않고, 노화로 인해 신체 기능이 이미 상당히 떨어진 상태였기에 폭염의 공격에 속수무책으로 노출되었던 것이다.

이처럼 더워지는 지구는 그 자체가 강력한 무기가 되어 인류를 공격할 수 있다. 지구를 더워지게 만든 주범이 인간이라는 것을 감안한다면, 인류는 스스로 만들어낸 불에 화상을 입는 셈이다.

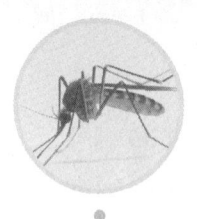

다시 살아난
곤충의 공포

모기장 한 장에 담긴 사랑

언젠가 뉴스를 보다가 아프리카의 아이들이 모기장 안에서 해맑게 웃고 있는 모습을 보게 되었다.

자세히 살펴보니 그것은 아프리카의 어린이들이 말라리아로 인해 죽어가는 것을 방지하고자, 이들에게 모기장을 보내주는 국제구호 캠페인의 일환이었다. 우리에게는 다소 낯선 질환인 말라리아는 전 세계적으로 매년 3억 명 이상이 걸리며, 그중 100만 명 이상이 사망하는 무서운 질환이다. 말라리아는 모기에 의해 전염되기 때문에, 구멍 뚫리지 않은 모기장을 사용하는 것만으로도 말라리아 전염의 80퍼센트 이상을 막을 수 있는데 현지에서는 모기장을 구하는 것이 쉽지 않아 국제적으로 구호 캠페인을 벌이고 있었던 것이다.

말라리아가 창궐하는 지역에 사는 아이들에게는 이 단순한 모기장이 그들의 생명을 구해주는 든든한 방패막이가 될 수 있다.

해마다 수많은 사람들이 고통을 겪으며 죽어가는 질환인 말라리아, 한때는 말라리아 치료제인 클로로퀸Chloroquine이 개발되면서 말라리아 역시 치료 가능한 질환으로 인식된 적이 있었다.

하지만 여전히 말라리아는 많은 지역에서 대규모로 창궐하여 인류의 생존을 위협하고 있다. 최근 들어서는 이 말라리아가 덜해지기는 커녕 지구온난화의 간접적인 영향으로 말미암아 더욱 확산되고 있어서, 말라리아에 대한 우려가 커지고 있는 실정이다.

말라리아란 무엇인가

말라리아malaria는 말라리아 원충이 일으키는 질환으로, 말라리아 모기에 의해 전파된다. 우리나라에서는 학질瘧疾, 혹은 열이 3일 간격으로 오른다고 하여 '3일열'이라고 불린다. 말라리아는 고대 바빌로니아 지역에서도 그 설화를 발견할 수 있을 정도로 매우 오래전부터 인류를 괴롭혀온 질환이다.

말라리아라는 이름은 '나쁜 공기maltair'라는 뜻에서 유래되었다. 모기가 말라리아를 전염시키는 것을 알지 못했던 시대에는 공기 중에 포함된 일종의 '독'에 의해 말라리아가 생겨난다고 여겼기 때문이다.

말라리아와 모기는 떼려야 뗄 수 없는 관계를 가지고 있기 때문에, 모기가 존재하는 지역은 그대로 말라리아의 유행 지역과 겹친다. 곤충의 일종인 모기는 기온이 일정 수준 이하로 떨어지면 살 수 없기 때문에 주로 온대와 열대지방에 서식하는데, 그중에서도 연중 내내 기온이 높은 열대지방에서 더욱 많이 서식한다. 이 지역의 말라리아 발병률 역시 매우 높게 나타난다.

말라리아는 플라스모디움Plasmodium 속에 속하는 말라리아 원충(일종의 기생충)에 의해 일어나는 질환으로 모기에 의해 전염된다. 말라리아 원충은 인간의 몸에 들어와서 적혈구에 기생하기 때문에, 모기가 피를 빨 때 말라리아 원충이 든 적혈구가 모기의 몸속으로 함께 딸려 들어갔다가, 모기가 다른 동물의 피를 빨 때 새로운 숙주의 몸으로 옮겨간다. 따라서 모기는 말라리아의 전염과 확산에 매우 중요한 변수가 된다.

말라리아 원충은 네 가지 종류가 있고, 모두 말라리아를 일으키지만 원충의 종류에 따라서 그 증세나 심각성은 조금 다르다. 우리나라에서 발생하는 말라리아는 '3일열 원충'에 의해 발생하는 '3일열 말라리아'가 대부분이다. 오한과 두통, 구역질이 동반되는 오한기와

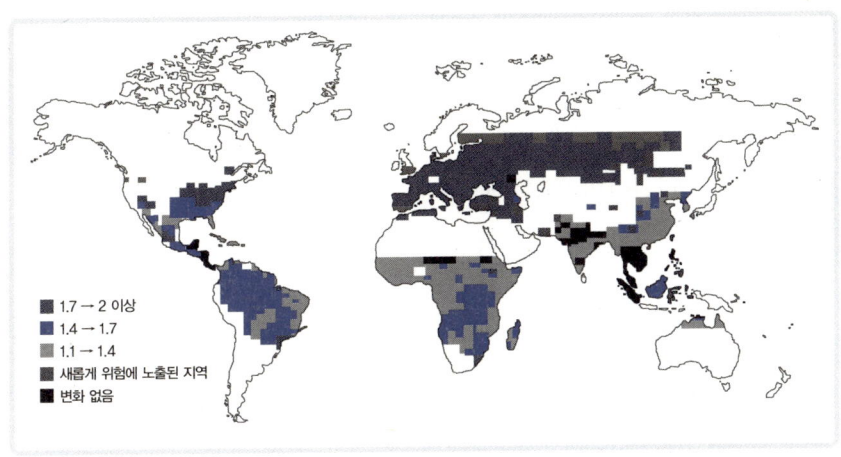

전 세계 말라리아 발병을 그린 지도. 이를 보면 지난 세기 동안 많은 지역에서 말라리아의 위험률이 오히려 증가한 것을 알 수 있다.

고열과 빈맥을 보이는 발열기가 3일을 주기로 반복되는 것이 특징이다. 치료하지 않으면 1주일에서 1개월 정도 증상이 지속되는데, 어린이나 임산부를 비롯해 면역력이 약한 사람들을 제외하고는 대개 중증으로 진전되지 않고 회복되는 경우가 많다.

이에 비해 '열대성 원충'에 의해 발생되는 '열대열 말라리아'는 그 증세가 아주 심각하다. 열대열 말라리아는 치료하지 않으면 증상이 9개월에서 1년 가까이 지속되고, 황달 및 혈액 응고 장애, 신부전이나 간부전, 쇼크, 의식 장애, 혼수상태를 일으키며 심하면 사망할 수 있다. 열대열 말라리아는 전 세계적으로 매년 약 3~5억 명의 사람들이 걸리고, 그중 100만 명 이상이 사망하는 것으로 알려진 무서운 질환이다. 그래서 우리나라에서는 열대열 말라리아가 걸릴 수 있는 지역으로 여행을 가는 경우, 입국 2주 전부터 출국 4주까지 말라리아 예방약을 복용하도록 권고하고 있다.

말라리아의 확산 현상

더운 열대지방에서 서식하는 열대열 말라리아의 특성상 아프리카는 오래전부터 말라리아 최대 피해 지역이었다. 특히나 서부 아프리카 지역에서는 말라리아의 발병률과 치사율이 높아서, 에이즈 최대 감염지로 악명 높은 이곳에서도 에이즈에 의한 사망자보다 말라리아에 의한 사망자가 더 많이 발생한다.

그런데 같은 아프리카 지역이라도 전통적으로 말라리아 피해가 덜한 지역이 있었다. 케냐의 나이로비Nairobi(해발 1,624미터)나 짐바브웨의 하라레Harare(해발 1,479미터) 등이 그곳이다. 이 지역은 아프리카이지만 모기가 적어 말라리아 피해가 덜했다. 이는 고도가 높아질수록 평균 기온이 떨어지기 때문이다. 나이로비나 하라레는 위도가 높아 같은 다른 아프리카 지역보다 훨씬 서늘한 편이어서 타 지역에 비해 모기가 적었다. 그래서 나이로비는 케냐의 다른 지역과는 달리 비교적 말라리아로부터 안전한 지역이라는 평가를 받았다.

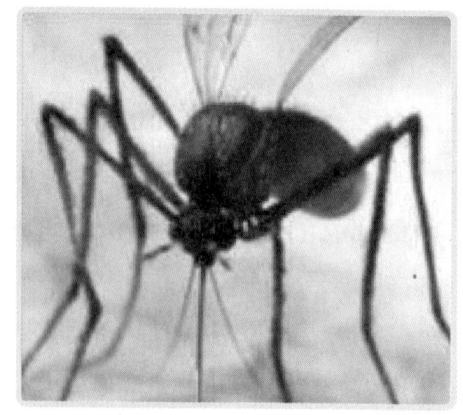

사람 피를 빨고 있는 모기의 모습. 이 과정을 통해 말라리아를 비롯한 많은 질병들이 전파된다.

하지만 최근 들어 이 지역에서도 말라리아에 걸리는 사람들이 늘어나고 있다. 모기들이 수천 년간 오르지 못했던 나이로비와 하라레 등에 오를 수 있었던 이유에 대해서 많은 이들은 지구온난화를 의심하고 있다. 지구온난화로 인해 지표 상의 기온이 전반적으로 상승하면서, 고도가 높은 지역 역시 기온이 상승했고 이로 인해 모기의 한계 고도선이 높아졌기 때문이라는 것이다.

열대지방에서 창궐하는 열대열 말라리아의 경우, 치료하지 않으면 약 10퍼센트가 사망하는 무서운 질환이기 때문에 치료 여건이 열악한 지역에서 말라리아가 확산된다는 것은 그 지역 주민들의 생존을 위협하는 직접적인 위험이 된다.

이 지역뿐만 아니다. 지난 2007년에 보고된 바에 따르면, 그간 말라리아를 퇴치한 것으로 여겼던 남아메리카 지역에서도 말라리아가 다시 확산되고 있다고 한다. 남아메리카의 페루는 약 40여 년 전에 말라리아가 퇴치된 것으로 알려졌지만 2007년에는 64,000명의 말라리아 환자가 발생했으며, 인근의 에콰도르, 콜롬비아, 베네수엘라 지역에서도 다시 말라리아가 증가하고 있다고 한다.

많은 이들은 이 지역의 기후가 우기와 건기로 나뉘는 것이 보통인데, 지구온난화로 인한 기상 변화로 우기 이외에 비가 오는 일이 잦아지면서 이것이 모기 발생 패턴을 변화시켰고 이로 인해 말라리아가 창궐했다고 의심하고 있다. 모기의 유충인 장구벌레는 따뜻하고 고인 물에서 서식하기 때문에, 물웅덩이의 증가*는 장구벌레가 더 많이 번식할 수 있도록 하고 이는 다시 모기로 인해 매개되는 말라리아를 증가시켰다는 것이다.

지구온난화는 단순히 지구의 기온을 1~2도 오르게 하는 것 외에도 다양한 방법으로 인류를 위협한다. 기온 상승으로 모기 서식 환경

---

*최근 들어 우리나라에서 겨울철에도 모기가 출현하는 일이 잦아지고 있다. 이는 아파트의 대량 공급으로 인해 지하 주차장 배수로 등이 겨울에도 얼지 않아 모기 유충이 서식할 수 있는 물웅덩이가 늘어났기 때문일 가능성이 있다.

이 변화함에 따라 말라리아가 증가하는 것도 위협 중 하나이다. 또한 지구온난화는 모기뿐 아니라, 다른 전염병 매개 곤충 및 미생물들의 서식 환경도 변화시켜 이로 인한 질병 역시 확산되고 있다.

다시 돌아온 해충들

말라리아, 황열병, 뎅기열, 쯔쯔가무시병과 같은 전형적인 곤충매개 질환은 약 40년 전에 지구 상에 있는 대부분의 지역에서 거의 퇴치된 것으로 여겨졌다. 위생 개념이 증가하고, 벌레를 박멸하는 다양한 살충제가 등장하면서 이들이 일시적으로 사라진 것처럼 보였기 때문이다. 하지만 최근 들어서는 예상치도 못한 이유로 인해 이런 곤충매개 질환들이 다시 증가하는 추세를 보이고 있다.

최근 언론을 통해 우리는 세계 각지에서 이제는 사라진 것으로 여겼던 곤충매개성 질환이 다시 창궐한다는 보고를 받곤 한다. 말레이시아 일간지 〈더 스타〉의 보도에 따르면, 2009년 1월, 갑자기 말레이시아 현지에서 뎅기열이 기승을 부리면서 사망자 8명, 감염자 3,211명이 발생했으며 이는 지난해 같은 기간(사망자 4명, 감염자 1,514명)에 비해 두 배씩 늘어난 것이라고 전했다.

이에 국제연합개발계획UNDP은 2007~2008년판 보고서를 통해 기후변화의 영향으로 뎅기열 발생 지역이 고도가 높은 지역까지 확산돼 전 세계에서 뎅기열에 노출된 인구가 15억 명에서 2080년에는 35억 명으로 늘어날 것이라고 전망했다.

말레이시아뿐만이 아니다. 중앙아메리카의 파라과이에서는 지난 2008년 12월, 정부가 황열병의 확산 가능성에 대비해 전국에 비상

사태를 선포한 바 있다. 파라과이에서는 당시 수도 아순시온Asunción 에서 300킬로미터 떨어진 중부 산 페드로 지역에서 황열병으로 1명이 사망하고 5명은 감염 사실이 확인돼 치료를 받았다. 이 지역에서 황열병 사망자가 발생한 것은 1904년 이후 104년 만에 처음이라고 한다.

곤충매개성 질환의 증가는 비단 다른 나라만의 일이 아니다. 우리나라에서도 지난 2008년 10월, 질병관리본부에서는 쯔쯔가무시병의 유행을 감지하고 이에 대한 주의를 환기시키기 위해 전국에 주의보를 발령한 바 있다. 최근 3년간 보고된 쯔쯔가무시병 환자수는 2005년 6,780명, 2006년 6,480명, 2007년 6,022명이다. 매년

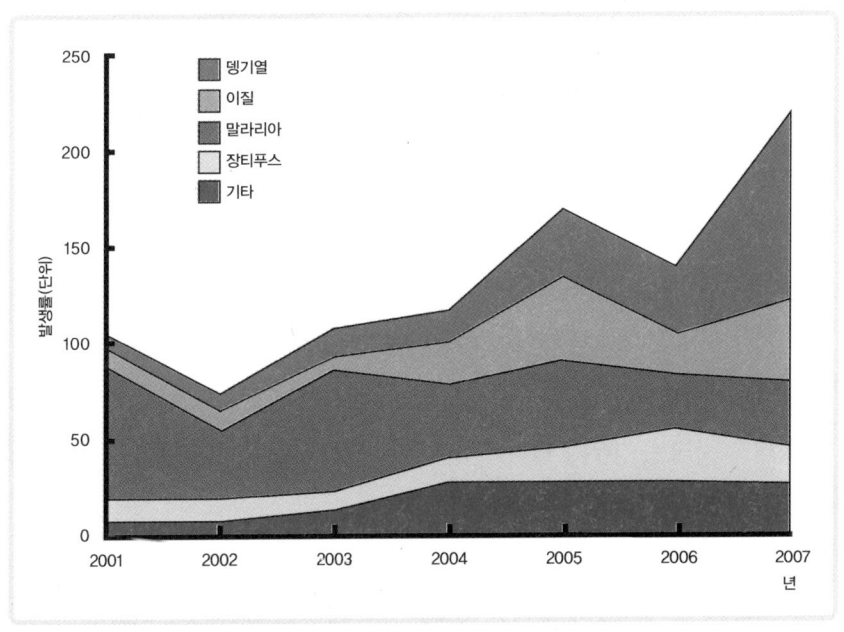

2001~2007년간 주요 전염병의 발생률. 뎅기열Dengue fever, 세균성 이질Shigellosis, 말라리아Malaria, 장티푸스Typhoid fever 등의 발생률은 최근 들어 점체 증가 추세를 보이고 있다. (자료 : 질병관리본부, 「2007년 우리나라 법정전염병 발생 현황」)

6,000명 이상에게 발생한 것으로 이는 과거에 비해 매우 증가된 수치이다.

지구온난화와 곤충의 증가

최근 들어 이런 질병의 증가에 지구온난화와 연관된 것이라는 추측이 계속 나오고 있다. 곤충들은 모두 변온동물이다. 변온동물이란 스스로 체온을 일정하게 유지하는 생체시스템을 갖추고 있지 않아 주변의 기온에 따라 체온이 변화되는 동물을 말한다. 생물체를 이루는 물질은 기본적으로 단백질이며, 단백질은 열에 민감한 특성을 지니고 있다. 즉, 온도가 너무 낮거나 너무 높아도 단백질은 제대로 기능하지 못한다. 그런데 생체를 구성하는 단백질은 대개 37도 부근에서 활성화되는 데 반해 지구 상의 평균 기온은 이보다 낮다. 특히나 영하로 떨어지는 사계절 구분이 뚜렷한 중위도 이상 지역의 겨울 기온은 변온동물, 특히나 체구가 작아 체온을 쉽게 잃을 수 있는 곤충이 살기에는 너무 낮다. 따라서 곤충의 개체수는 추운 겨울에 급감하는 것이 일반적이다. 그래서 해마다 겨울이 되면 활동하는 성체 곤충의 수는 0에 가까울 정도로 떨어졌다가(대개 이 시기는 알이나 번데기의 형태로 지내는 경우가 많다) 기온이 올라가는 봄이 되어야 다시 활동을 시작하곤 한다.

그런데 지구온난화로 인해 평균 기온이 올라가게 되자 기존에는 추운 겨울 동안 성체 곤충들이 사라지는 지역에서도 이 시기를 버텨내는 경우가 생겨났다. 이는 곤충들의 서식지가 늘어남을 뜻할 뿐 아니라, 다음해 더 많은 곤충들의 번성까지 가져오게 된다.

실제로 국내 평균 기온은 지난 1971년 12.35도에서 지난해 13.79도로 1.44도 상승했다. 같은 시기 말라리아 환자 수도 2005년 1,369명, 2006년 2,051명, 2007년 2,227명으로 늘어났다. 이는 지구온난화로 인한 겨울철 기온 상승이 모기들의 서식지 및 생존 기간을 확장시켜 말라리아 환자들이 늘어나는 데 영향을 미쳤다는 의심을 사기에 충분하다.

또한 겨울철 기온 상승은 모기 외에도 벼룩이나 진드기 등 인체에 기생하면서 인체를 감염시키는 다양한 질환의 원인이 되는 곤충들의 증가를 가져온다. 이는 곧 이들이 매개하는 질환의 증가가 뒤따름을 암시하고 있다.

기후 상승과 함께, 이로 인한 기상의 변화도 질병 증가의 한 원인으로 지목되고 있다. 기상 변화로 인한 가뭄이나 홍수의 잦은 발생으로 지구 상에는 군데군데 연못이나, 물이 고인 웅덩이가 많이 생겨나고 있다. 이렇게 흐르지 않는 물웅덩이의 증가는 그만큼 모기 서식지의 증가로 이어진다. 모기의 애벌레인 장구벌레가 흐르지 않는 고인 물에서만 살 수 있기 때문이다. 모기 박멸에 미꾸라지를 이용하는 것은 바로 이런 이유에서이다. 미꾸라지는 장구벌레를 잡아먹기 때문에 살충제와는 달리 환경오염에 대한 부담을 가지지 않고 모기의 개체수를 줄일 수 있는 방

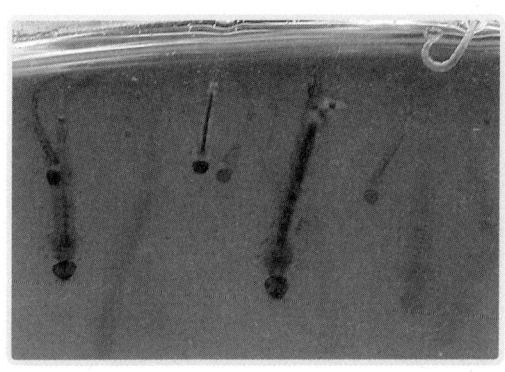

물이 고인 웅덩이가 많이 생길수록 모기들이 증가할 가능성이 높아진다. 모기의 애벌레인 장구벌레는 고인 물에서만 살 수 있기 때문이다.

법이기 때문이다.

　지구온난화는 단순히 온도의 증가만 가져오는 것이 아니다. 생태계는 유기적으로 복잡하게 얽혀 있기 때문에 한 가지 변수의 증가는 시스템 전체에 영향을 미쳐서 생태계 전반에 영향을 미친다. 지구온난화로 인해 발생된 몇 도의 기온 상승을 우리가 심각하게 받아들여야 하는 것은 바로 생태계가 가진 이런 복잡성 때문이다.

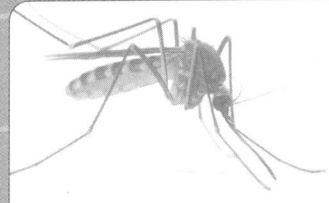

위험천만한 곤충매개성 질환

곤충매개성 질환인 뎅기열, 황열병, 쯔쯔가무시병 등의 증상은 다음과 같다.

뎅기열이란 급성 전염병의 일종으로 모기가 옮기는 출혈열出血熱이다. 고열과 함께 관절이 뻣뻣하게 굳는 느낌이 나고 찢어지는 듯한 심한 통증이 동반된다. 주로 이집트숲모기 Aedes aegypti, 흰줄숲모기 A. albopictus가 이를 매개한다. 이 병에 걸린 사람이나 원숭이를 이들 모기가 첫 3일 안에 물게 되면 바이러스가 모기에게 옮겨가고 모기의 침 속에 들어 있던 바이러스는 모기가 사람을 물 때 다른 사람의 몸속으로 들어가 질병을 전파한다. 원래 뎅기열은 아시아 일부 지역에서만 유행했지만 1980년대 들어와서는 중앙아메리카·남아메리카와 쿠바, 푸에르토리코와 주변 섬 지역까지 퍼져 최근 국제적으로 문제가 되고 있다. 아직까지 뎅기열에 대한 특별한 치료법은 없기 때문에, 근본적으로 이 질병을 막으려면 모기와 그 서식지를 없애는 것이 가장 중요하다.

황열병이란 주로 열대 및 아열대지방에서 발생하는 급성 감염성 질환이다. 역시 모기에 의해 전염되는 질환으로 고열과 두통, 요통, 구토 및 토혈 증상과 함께, 황열병 바이러스가 간세포를 파괴하여 황달 증상이 나타나게 된다. 이때 발생하는 황달로 인해 피부가 노랗게 변하므로 황열黃熱이라는 이름이 붙었다. 황열병 역시 특별한 치료 방법이 없기에, 예방이 가장 중요하다. 그나마 황열병은 백신이 개발되어 있기는 하지만, 그래도 가장 좋은 예방법은 황열병을 옮기는 열대숲모기와의 접촉을 막는 것이다.

쯔쯔가무시병은 급성 열성 전염병으로 특정 종류의 진드기에 의해 전염된다. 이들 진드기는 유충에서 번데기로 변태할 때 반드시 동물의 몸에서 조직액을 섭취해야 하기 때문에 동물의 피를 빨게 된다. 진드기의 유충이 야외활동을 나온 사람을 접하게 되면, 사람을 물게 되고 이때 쯔쯔가무시균을 옮기게 된다. 야외에서 벌레에 물린 자국이 검게 변하면 쯔쯔가무시병을 의심해야 하는데, 이 병에 걸리게 되면 발진, 고열, 오한, 두통, 근육통, 임파선 부종 등이 동반되며, 심해지면 기관지염이나 폐렴, 심근염 등으로 번질 수 있다. 중증의 경우에는 약 40퍼센트의 사망률을 보이지만, 조기에 발견해 치료하면 완쾌된다. 예방법은 진드기 유충에 물리지 않는 것으로, 야외 활동을 할 때에는 긴 옷을 입어 피부의 노출을 최소화시키는 것이 가장 좋은 예방법이다.

따뜻한 물,
늘어나는 세균들

　　　　　　상황 1. 여러 명의 사람들이 같은 증상으로 병원에 실려 왔다. 대부분 복통과 구토, 설사 증세를 호소하고 어떤 이들은 몸에 발진도 돋았다. 의료진들은 이들을 급성 식중독으로 판단하고 당황하지 않고 치료에 들어갔다.

　　상황 2. 역시 여러 명의 사람들이 한꺼번에 병원을 찾았다. 증상도 위와 같은 복통, 구토, 설사로 동일하다. 의료진들은 역시 이들을 급성 식중독으로 판단하고 치료에 들어갔지만, 이번에는 당황스러움을 감추지 못했다.

　　상황 1과 상황 2의 차이는 무엇일까? 같은 증상, 같은 상황이었지만 의료진들이 처음에는 일상적으로 대했음에도 불구하고, 다음에는 이상하게 여긴 이유는 무엇일까? 그것은 바로 상황 1이 일어난 시기는 한여름이었지만, 상황 2가 일어난 시기는 한겨울이었다는 것이다. 원래 식중독은 여름철 질병이었다. 식중독의 원인 중 상당수가 세균이나 바이러스, 기생충 등의 미생물이기 때문에 식중독은 이들이 번식하기 쉬운 더운 계절에 집중적으로 일어나고, 겨울철에는 드물게 일어나는 것이 상례였다. 그런데 최근 들어 이런 고정관념에 변화가 생겼다. 겨울철에도 식중독으로 고생하는 이들이 점점 늘어나고 있는 것이다.

겨울철 식중독, 무엇이 다른가?

겨울철 식중독의 다른 점은 일단 원인이 되는 미생물의 종류가 여름과는 다른 경우가 많다는 것이다. 여름철 식중독은 주로 세균성인 경우가 많다. 특히나 여름철에는 살모넬라 속에 속하는 미생물들이 요주의 대상이 된다. 장티푸스균, 파라티푸스균, 장염균, 콜레라균 등이 살모넬라 속에 속하는 미생물들이다. 이들 세균들은 대변을 통해 몸 밖으로 배설되어 다시 음식이나 물을 타고 다른 동물이나 사람을 감염시키곤 한다. 세균들이 살아가기 위해서는 적정한 온도와 습도가 필요하기 때문에 더운 계절은 이들

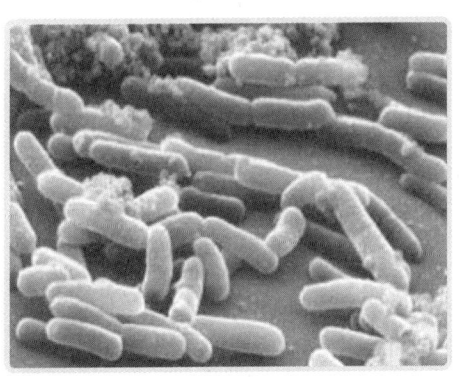

식중독의 원인이 되는 살모넬라균

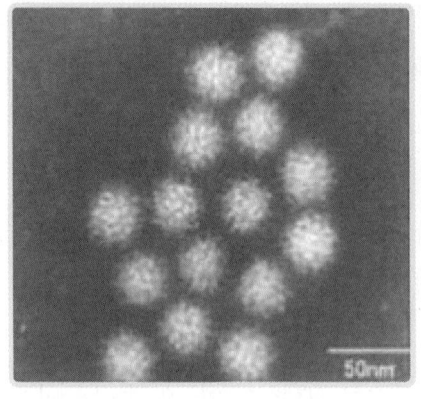 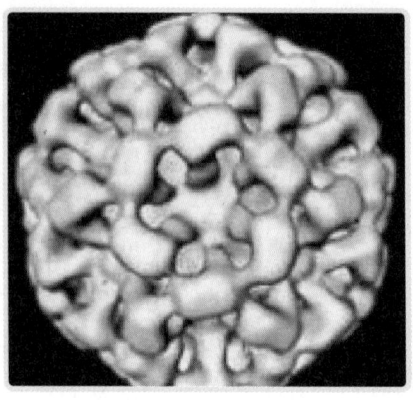

겨울철 식중독의 대표적 원인으로 꼽히는 노로 바이러스

의 번식에 매우 유리하다.

  그런데 겨울철 식중독의 원인으로 가장 많은 자리를 차지하고, 또 그 점유세가 점점 커지고 있는 것은 세균류보다는 바이러스의 일종인 노로 바이러스이다. 노로 바이러스는 1968년에 처음 발견된 바이러스로, 사람에게 감염성 위장염을 일으킨다. 보통 노로 바이러스에 감염되면 이를 섭취한 지 24~48시간 후에 구역질, 설사, 복통, 구토 등을 수반하는 장염 증세가 나타나게 되며, 건강한 성인의 경우 하루에서 사흘 정도 증세가 지속된 후 사라진다. 증세가 저절로 사라진다고는 하지만, 이는 보통 성인들의 경우이고 면역력이 약한 어린아이나 노인의 경우 심한 설사나 구토로 인해 탈수증세를 일으킬 수 있어 결코 가볍게 보아서는 안 되는 존재이다.

  물론 노로 바이러스도 다른 미생물들과 마찬가지로 번식하는 데 더운 계절이 유리하기 때문에 노로 바이러스에 의한 식중독 역시 여름철에 많이 발생한다. 차이가 있다면 세균성 식중독이 겨울철이면 발생률이 현저히 떨어지는 것에 비해, 노로 바이러스성 식중독은 겨울에도 여전히 맹위를 떨친다는 점이다. 즉, 노로 바이러스에 의한 식중독은, 더운 계절인 5~7월 사이에 많이 발생하지만, 겨울철인 12~2월 사이에도 발생률이 높다.

과학자들은 노로 바이러스가 물리·화학적으로 안정된 구조를 가졌기 때문에, 다양한 환경에서도 생존하는 특징을 지닌다고 보고 있다.

바이러스란 생존에 있어서 꼭 필요한 최소한의 유전자만을 가지고 있으며 스스로는 단백질 합성 및 번식을 할 수 없는 존재이다. 생명활동을 스스로 하지 못하기 때문에, 바이러스는 숙주가 되는 세포 속으로 유입된 뒤, 숙주의 생물학적 시스템을 이용해 단백질 합성과 번식을 하게 된다. 즉, 바이러스는 숙주 세포에 들어가지 못하면 아무런 생명활동을 수행할 수 없는 핵산과 단백질 덩어리일 뿐인 것이다. 따라서 대개의 바이러스는 숙주 세포를 벗어나서는 오래 살지 못한다.

'현대의 흑사병'이라고 불리는 에이즈를 일으키는 바이러스인 HIV가 성관계나 혈액을 통해서 전염되는 이유는 HIV가 매우 '약한' 바이러스여서 숙주 세포를 떠나서는 거의 살 수 없기 때문이다. 그래서 직접적인 체액이나 혈액의 교환을 통하지 않으면 전염되지 못하는 것이다.

이와는 달리 노로 바이러스는 실온에서 10일 정도 버티며, 영하 20도 이하의 추위에 노출되어도 몇 달을 버틸 수 있을 정도로 상대적으로 추위를 잘 버텨내는 특징이 있다. 게다가 상당수의 개체들이 몸 안으로 들어와야 질병을 일으키는 세균들과는 달리, 노로 바이러스는 약 10개 정도만 몸속으로 들어와도 질병을 일으킬 수 있는 특징을 지닌다. 보통 감염된 성인 환자의 분변 1그램 속에는 대략 1억

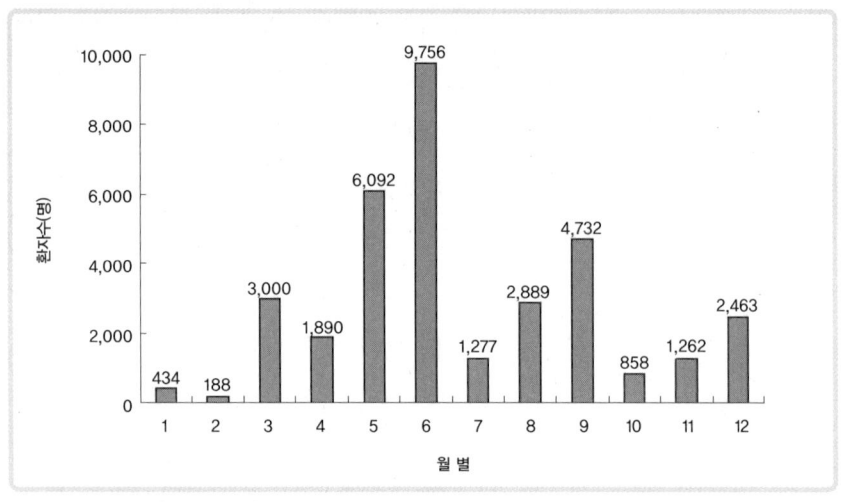

2003~2006년 월별 식중독 환자 발생추이 (자료 : 식약청)

개의 노로 바이러스 입자가 들어 있으므로(어린이는 같은 양의 분변 속에 이보다 10배~100배나 많은 노로 바이러스 입자가 관측되므로 더욱 심한 증세를 일으키며, 그래서 더욱 위험하다), 그 전염력도 엄청나게 강하다.

겨울에 배앓이를 하는 사람들

물론 아직까지도 계절별로 따져본다면 여름철 식중독 발생건수가 겨울보다 많은 것이 사실이다. 하지만 이런 선입견은 종종 사람들을 방심하게 만든다. 실제로 지난 2003년부터 2006년까지의 월별 식중독 환자 발생 추이를 살펴보면, 오히려 한여름인 7~8월의 식중독 환자 발생수가 겨울인 11~12월과 비슷하게 나타나는 데 반해, 초여름인 5~6월과 초가을인 9월에 식중독 환자수가 급증하는 것을 볼 수 있다. 이는 오히려 한여름에는 식중독이 많이 일어난다고 생각하고 사람들이 조심하는 데 반해, 여름이 시작되는 초입인 5~6월과 찬바람이 솔솔 불기 시작하는 9월에는 주의를 덜 하기 때문에 발생하는 현상이다.

겨울철 식중독 역시 마찬가지이다. 방심이 화를 부른다. 또한 최근에는 위생상태가 개선되고 식품의 냉장·냉동 보관 시설이 늘어나 여름철의 식중독 발생건수가 꾸준히 줄어들고 있는 것에 비해, 겨울철의 식중독 발생건수는 오히려 늘어나고 있다.

식약청 식품안전정보서비스인 '식품나라http://foodnara.go.kr'에서 조사한 자료에 따르면, 우리나라의 겨울철 집단 식중독 발생은 2003년에 발생건수 8건, 환자 92명이었던 것이 2006년에는 50건, 1,634명으로 급증했다고 한다. 식품 위생에 대한 인식이나 식품 보관 시설 설치는 시간이 지날수록 향상되는 것이 일반적이라는 사실을 고려해볼 때, 최근 몇 년 사이 갑작스레 겨울철 식중독이 증가한 것에는 무언가 다른 이유가 있을 것이라고 짐작케 한다.

식중독의 원인에는 신선하지 않은 식재료 사용, 적절하지 못한 보관, 비위생적이고 청결하지 못한 조리장의 환경이나 조리 상태, 음식을 조리하는 조리사의 위생 문제, 식수의 오염 문제, 단체 급식의 증가 등 다양한 것들이 지목되는데, 최근

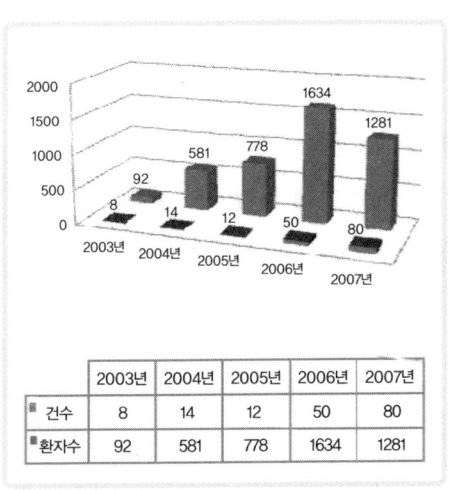

겨울철 집단 식중독 발생 추이 (자료 : 식약청 식품나라)

들어 식중독의 증가, 특히나 겨울철 식중독 증가의 간접적인 원인으로 꼽히는 것이 지구온난화이다.

2008년 영국 보건부에서 발표한 보고서에 따르면, 최근 기후모델에 의하면 지구의 기온은 다음 한 세기 동안 2.4~3도 정도 증가할 것으로 예측되며, 이로 인해 식중독이 14,000건, 비율로는 14.5퍼센트 정도 증가할 것이라고 내다보았다. 평균 기온의 상승은 세균이나 바이러스 등의 번식을 촉진시키고, 이로 인해 더 많은 이들이 식중독으로 인해 고생할 것이라고 내다본 것이다. 특히나 지구온난화의 지속은 더운 여름뿐 아니라, 따뜻한 겨울도 불러와, 여름에 국한된 질병이었던 식중독이 겨울에 기세를 떨치게 만든다는 것이다.

아직 구체적으로 현실화된 것은 아니지만, 실제로 지난 몇 년간 우리나라의 겨울철 식중독 발생건수와 평균 기온을 비교해보면, 이 예상이 결코 허무맹랑한 것은 아니라는 생각이 든다. 실제로 겨울철 집단 식중독 발생건수를 비교해보면, 2003년 이후 겨울철 식중독의 발생은 급증 추세에 있는 것을 알 수 있다. 그리고 이 당시 겨울철 평균 기온을 조사해보면, 2003년에는 서울의 1월 평균 기온이 0.0도였던 데 반해, 2006년의 서울 1월 평균 기온은 2.3도로 나타났다. 겨울철의 기온이 상승함과 동시에 식중독으로 인해 고생하는 사람들이 늘어났다는 사실은 새삼 지구온난화가 다각적으로 우리의 건강에 위협을 가하고 있다는 사실을 깨닫게 만든다.

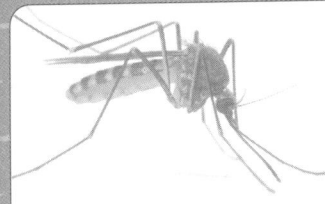

이상한파와 건강의 문제

지구온난화는 국지적으로는 오히려 폭설과 이상한파를 몰고올 수 있다. 예기치 못한 기온의 저하는 이 지역에 거주하는 사람들의 건강에도 악영향을 미칠 것이다. 갑작스런 이상한파가 계속된다면 동상凍傷과 체온 소실로 인한 동사凍死로 피해를 보는 사람들이 늘어나게 된다.

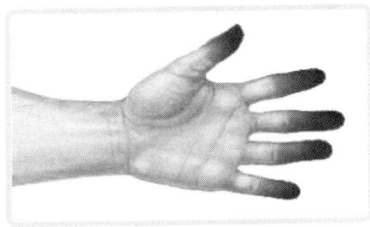

신체가 추위에 계속해서 노출되게 되면 혈액순환에 이상이 생겨 세포 조직이 검게 변하면서 괴사하는 동상이 나타날 수 있다

동상이란 기온의 저하로 인해 혈관이 수축되면서 손, 발, 코와 귀 등 신체의 말단 부위로의 혈액순환이 원활하게 이루어지지 못해 이 부위의 세포가 질식 상태에 빠져 괴사되는 현상이다. 증상이 심하지 않은 경우에는 해당 부위가 붉게 변하고 가려움을 느끼는 정도에서 그치지만, 심한 경우 해당 부위가 백색→갈색→검은색이 되고 조직이 완전히 괴사되기도 하는데, 이 정도까지 진행되면 해당 조직을 되살리기 힘들어진다.

동상은 한파로 인해 발생되는 직접적인 피해이지만, 실제로 한파의 영향은 간접적인 피해가 더 크다. 특히나 인체의 펌프와 파이프라고 할 수 있는 심장과 혈관은 추위에 매우 민감한 영향을 받는다.

추운 겨울철이 되면, 흔히 수도관이 동파되는 경우가 종종 발생하곤 한다. 이는 얼음이 되는 과정에서 부피가 증가하는 물의 특성 때문으로, 날씨가 추워져도 관의 면적은 동일한데 차가운 기온으로 인해 관 속에 존재하는 물이 얼면서 부피가 커져서 일어난다.

추위는 수도관뿐 아니라, 인체의 혈관에도 악영향을 미친다. 사람의 몸은 기온이 내려가면 체온을 유지하기 위해 혈관을 수축시키는데, 혈류량이 변하지 않은 상태에서 갑작스레 혈관이 수축할 경우 이는 혈관의 파열로 이어질 수 있다. 원래 인체는 추위에 대비해 체내의 순환 시스템을 조정하는 능력을 가지고 있으나, 추위에 신체의 순환기가 완전히 적응하기까지는 1~2주의 시간이 필요하다. 따라서 갑작스런 한파가 몰아닥칠 경우, 순환기가 차가운 기온에 적응하지 못해 혈관의 급작스런 수축과 파열로 뇌졸중, 심장마비 등을 일으킬 확률이 높아진다.

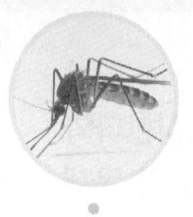

대기오염,
마음껏 숨쉴 자유를 허하라

지구 상의 모든 동물은 자연에서 나고 자연에서 살아가며 자연으로 돌아간다. 자연에서 얻은 만큼 자연에 돌려주고 가는 것이다. 그러나 예외적인 생명체가 하나 있다. 바로 인간이다. 인간만큼은 자연에 돌려주는 것 이상을 얻어내려 하고, 그 과정에서 환경을 파괴하는 거의 유일한 생물종이다. 하지만 인간 역시 이 땅, 이 지구 위에 뿌리내리고 살아가야 하기 때문에 환경을 파괴하고 오염시키는 것은 인간 스스로 자신의 설 자리를 없애는 어리석은 짓일 뿐이다. 우리는 이미 자연을 지나치게 착취하여 스스로의 숨통을 조인 실수를 범한 적이 있다. 하지만 이런 실수들은 줄어들기는커녕 시간이 갈수록 점점 더 증가하는 악순환을 나타내고 있다. 슈바이처 박사는 눈앞의 이익밖에 볼 줄 모르는 인간의 어리석음에 대해 "인간은 결

인간 없는 세상은 오히려 환경오염이 없는 야생의 천국이지 않을까? 인류의 무분별한 행동에 의해 발생한 환경오염은 부메랑이 되어 인류를 다시금 위협하고 있다.

코 자신이 만들어낸 해악을 깨닫지 못한다"라고 말한 바 있다. 오늘날에도 인간들은 자신들이 무슨 잘못을 저지르는지를 모르는 채 살아간다. 인간은 어느 지경이 되어야 환경오염이 자연뿐 아니라, 인간 스스로를 위협하고 있는지 뼈저리게 알아차리게 될까?

오염되는 지구, 죽어가는 사람들

환경오염이란 인간의 활동에 의해 발생하는 대기·수질·토양 오염 및 소음·진동 등으로 자연환경이나 생활환경이 더럽혀지는 모든 현상을 포함하는 말이다. 이는 산업혁명 이후 두드러지게 나타났으며, 인간의 활동이 환경의 자정능력을 초과할 경우에 발생한다. 예를 들어 강가에서 빨래를 하는 행위를 살펴보자. 강에서 빨래를 하게 되면 옷에 붙어 있던 이물질들이 물리적, 화학적 자극에 의해 떨어져 강물에 섞이게 된다. 그러나 이 자체로 강물이 오염되었다고 말하지는 않는다. 강물 속에는 여러 가지 미생물들이 살아가고 있기에, 이들 미생물들의 대사 작용에 의해 적

스모그란 연기와 안개의 합성어로 주로 공장이나 가정에서 나온 연소 가스가 안개처럼 한 곳에 집중되어 머물면서 시야를 어둡게 하고, 사람들에게 해를 주는 현상을 말한다.

은 양의 이물질들은 분해되어 강물을 탁하게 만들지 않는다. 그러나 많은 사람들이 지속적으로 강에 오물을 버리게 되면, 강물 속에 사는 미생물들이 이를 미처 분해하지 못해 일부가 강물 속에 남게 되고 이것 자체가 수중 생태계를 위협하게 된다. 또 미생물들의 지나친 번식으로 강물에 녹아 있는 산소를 미생물들이 독점하게 되면 물고기와 같은 다른 수중생물들은 산소 부족으로 질식하는 사태가 벌어지기도 한다. 이런 현상이 반복되면 결국 강물은 자정능력을 잃어버리고 점점 탁해지다가 결국 수중생태계가 파괴되며 아무것도 살지 못하는 불모의 장소가 되어버린다. 이런 현상을 우리는 '환경오염'이라고 말하는 것이다.

 환경오염에 대한 심각성은 이미 19세기부터 나타나기 시작했다. 19세기의 대표적인 환경오염 사례는 1872년 영국에서 일어난 '런던 스모그' 사건이다. '스모그smog'란 '연기smoke'와 '안개fog'의 합성어로 주로 공장이나 가정에서 나온 연소 가스가 안개처럼 한 곳에 집

중되어 머물면서 시야를 어둡게 하고, 사람들에게 해를 주는 현상을 말한다*. 영국은 가장 먼저 산업혁명이 시작된 국가로 18세기 이후 수많은 공장이 세워지면서 화석연료의 사용량이 급격히 늘었던 곳이다. 석탄이나 석유 같은 화석연료는 연소하는 과정에서 황산화물과 일산화탄소 등의 부산물이 발생되는데, 이들 물질들은 호흡기를 자극하여 폐질환을 일으키게 된다.

특히 노약자나 천식 환자들처럼 호흡기가 약한 사람들은 스모그에 노출되는 것만으로도 사망할 수 있는데, 1872년 런던에서는 스모그로 인해 243명이 사망한 바 있다. 런던은 안개가 자주 끼고 습도가 높은 기상 조건으로 인해 스모그가 자주 발생하는데 최악의 런던 스모그는 1952년에 있었다. 이 스모그로 인해 급성 혹은 만성 질병으로 사망한 사람만 1만 2천명에 이를 정도였다. 이로 인해 영국은 1953년 비버위원회를 설립하여 대기오염의 실태를 연구하기 시작했고, 1956년에는 대기오염청정법을 제정하였다. 이후로 환경을 오염시키는 것이 인간에게 더 큰 대가를 치르게 한다는 사실이 알려지면서, 환경오염은 더이상 방관할 수 없는 문제라는 인식이 자리잡기 시작했다.

---

* 스모그에는 두 가지 종류가 있다. 하나가 '런던형 스모그'로 주로 공장이나 가정의 굴뚝에서 나오는 연기가 바람이 불지 않고 습도가 매우 높은 기상조건과 결합하여 지면에 정체하는 현상이다. 다른 말로 '환원형 스모그'라고도 불린다. 스모그의 두 번째 유형은 '로스앤젤레스 스모그'로 주로 자동차 배기가스 속에 섞여 배출되는 이산화질소가 태양광선을 흡수하여 일산화질소와 오존 등의 과산화물을 형성하면서 일어나는 현상이다. 이들 물질들은 사람의 눈과 기관지에 자극을 주고 식물을 고사枯死시키는 등 피해를 준다. 오존의 이런 특성으로 인해 최근 우리나라에서도 대기오염 지표로 오존 지수를 측정하고 오존 경보 시스템을 도입하고 있다. 로스앤젤레스형 스모그는 태양광선에 의해 일어나므로 광화학 스모그라고 불리기도 한다.

숨 쉬기 힘든 질환의 증가

사실 20세기는 환경에 대한 인간 승리의 시대였다. 보건의료 기술의 발달로 인해 인간의 평균 수명은 늘어났고, 사망률은 급격히 떨어졌다. 고대 그리스 시대의 평균 수명은 겨우 19세였다. 평균 수명의 증가는 매우 완만해서 유럽의 경우, 16세기에도 겨우 21세였으며, 18세기에는 26세, 19세기에도 34세에 불과했다. 그러나 이후 한 세기 동안 인구의 평균 수명은 훌쩍 길어져, 2007년을 사는 한국인들의 평균 기대수명은 약 79.6세라고 한다. 100년 전에 태어난 아이들에 비해 평균 수명이 2.3배 이상 늘어난 것이다. 이는 보건의료 발달에 따른 유아사망률의 급격한 감소와 다양한 질병 치료법의 등장, 생활환경의 개선으로 이루어진 쾌거이다.

순위	1997 남녀전체		2007 남녀전체	
	사망원인	사망률	사망원인	사망률
1	악성신생물(암)	112.7	악성신생물(암)	137.5
2	뇌혈관 질환	73.1	뇌혈관 질환	59.6
3	심장 질환	35.6	심장 질환	43.7
4	운수사고	33.3	고의적 자해(자살)	24.8
5	간 질환	26	당뇨병	22.9
6	당뇨병	18.8	운수사고	15.5
7	만성 하기도 질환	13.5	만성 하기도 질환	15.3
8	고의적 자해(자살)	13	간 질환	14.9
9	고혈압성 질환	9.6	고혈압성 질환	11
10	호흡기 결핵	7.1	폐렴	9.3

* 심장질환에는 허혈성 심장질환 및 기타 심장질환이 포함됨
* 사망률 : 인구 10만 명당 사망자수

사망원인 순위별 사망률 추이 (1997~2007)

평균 수명의 증가는 각종 사망률의 하락으로 뒷받침된다. 실제로 사망자수는 해마다 줄고 있다. 통계청에서 발표한 바에 따르면, 2007년 우리나라의 사망자수는 245,000명으로, 지난 1997년 255,913명에 비해 감소했다. 이렇게 전체 사망자수 자체는 줄었지만, 원인별 사망자수가 전반적으로 줄어든 것은 아니다. 10년 전에 비해 간질환, 뇌혈관 질환, 운수사고로 인한 사망자의 비율이 눈에 띄게 줄었지만, 암이나 호흡기 질환으로 사망한 사람의 숫자는 오히려 늘어났다. 그중에서 눈에 띄는 것은 호흡기 질환으로 인한 사망률의 증가이다. 통계청에서 발표한 자료를 보면, 폐렴 및 결핵 등 호흡

기 질환으로 인한 사망률은 1997년에는 24.3명이었던데 반해, 2007년에는 30.3명으로 25퍼센트 가량이나 증가한 것으로 보고되었다. 게다가 가장 많이 증가한 암으로 인한 사망자의 경우에도, 폐암으로 인한 사망률이 20.7명에서 29.1명으로 가장 큰 폭으로 증가한 결과를 보여주었다. 이는 전반적으로 10년 전에 비해 '숨 쉬기 힘든 질환'으로 사망하고 있는 사람들이 증가함을 보여주고 있는 것이다.

되살아나는 창백한 악마

우리는 '병자'의 이미지로 창백한 얼굴로 기침을 계속 해대며 열에 시달려 바싹 여윈 모습을 떠올린다. 이는 호흡기 질환자의 대표적인 모습이다. 사실 역사적으로 호흡기 질환은 인류를 괴롭힌 큰 적이었다. 그래서인지 많은 작가들이 자신의 작품에 호흡기 질환으로 죽어가는 환자들의 안타까운 사연을 그리곤 했다. 미국의 소설가 오 헨리 William Sydney Porter의 대표작인 『마지막 잎새 The Last Leaf』는 폐렴으로 죽어가는 여인을 위해 자신의 마지막 역작을 남기고 역시 폐렴으로 세상을 떠나는 늙은 화가의 이야기를 담고 있으며, 오페라 〈라 트라비아타 La Traviata〉의 원작으로 알려진 알렉산드르 뒤마의 소설 『춘희 椿姫, La Dame aux Camélias』의 여주인공 역시 폐결핵으로 세상을 떠난다. 이처럼 호흡기 질환은 오랫동안 수많은 연인들의 목숨을 빼앗고, 수없이 많은 부모들에게서 자식을 앗아가는 무서운 질환이었다.

하지만 이렇게 맹위를 떨치던 호흡기 질환도 항생물질의 개발과 함께 자취를 감추는 듯했다. 폐렴에 효과적이었던 페니실린과 결핵 퇴치의 일등공신인 스트렙토마이신을 비롯해 다양한 항생물질의 개발은 인류를 호흡기 질환의 공포에서 완전히 벗어나게 해줄 것처럼 보였다. 그러나 이러한 장밋빛 기대도 잠시, 21세기의 시작은 다시 호흡기 질환의 증가라는 어두운 그림자로 시작하고 있다. 도대체 무엇이 호흡기 질환이라는 창백한 악마를 다시금 불러일으켰을까?

대기오염과 호흡기 질환

20세기 이전의 호흡기 질환은 주로 세균이나 바이러스에 의한 전염성 질환이었다. 그러나 현대의 악마는 창백하기보다는 탁한 얼굴을 가지고 있다. 그건 현대 호흡기 질환의 원인이 탁하고 더러워진 공기, 그 자체에 있기 때문이다.

지구를 둘러싼 대기권은 총 4개의 층으로 구별되는데, 이들을 지표면에 가까운 순서대로 배치하면 대류권-성층권-중간권-열권 순이다. 이중에서 대류권은 지표면과 면해 있어 인간과 생명체들이 살아가는 곳이기 때문에, 오염으로 인한 피해가 가장 크게 나타난다. WHO는 대기오염이란 '대기 중에 인위적으로 배출된 오염물질의 양과 농도 및 지속시간이 인간에게 불쾌감을 일으키거나, 해당 지역의 공중보건상 위해를 끼치고 인간과 동식물의 활동에 해를 주어 개인이 누리는 정당한 권리를 방해받은 상태'라고 정의하고 있다. 예전부터 화산폭발이나 모래바람 등으로 인해 자연적으로 대기 중 먼지나 화산재 등이 발생하는 경우가 있었다. 하지만 근래에 들어서는 수많은 공장의 가동과 자동차 운행, 연료 소비 증가 등으로 인해 나타난 인위적인 대기 오염이 문제가 되고 있다. 인간의 활동은 일산화탄소, 이산화질소, 아황산가스, 탄화수소, 이산화황 등의 오염물질을 만들어냈는데, 이들이 다양한 경로로 문제를 일으키기 때문이다.

가장 먼저 대기오염은 산성비를 불러온다. 산성비acid rain란 산성도, 즉 pH가 5.5 이하의 빗물을 말한다. 일반적으로 빗물은 pH 5.6~6.5 정도의 약한 산성을 띠기 마련이다. 대기 중에 존재하는 이산화탄소CO_2는 빗물과 반응해 약산인 탄산H_2CO_3이 되기 때문이다. 하지만 최근 들어서는 대기 중에 질소산화물과 황산화물이 늘어나고 있다. 이들은 자동차의 배기가스를 비롯한 화석연료가 연소될 때 발생되는 부산물로, 각각 빗물과 반응하여 질산(질소산화물)과 황산(황산화물)으로 변한다. 질산과 황산은 탄산에 비해 산성에 강하기 때문에 이들이 섞인 빗물은 pH 5.5 이하의 산성비가 된다.

산성비는 생물과 건물에 악영향을 미친다. 산酸이 단백질을 변성시키고, 물질을 부식시키는 작용을 하기 때문이다. 산성비는 가장 먼저 수중 생태계를 파괴한다. 산성비가 내리게 되면 물고기나 물속에 사는 플랑크톤들을 둘러싼 환경이 극심하게 나빠지기 때문이다. 산성비가 극심한 지역에서 종종 물고기의 집단 폐사 현상이 나타나는 것은 이런 이유 때문이다. 삼림의 나라 스웨덴의 경우, 1988년에 실시한 조사에 따르면 전국에 분포하는 85,000여 개의 호수 중 20퍼센트가 pH 5.5 이하였으며, 이 산성 호수 중 4분의 1은 물고기 등 수중 생물이 전혀 살지 못하는 '산酸의 지옥' 일 정도로 산성화가 심했다고 한다. 이는 현대 문명의 발전이 지닌 그늘을 여실히 보여주고 있다. 이밖에도 산성비는 토양을 산성화시켜 식물의 성장을 방해하고 삼림을 말라 죽게 만들며, 각종 건물들을 부식시키는 역할을 한다. 특히나 그리스와 이탈리아는 석회암으로 만들어진 유물들이 산성비에 부식되는 것을 막고자 애를 먹고 있다.

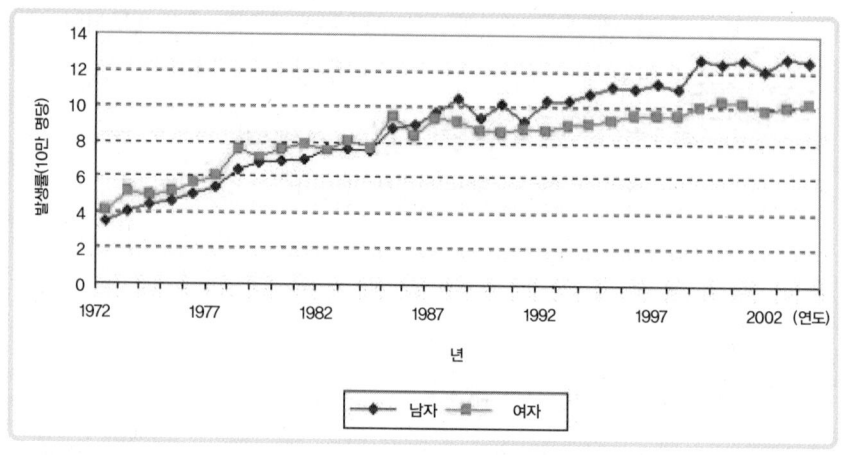

캐나다 공공건강국에서 조사한 성별에 따른 피부암 환자의 발생 추이. 1972년에 비해 2002년에는 피부암 환자 수가 2~3배 늘어난 것을 알 수 있다. (자료 : 캐나다 공중보건청)

　두 번째로 대기오염 물질은 오존층의 파괴를 가져온다. 대기오염 물질들은 지표면에 접한 대류권을 벗어나 성층권까지 상승하기도 한다. 이때 질소산화물과 냉장고의 냉매 및 스프레이의 원료로 많이 쓰이는 CFC Chlorofluore Carbon 등은 성층권에 존재하는 오존층을 파괴하는 역할을 한다. 오존층은 태양에서 오는 자외선을 막아주는 일종의 선스크린 Sun Screen 역할을 하기에, 오존층이 파괴되면 그만큼 지표면 위에 도달하는 자외선의 양이 늘어나기 마련이다. 자외선은 매우 강력한 에너지를 가지고 있는 파장이기 때문에, 살아 있는 세포가 자외선에 노출되게 되면 이 에너지로 인해 DNA에 돌연변이가 일어난다. 자외선에 의해 DNA에 돌연변이가 일어나게 되면 세포는 더 이상 정상적인 생명활동을 수행할 수 없기 때문에 죽게 된다. 식당에서 자주 접하게 되는 '자외선 살균 소독기'는 바로 자외선의 이런 세포 살해 현상을 식기류 소독에 응용한 것이다.

자외선에 의해 영향을 받는 세포는 세균만이 아니다. 인간과 동물의 세포 역시 자외선에 의해 손상을 입게 된다. 특히나 사람의 경우, 털이 적고 피부가 그대로 노출되기 때문에 자외선의 영향을 더 심하게 입게 되는데, 반복된 자외선 노출은 세포의 돌연변이를 일으켜 피부암을 일으키는 원인이 되기도 한다.

이처럼 대기오염 물질은 산성비와 오존층의 파괴 등 간접적인 피해를 가져오기도 하지만, 그 자체가 호흡기와 눈 등을 직접 자극해 질환을 유발시킬 수 있다. 특히 건축단열재로 많이 쓰였던 석면의 경우 오래되면 부식되어 가루가 날려 공기를 오염시키는데, 이 석면 분진은 폐암을 일으킬 수 있다. 석면은 암과의 관련성이 증명된 유독한 발암물질이다. 이밖에도 대기 중에 포함된 다양한 대기오염물질은 알레르기성 비염이나 피부염을 유발시킬 수 있으며, 간접적으로는 신체의 전반적인 면역력을 떨어뜨려 여러 가지 질환에 취약하게 만들기도 한다.

최근 진행되고 있는 지구온난화 역시 인간의 호흡기에 악영향을 미친다. 유럽에서는 여러 분야의 다양한 전문가들이 모여 '기후 조건이 급성으로 건강에 미치는 영향 평가 및 예방 Assessment and Prevention of Acute Health Effects of Weather Conditions in Europe'이라는 대규모 프로젝트를 실시한 바 있다. 이 프로젝트는 바르셀로나, 부다페스트, 더블린, 류블랴나, 런던, 밀라노, 파리, 로마, 스톡홀름, 튜린, 발렌시아, 취리히 등 유럽 12개 도시에 거주하는 주민들을 대상으로 1990년에서 2001년에 걸쳐 조사한 대규모 연구 사업이었다. 연구사들은 단순히 이 시기 동안의 온도 변화만을 조사한 것이 아니라, 더위에 집중했다. 4월부터 9월, 즉 늦봄부터 초가을까지 더운 시기 동안 건강을 해쳐 병원에 입원한 환자들을 조사한 것이다. 연구결과, 75세 이상 노인들의 경우, 기온이 상승할 때마다 호흡기 질환으로 입원하는 비율이 높아졌는데, 지중해 지역 노인들의 경우 북유럽에 사는 노인들에 비해 기온 상승에 따라 호흡기 질환으로 입원하는 비율이 더 높게 나타났다.

반면에 노인들에게 흔한 심장 질환이나 뇌혈관 질환 등은 온도가 상승하는 것과는 아무런 차이가 없었다. 단지 호흡기 질환만이 유의미하게 늘어났을 뿐이었다. 체력이 약하고 질병에 대한 저항력이 낮은 노인들의 경우, 호흡기 질환자의 증가는 순차적으로 사망률의 증가로 이어질 수 있다. 즉, 더운 날씨가 노인들에게 호흡기 질환을 일으키고, 이것이 다시 사망률을 증가시키고 있는 것이다.

그런데 여기서 약간의 의문이 생겨난다. 우리는 상식적으로 폐렴과 같은 호흡기 질환은 주로 날씨가 추울 때 더 잘 걸린다고 알고 있다. 그런데 어째서 날씨가 더워지고 있는데 호흡기 질환자가 더 늘어나고 있는 것일까?

잘 알려져 있다시피 지구온난화의 주범은 이산화탄소이다. 그리고 그 이산화탄소 배출량 증가의 주원인은 인간의 산업 활동, 즉 화석연료의 대규모 연소 때문이다. 화학적으로 '연소燃燒'란 '물질이 산소와 반응해 고열과 빛을 내며 타는 현상'을 말한다. 이때 연소의 결과물로는 반드시 이산화탄소와 물이 발생한다. 인간은 산업혁명 이래, 수없이 많은 석탄과 석유와 가스를 태워 에너지를 만들어냈으며, 이로 인해 엄청난 양의 이산화탄소가 공기 중으로 누출되었고, 이것이 지구온난화의 원인이 되었다는 것은 이제 누구나 아는 상식이다. 이산화탄소는 지구온난화의 원인이 될 뿐 아니라, 그 자체로 사람을 질식시

서울시에 설치된 오존 경보기

키는 기능을 하기도 한다. 그러나 더 무서운 것은 이산화탄소가 발생되는 과정에서 동시에 유출되는 유독가스들이다.

원래 연소 반응을 통해서는 이산화탄소와 물만 생성되는 것이 원칙이지만, 연소된 물질이 무엇이냐에 따라서 연소 도중 부산물이 발생하곤 한다. 대표적으로 자동차의 배기가스를 살펴보자. 자동차의 배기가스는 화석연료의 일종인 경유나 휘발유를 연소시키고 남은 부산물인데, 이 배기가스 속에는 수증기 형태의 물과 이산화탄소 외에 일산화탄소, 탄화수소, 황산화물, 황화수소, 질소산화물 등의 다양한 물질들이 들어 있다. 이중에 일산화탄소는 인체 내 들어왔을 때 헤모글로빈과 반응하여 질식을 일으키며, 황화수소는 후각 마비·눈과 호흡기 자극·두통 및 구역질을 일으킨다. 이밖에도 질소산화물은 호흡기를 자극하고 폐렴을 일으키는 원인이 되며, 탄화수소는 광화학 스모그의 원인이 되어 호흡기를 자극하여 호흡기 질환 발생률을 높인다. 이처럼 화석연료를 대량으로 사용하는 현대 산업시스템은 이산화탄소 발생률을 높여 지구온난화를 가져올 뿐 아니라, 간접적으로는 대기오염물질을 증가시켜 호흡기 질환 발생률을 높인다.

또한 지구온난화는 오존의 발생률을 높여 호흡기 환자들에게 악영향을 미칠 수 있다. 몇 년 전부터 우리나라에서는 도심지 곳곳에 오존 농도를 표시하는 전광판을 쉽게 볼 수 있다. 이는 지난 1995년 오존경보제 도입 이후 설치된 것으로, 오존 농도의 상승이 인체에 해를 미치므로 이를 국민들에게 알리고자 도입된 것이다. 흔히 오존은 자외선을 막아서 피부암을 예방하고 지구를 보호해주는 존재라고 알려져 있지만, 이는 성층권에 존재하는 경우이고 우리가 사는 지표 가까이에 존재하는 오존은 오히려 인간 및 생명체에게 해로운 경우가 더 많다. 그래서 평균적으로 오존 농도가 0.12피피엠ppm 이상이 되면 기침과 눈이 따가운 증상을 느끼게 되고 이런 상태가 오랫동안 지속되게 되면 두통, 호흡곤란, 시력 장애 등의 증상이 나타나며, 0.5피피엠이 넘어가면 폐기능 저하 및 패혈증을 일으키기도 하고, 심하면 사망에 이를 수도 있다. 특히나 대기 중의 오존은 대표적인 광화학 스모그 생성물로 온도가 높고 햇빛이 강할수록 더 많이 발생하기 때문에, 더운 날씨와 햇빛은 오존 농도를 높이므로 여기서도 지구온난화가 인류의 호흡기 건강에 어두운 그림자를 드리움을 알 수 있다.

   대기오염은 다양한 경로를 통해 생태계를 파괴하고 인간의 건강을 위협한다. 자신이 숨쉬며 살아갈 대기를 더렵혀 스스로의 숨통을 조이는 어리석은 짓을, 인간은 이제 그만두어야 한다.

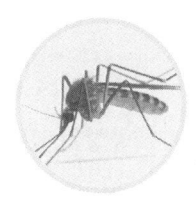

수질오염,
물이 병들면 인간도 병든다

흔히 수질오염이란 물이 가진 자정작용을 초과하여 오염물질이 배출된 경우를 말한다. 물이 더러워지는 것은 단지 물만의 문제로 끝나지 않는다. 물은 모든 생명의 근원이다. 태초의 생명이 물로 둘러싸인 바다에서 태어났다는 것은 결코 우연이 아니다. 그러한 생명의 시초를 아직도 기억이라도 하는 듯, 육지로 올라온 지 수억 년이 지났어도 여전히 생물체의 몸을 구성하는 데 있어 가장 많은 비중을 차지하는 것은 물이다. 인간 역시 신체의 70퍼센트 이상이 물로 이루어서 있다. 따라서 물이 오염되는 것은 단지 수질이 나빠진다는 의미를 넘어서 생명체와 인간의 생존 자체가 위협받게 됨을 의미한다. 수질오염을 일으키는 주범은 역시 인간이다. 인간이 생활하면서 쏟아내는 생활하수, 처리되지 않은 분뇨, 가축을 기르는 축사에서 흘러나오는 축산 폐수, 공장과 산업현장에서 발생하는 산업 폐수, 그리고 인간이 만들어낸 농약 및 각종 독성화학물질들이 바로 물을 오염시키는 주원인이다.

수질오염은 크게 두 가지 형태로 나타난다.

하나는 물에 지나친 영양분이 투입되어 일어나는 일종의 '부영양화' 현상이다. 생활하수, 분뇨, 축산하수 등 유기물을 함유한 오수($汚水$)가 하천으로 유입되는 경

과다한 생활하수, 축산하수 등으로 오염된 하천.

우와, 비료의 성분인 질산염* 이나 인산염들이 과다하게 사용되어 이들 영양염류가 하천으로 흘러드는 경우에 나타나는 현상이다. 전자의 경우 물속에 포함된 유기물을 분해하기 위해서 미생물이 늘어

---

*지하수를 거르지 않고 그대로 마시는 개발도상국에서는 종종 갓난아이가 온몸이 파랗게 변하는 청색증에 걸리는 경우가 생기곤 한다. 이는 오염된 물속에 녹아 있던 질산염 때문에 일어나는 현상이다. 신체 조직은 에너지를 얻기 위해 산소를 필요로 한다. 따라서 적혈구 속에 포함된 헤모글로빈은 폐로부터 산소를 받아 조직 곳곳에 전해주는 역할을 하는데, 몸속에 질산염이 많이 들어오게 되면 헤모글로빈은 산소 대신 질산염과 결합해 산소 운반을 소홀히 하게 된다. 이렇게 산소 대신 질산염과 결합한 헤모글로빈을 '메트헤모글로빈'이라 하는데, 메트헤모글로빈이 늘어날 경우 피부는 산소가 부족해져 푸른빛으로 변한다. 이런 현상을 청색증이라 한다. 질산염에 의한 청색증은 주로 백일 이전의 아기들에게 나타나는데, 이는 물을 끓인다고 해서 해결될 문제가 아니기 때문에 더욱 위험하다.
물을 충분히 끓이게 되면 물속의 세균이나 바이러스 등이 사멸하므로 콜레라, 장티푸스 등의 수인성 질병 예방에는 효과가 있지만, 물을 끓인다고 해서 물속의 질산염 성분이 사라지는 것은 아니기 때문이다. 오히려 물을 끓이는 경우, 물의 증발로 인해 질산염은 더 농축될 수 있다.

나게 된다. 즉, 하천 속에서 '부패' 현상이 대규모로 일어나게 되는 것이다. 이렇게 늘어난 미생물들은 물속에 녹아 있던 용존 산소를 고갈시키기 마련이다. 물고기를 비롯한 수중 동물들은 물속에 녹은 용존산소를 이용해 호흡하면서 살아가므로, 용존 산소의 고갈은 이들을 질식시키는 원인이 된다. 따라서 하천 속의 유기물이 풍부해지면 미생물 번식으로 인한 용존 산소의 고갈로 하천 속에 살던 물고기들이 질식해 집단 폐사 현상이 일어난다. 후자의 경우에도 마찬가지로, 영양염류의 대량 유입은 조류와 플랑크톤이 대량 발생하게 되는 원인이 되는데 이 역시 용존 산소를 고갈시키고 BOD(생물학적 산소 요구량) 수치를 올려 물을 썩게 만든다. 붉은 빛의 미세조류들이 번식하여 어류의 집단 폐사 현상을 일으키는 적조 현상이 일어나는 이유가 바로 이 때문이다.

수질 오염의 두 번째 형태는 각종 독성 오염물질로 인해 물이 오염되어 동식물이나 사람에게 해를 주는 현상을 말한다. 특히나 공장 폐수에는 납$_{Pb}$이나 수은$_{Hg}$, 카드뮴$_{Cd}$, 크롬$_{Cr}$ 등의 중금속이 섞여 있는 경우가 많은데, 이러한 중금속들은 물속에서 분해되거나 변질되지 않고 그대로 남아 먹이 연쇄를 통해 생물체에 축적되어 문제를 일으키게 된다. 각각의 물질에 중독되었을 때 일어나는 현상은 다음과 같다.

① 수은 중독 : 상온에서 액체로 존재하는 유일한 금속인 수은은 온도계뿐 아니라, 전기 스위치, 전등, 약품, 살균제, 치과용 충전제 및 여러 가지 화학반응에 쓰이는 중요한 금속이다. 하지만 수은 그 자체는 인간에게 매우 치명적이다. 이는 1950년대 일

본에서 발생했던 '미나마타 병'의 사례를 통해 세상에 알려졌다. 1930년대, 일본의 미나마타 만의 한 비료 생산 공장에서는 비료를 만들기 위해 수은을 촉매로 이용했다. 공장측에서는 이때 만들어진 부산물인 메틸수은을 충분히 걸러내지 않은 채 주변 바다에 무단으로 방류했다. 처음에는 별다른 이상이 발견되지 않았으나, 그로부터 20여 년이 지

미나마타병에 걸린 아이의 손

난 1956년, 이 지역의 주민들이 이유를 알 수 없는 질환에 시달리면서 문제가 불거졌다. '미나마타병'이라는 이름으로 명명된 이 질환은 처음에는 손발이 저린 것으로 시작되지만, 점차 사지가 마비되고 경련이나 정신착란을 일으키다가 사망에 이르는 무서운 질환이다. 이는 공장 폐수 속에 들어 있던 수은 성분이 주변 바다로 흘러들어가면서 물고기들이 수은에 중독되었고, 다시 이 물고기들을 사람이 먹음으로 인해 일어났던 최악의 '인재人災'였다.

② 카드뮴 중독 : 카드뮴은 은백색을 띠는 물렁물렁한 금속으로, 합금이나 다른 금속이 산화되지 않도록 도금하는 데 많이 쓰이는 물질이다. 카드뮴 역시 인체에 치명적인데, 대표적인 질병이

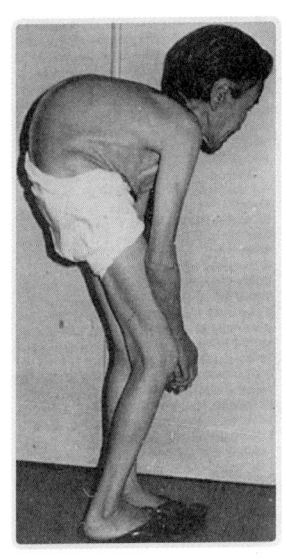

환자들에게 엄청난 고통을 안겨준 이타이이타이병

1955년, 일본의 도야마 현에서 발생한 '이타이이타이병'이다. 일본어로 '아프다'라는 뜻의 '이타이'가 바로 병명이 될 정도였던 것은 그만큼 카드뮴 중독이 고통스럽다는 뜻이다. 카드뮴이 몸 안에 축적되게 되면, 뼈의 칼슘 성분이 빠져나오면서 신장 손상과 골연화증이 생긴다. 쉽게 말해 뼈가 녹아내리기 때문에 환자들은 엄청난 고통에 시달리게 되는 것이다. 이타이이타이병은 근처의 미쓰이금속주식회사에서 금속 제련 과정에서 카드뮴이 섞인 폐수를 방류한 것이 원인으로 밝혀져 또 하나의 공해병으로 역사에 기록되었다.

③ 납 중독 : 납은 연성과 전성이 강한 물렁물렁한 금속으로 다루기 쉽고 녹는점이 낮아 오래전부터 쓰여 왔던 금속이다. 축전지, 탄약, 땜질용 납, 다양한 합금, 방음벽, 건축 자재 등 납의 쓰임새는 매우 다양하다. 납은 인체에 유입되었을 때, 뇌와 중추신경에 이상을 일으켜 신체 마비, 구토, 성격 변화, 정신 이상 등을 초래하며 심하면 사망에 이르게 할 수 있다. 대개는 납을 가공하는 공장에서 일하는 노동자나 납땜 제품에 의한 중독이 많이 나타나지만 최근에는 납으로 오염된 땅에서 자란 저질한 약재를 통해 납중독에 걸리는 사례도 보고되었다.

④ 크롬 중독 : 크롬은 녹이 잘 슬지 않아 부식 방지용 합금으로

많이 사용되는 금속이다. 대표적으로 크롬과 철을 섞은 금속인 스테인리스강은 단단하고 변색되지 않아 식기류 및 기계, 건축자재 등으로 널리 쓰인다. 그러나 크롬의 한 형태인 크롬산은 강력한 부식 작용이 있어 피부 궤양을 일으키고, 크롬 증기를 들이마시면 코뼈에 구멍이 뚫리는 비중격천공 등이 일어날 수 있다. 우리나라에서 1988년, 크롬을 이용한 도금업체에서 일하던 269명의 노동자에게서 집단적으로 비중격천공이 발병하여 문제가 된 적 있다. 뿐만 아니라, 크롬 증기를 계속해서 들이마시는 경우, 이로 인해 비강암이나 폐암이 나타나기도 한다. 다만, 사람에게 해를 줄 수 있는 크롬은 가공 과정 중에 나타나는 형태이므로, 완성된 스테인리스강은 인체에 무해한 것으로 알려져 있다.

이러한 중금속 외에도 각종 유독성 화학물질이 포함된 폐수를 완전히 정화시키지 않고 하천에 무단 방류하는 경우, 여러 가지 중독 증상이 나타난다. 특히나 수질오염을 통한 중금속이나 화학물질의 중독 현상은 생물농축 현상을 통해 최종 소비자인 인간에게 가장 큰 피해를 끼친다.

생물농축이란 가장 작은 유기체에 함유된 화학물질이 포식자에게 잡아먹히는 과정에 따라 점차 농축되는 현상을 말한다. 예를 들어 하천에 존재하는 수은의 양이 미약한 수준이라고 하더라도, 이것이 먹이사슬을 통해 농축되면 인간에게 심각한 위해를 끼칠 수 있다. 일례로 하천의 수은함유량이 0.02피피엠 정도에 불과하더라도, 이 하천에 사는 플랑크톤에서는 수은이 5피피엠, 플랑크톤을 먹는 작은 물고기에서는 40~300피피엠, 이 물고기를 먹고사는 육식성 물고기의 몸에서는 수은이 2,500피피엠의 고농도로 농축되게 된다. 따라서 사람이 이 하천에서 서식하는 큰 물고기를 잡아먹을 경우, 단 한 마리만 먹더라도 2,500피피엠에 해당하는 수은이 고스란히 몸속에 쌓이기 마련이다. 이런 경우, 단지 물고기 몇 마리만 먹더라도 수은 중독에 걸릴 수 있다. 미나마타병이 해안가에서 발생한 것은 바로 이런 이유 때문이다.

환경의 습격,
환경호르몬

　　　　　　1962년, 미국의 생물학자이자 작가였던 레이첼 카슨 Rachel Carson은 『침묵의 봄 Silent Spring』을 통해 인간의 환경오염 행위가 부메랑이 되어 다시 인간을 공격하리라는 것을 경고했다. 카슨의 책은 많은 사람들에게 그동안 미처 깨닫지 못했던 화학물질의 위해성과 과학 발전의 양면성에 대해 고찰하는 계기를 마련해주었다. 카슨이 지적한 이후, 각종 화학 합성물질의 유해성에 대한 연구가 뒤따랐다. 이 분야에 최근 들어서 사람들의 주목을 받고 있는 것은 흔히 '환경호르몬'이라고 불리는 내분비계 장애물질들이다.

　카슨은 당시 주로 살충제에 대해서 이야기했지만, 이후 많은 학자들의 연구에 따라 인체에 유입되어 해를 일으킬 수 있는 다양한 물질들이 더 발견되었다. 따라서 1990년대 들어 이들 물질을 묶어 '내분비계 장애물질'로-영어로는 'EDC_{Endocrine Disrupting Chemicals}' 혹은 'ED_{Endocrine Disruptors}'-표기하고 있다.

인체는 각종 호르몬의 미묘한 조화에 의해 유지된다. 예를 들면 혈당을 낮추는 작용을 하는 인슐린과 혈당을 높이는 작용을 하는 글루카곤의 조절에 의해 혈당은 항상 일정한 수준으로 유지된다. 만약 이 두 호르몬의 균형이 깨지면 당뇨병이나 저혈당증 같은 신체적 이상이 나타날 수 있다. 혈당 조절뿐 아니라, 체온 조절, 삼투압 조절, 호흡 조절, 세포 주기 조절, 성적 성숙과 발달, 성장과 노화 등 인체의 모든 활동에서 적절한 호르몬의 조절은 필수적이다. 호르몬은 극히 적은 양으로도 극적인 효과*를 나타낼 수 있기 때문에 인체의 호르몬 조절 시스템은 매우 미묘하고 엄격하게 관리된다. 내분비계 장애물질이란 체내에 들어왔을 때 마치 호르몬처럼 작용하거나, 호르몬의 작용을 방해하여 생물체의 항상성을 깨뜨리고 건강에 해를 주는 물질을 말한다.

내분비계 장애물질은 매우 다양하고 광범위해서 국가별, 기관별로 정의가 다르지만, 약 100여 종의 물질이 내분비계 장애를 일으킨다고 알려져 있다. 이들이 체내로 유입되면 다양한 방식으로 인체 호르

---

*태아는 초기 발생 상태에서 장차 남녀의 생식기가 될 두 개의 생식관(울프관_{Wolffian duct}과 뮬러관_{Mullerian duct})을 모두 가지고 있다. 임신 7~8주경이 되면 남자 태아는 테스토스테론이라는 호르몬을 분비하여 울프관만을 발달시켜 남성 생식기를 형성하게 되고, 여자 태아일 경우, 테스토스테론의 자극이 없기 때문에 울프관이 퇴화되고 뮬러관이 발달하여 여성 생식기를 형성하게 된다. 따라서 임신 12주경이 되면 두 개의 생식관 중 하나만이 남아 발달하기 때문에 초음파 검사로 남녀의 구별이 가능해진다. 태아의 남녀 성기를 발달시키는 중요 스위치로 작용하는 테스토스테론은 아주 민감해서 수 피코그램(pg, 1조분의 1그램) 정도만 존재하면 충분히 기능한다. 따라서 태아가 테스토스테론의 분비 여부로 울프관과 뮬러관 중 어느 쪽을 선택할지 결정하는 시기에, 테스토스테론과 비슷한 작용을 하는 물질이나 테스토스테론의 작용을 억제하는 물질이 유입되면, 여자 아이에게 남자 성기가, 여자 아이에게 남자 성기가 생기는 생식기 기형이 발생할 확률이 높아진다.

몬 시스템을 혼란시켜 이상을 일으키게 되는 것이다. 그렇다면 내분비계 장애물질은 어떤 경로를 통해 인간에게 위해를 끼치는 것일까?

첫째, 내분비계 장애물질은 인체의 호르몬과 유사한 작용을 통해 호르몬의 기능을 증폭시켜 이상을 나타낸다. 특히나 합성 에스트로겐인 다이에틸스틸베스트롤 Diethylstilbestrol, 이하 DES로 표기의 경우, 천연 에스트로겐보다 훨씬 강력한 효과를 나타내어 생식기 기형이나 여성형 암을 일으키는 원인이 된 바 있다.

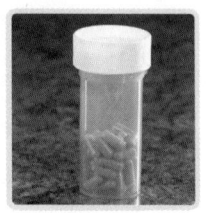

합성 에스트로겐 다이에틸스틸베스트롤

합성 에스트로겐인 DES는 1940년대에 만들어졌다. 당시에는 에스트로겐이 부족하면 유산과 조산이 일어난다고 생각했기에, DES는 유산방지약으로 처방되어 1948년부터 1972년까지 미국에서 수백 만 명의 임신부들에게 투여되었다. 에스트로겐에 대한 환상이 널리

내분비계 장애물질로 알려진 DDT

퍼져 있던 당시에는 심지어 건강한 임신부에게도 DES를 일종의 영양제처럼 복용하는 것을 권하기도 했다. 초기에 DES는 별다른 이상을 일으키지 않는 것처럼 보였기 때문에 수십 년간 아무런 제한없이 판매될 수 있었다. 그러나 1960년대 들어, 십대 소녀들에게서 전에 없던 희귀한 종류의 생식기 암이 나타나고, 많은 수의 소녀들에게서 자궁기형이 발생하기 시작하면서 DES의 시대는 막을 내리기 시작했다. 몇 년에 걸친 연구결과, 소녀들의 암과 자궁기형은 그들이 태아일 때 엄마가 복용했던 DES와 연관이 있는 것으로 밝혀졌기 때문이다. 결국 1972년 DES는 유산 방지에 아무런 효과가 없을 뿐 아니라, 여자아이에게는 암과 자궁 기형을, 남자아이에게는 생식기 기형

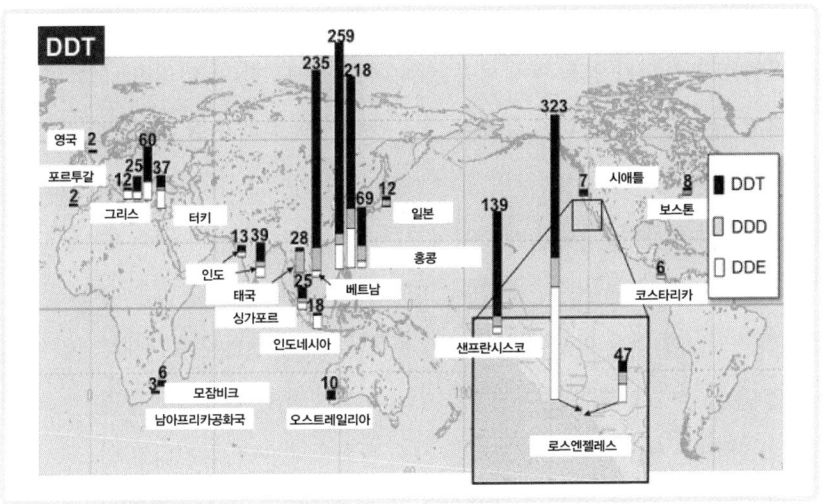

DDT와 DDT 변형물(DDD와 DDE)의 오염농도. 전 세계적으로 내분비계 장애물질로 알려진 DDT의 오염 정도가 심각하다.

을 일으키는 원인으로 지목되어 판매가 금지되었다.

둘째, 내분비계 장애물질은 인체 내 호르몬의 작용을 방해하기도 한다. 1980년대, 미국 플로리다 지방의 악어 수가 급격히 줄어든 적이 있었다. 이는 한 화학회사에서 유출된 DDT와 디코폴 등이 악어의 남성호르몬인 테스토스테론의 작용을 억제하여 수컷 악어들을 여성화시켰기 때문이었다. 우리가 흔히 환경호르몬이라고 불리는 물질이 이에 속한다.

현재 환경호르몬으로 지목된 물질은 약 100여 종에 이르는데, 다이옥신, PCB, DDT, 유기염소계 농약, 중금속, 비스페놀 A 등이 이에 속한다. 이러한 물질들이 일단 체내에 들어오면 앞서 말한 다양한 기능을 통해 체내의 호르몬 균형을 깨뜨리고 건강에 해를 입히게 된다.

이밖에도 내분비계 장애물질은 생체 내에 유입된 뒤 세포의 사멸 시스템을 교란시켜 암을 발생시키는 원인이 되기도 한다. 이러한 내분비계 장애물질의 또 다른 특징은 자연 상태에서 분해가 잘 되지 않는다는 것이다.

대부분의 물질들은 자연 상태에서 미생물의 작용에 의해 원소 수준으로 분리되어 순환된다. 그러나 내분비계 장애물질들 중 많은 수는 최근 100여 년간 인간에 의해 합성된 신물질로, 이전에는 존재하지 않던 물질이기 때문에, 미생물들에 의해 분해되지 않는 경우가 많다. 또한 많은 물질들이 벤젠고리를 가진 탄화수소 구조를 지니고 있는데, 벤젠은 육각형의 고리 모양으로 닫힌 구조를 지니고 있기 때문에 분해시키기 힘들다. 따라서 일단 내분비계 장애물질이 환경에 유출되면, 분해되거나 없어지지 않기 때문에 경우에 따라 수년 혹은 수십 년 동안이나 해로움이 사라지지 않는 경우가 많다.

마지막으로 내분비계 장애물질은 물보다는 기름과 결합되기 쉬워, 생물체 내의 지질에 결합하는 특성을 보인다. 수용성 성분인 경우 체내에 유입되더라도 소변을 통해 배출될 수 있지만, 지용성 물질은 피하지방과 함께 체내에 쌓이기 때문에 체외로 배설되는 양이 극히 적다. 따라서 내분비계 장애물질은 당장에는 영향이 나타나지 않더라도 오랜 세월을 두고 조금씩 축적되면 문제를 일으킬 수 있다. 앞서 말한 생물농축 현상 역시 이런 특성에 의해 나타나는 현상이다.

내분비계 장애물질은 다양한 방법과 오랜 시간을 통해 인체에 악영향을 미친다. 특히나 태아나 유아의 경우, 신체 조직이 활발히 성장하고 구성되는 시기여서 약간의 호르몬 불균형만으로도 커다란 장애를 입을 수 있기 때문에, 내분비계 장애물질의 엄격한 통제는 매우 중요하다. 그런데 어이없는 사실은, 대부분의 내분비계 장애물질이 인간 스스로가 만들어낸 것이라는 사실이다. 인간은 자신을 병들게 하는 물질을 스스로 만들어내는 유일한 생물종이라는 어리석음을 드러내고 있는 것이다.

| 참고 문헌 |

KEI 연구보고서, 「기후변화 영향평가 및 적응 시스템 구축」, 2005
강성규, 「직업병 바로알기/크롬 중독, 크롬산, 궤양과 코풀림병(비중격천공) 유발」, 월간노동, 2003. 8
권원태, 「국제적 기후변화 현황」, 국제평화 제5권 제1호, 2008
김형렬, 「지구온난화와 건강영향」, 산업보건, 2008. 4
김화준, 「Global Climate change and children's health」에 대한 리뷰, 서울대학교 보건대학원 예방의학교실 금요 저널 리뷰, 2008
레이첼 카슨, 『침묵의 봄』, 김은령 옮김, 에코리브르, 2002
안형준, 「지구온난화, 북극전쟁의 방아쇠를 당기다」, 과학동아, 2008. 4
앨 고어, 『불편한 진실』, 김명남 옮김, 좋은 생각, 2006
장재연, 「더위가 사람 잡는다」, 과학동아, 2004. 1
장재연, 김시헌, 「기후변화와 건강」, 대한보건연구 제34권 제1호, 2008
최은진, 「기후변화에 대한 보건부문의 대책」, 보건복지포럼, 2008. 1
건강 의학 전문 팀블로그 http://metablog.idomin.com/blogOpenView.html?idxno=60154
극지연구소 http://www.kopri.re.kr/index.jsp
기후변화 홍보포털 http://www.gihoo.or.kr
두산백과사전 http://www.encyber.com
메디컬 투데이 http://www.mdtoday.co.kr
미국국립보건원 http://www.nlm.nih.gov
식품나라 http://foodnara.go.kr
식품의약품안전청 http://www.kfda.go.kr
엔싸이버 백과사전 http://www.encyber.com
연합뉴스 http://www.yonhapnews.co.kr

지구온난화로 인한 호흡기 질환 증가 http://ec.europa.eu/research/environment/ pdf/env_health_projects/climate_change/cl-phewe.pdf

http://www.webmd.com/asthma/news/20090220/elderly-may-feel-brunt-of-global-warming?src=RSS_PUBLIC

청원군 상하수도사업소 http://water.puru.net/index.html

통계청 http://nso.go.kr

한겨레신문 http://www.hani.co.kr

헬스조선 http://health.chosun.com

환경부 http://www.me.go.kr

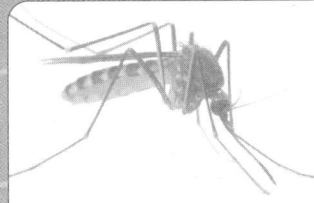

호르몬 작용을 방해하는 환경호르몬

인체 내 호르몬의 작용을 방해하는 환경호르몬으로 지목된 물질 가운데 대표적인 것은 다이옥신, PCB, 중금속, 비스페놀 A 등이다.

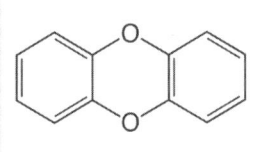

다이옥신의 분자 구조. 내분비계 장애 물질은 대개 육각형 고리 모양의 벤젠고리를 지니고 있어, 미생물에 의해 잘 분해되지 않는다.

다이옥신 dioxin은 육각형의 벤젠고리 2개를 산소로 결합시킨 유기화합물로 대표적인 환경호르몬으로 꼽힌다. 주로 쓰레기소각장이나 화학공장, 자동차 등에서 배출되는데, 강한 독성을 가지고 있기 때문에 아주 극소량만으로도 인체의 생식기능과 면역기능에 이상을 일으켜, 간과 신장을 망가뜨리고 암과 기형아 발생을 증가시키는 물질이다.

PCB Polychlorinated biphenyl는 전기절연의 효과가 뛰어나 전선이나 파이프의 피복에 많이 쓰인 플라스틱 물질이었다. 그러나 인체에 유입되면 피부병, 간 장애, 성장지연, 말초신경 장애 등을 일으키는 물질이다. 1968년 일본 가네미 회사의 식용유 속에 유입되었던 PCB로 인해 14,000여 명이 중독된 사례가 있다.

수은, 은, 카드뮴, 납 등의 중금속 역시 체내에 과하게 들어오게 되면 이상을 일으키게 된다. 유명한 중금속 중독 사례인 미나마타병의 경우 유기 수은이, 이타이이타이병의 경우 카드뮴이 원인 물질이었다. 국내에서도 1985년 울산 온산 공단 지역에서 온산병이라는 중금속 중독 증상이 발생한 적이 있다. 1982년부터 주민들 사이에 번지기 시작한 괴질로 인해 결국에는 주민 모두가 집단 이주할 수밖에 없던 온산병은 우리나라에서 최초로 발생한 중금속 중독 증상이었다. 온산병으로 인해 피해를 입은 사람들은 여전히 그 아픔에 시달리고 있는데, 가장 안타까운 것은 온산병의 경우 비소, 카드뮴 등 다양한 중금속이 모두 혼합되어 일어난 현상이어서 정확한 원인 규명과 그에 따른 치료가 힘들다는 데 있다.

비스페놀 A는 캔이나 식품 저장 용기 내부를 코팅하는 데 쓰이는 물질로, 동물 실험 결과 동물의 생식기를 손상시키고 비정상적인 생식세포를 만든다는 보고가 있다. 또한 비스페놀 A는 인체에도 영향을 미쳐 남성의 정자수를 감소시키고 성호르몬의 균형을 깨뜨린다. 현재 여러 나라에서 이것의 사용이 금지되고 있으나, 아직도 일부에서는 이 물질로 코팅된 용기들을 사용하고 있는 실정이다.

이슈@전망

새로운 질병이 유행하게 될까

근대화와 함께 이루어진 환경 변화는 물이나 공기와 같이 당연히 우리 마음대로 쓸 수 있으리라 생각했던 천연자원을 오염시켜 놓았다. 수십 년 전만 해도 물을 사고파는 것은 역사 속의 인물 김선달만 가능했던 일이었으나 이제는 석유 가격에 맞먹는 비용을 지불하고 생수를 사 마시는 시대가 되었다.

인류는 농경생활을 시작하기 전까지 항상 먹을 것이 부족했고, 불과 100년 전만 해도 보릿고개라 하여 1년 중 어느 한 시기에는 먹을 것이 없어서 배를 주려야 했다. 이런 부족한 환경 속에서 자라온 인류가 음식을 저장하는 능력을 가지게 된 것은 지극히 당연한 일이다. 그런데 20세기 중반을 넘어서면서 열량(칼로리)이 높은 패스트푸드가 보급되기 시작하자 문제가 생기기 시작했다. 저장 능력이 뛰어난 인류가 필요 이상의 영양분을 공급받으면서 사람의 몸이 감당할 수 있는 능력을 벗어나기 시작한 것이다. 과다한 음식이 공급되자 얼른 적응을 하지 못한 사람의 몸은 영양분을 마구 저장하여 비만인 사람들을 양산해냈다. 농경생활 이전까지는 사냥을 위해 마구 뛰어다녀야 했고, 농경생활이 시작된 후에도 움직이는 것이 일상생활이었던 인간사회에 각종 기계와 자동차가 출현하면서 이제 인간은 움직이는 것을 귀찮아하게 되었다. 활동량이 줄어드니 영양분의 소비도 줄었지만 저장 능력은 더욱 빛을 발휘하여 100년 전만 해도 상상할 수 없었던 정도로 많은 비만, 당뇨, 고혈압, 대사증후군 환자들이 생겨났다.

인류문명의 발전이 생활습관의 변화를 가져와 질병을 양산시키게 된 것과 함께 기후변화도 새로운 질병의 유행을 예고하고 있다. 이제는 누구의 귀에나 익숙하게 들릴 '지구온난화'는 지구 표면의 온도를 높여 줌으로써 지구 상에 존재하는 수많은 생물체 중 특히 더위에 강한 곤충의 숫자를 급격히 증가시키고 있다. 한 예로 모기의 분포가 나날이 넓어지고 있는 것이다.

모기는 말라리아, 황열, 뎅기열, 일본 뇌염, 웨스트 나일 바이러스 감염증, 말레이사상충, 반크롭트사상충 등 수많은 전염병의 매개체 역할을 한다. 이와 같은 전염병을 일으키는 바이러스나 유충이 모기의 몸으로 들어왔다가 사람의 피를 빨 때 사람의 몸속으로 들어와 각종 질병을 일으키는 것이다. 그런데 지구온난화에 의해 모기의 분포 지역이 점점 넓어지고 있으니 모기가 전파하는 질병도 점점 그 세력을 확장하고 있다. 우리나라의 경우 1960년대에 실시한 대대적인 모기박멸사업 후 말라리아 환자가 줄어들어 1990년대 초에는 한명도 볼 수 없을 정도로 말라리아가 퇴치되는 듯했으나 이제는 매년 수백 명씩 발생하는 등 다시 토착화 기미를 보이고 있다. 19세기 말 미국이 남아메리카를 향한 제국주의를 표방하면서 가장 먼저 퇴치하고자 했던 황열은 남아메리카 일부 지역에서 백년 이상 사라진 질병이었으나 최근에 다시 환자 발생이 보고되고 있다. 환경의 변화가 질병을 만들어내고 있는 것이다.

또한 산업화와 문명화에 의해 지구 상에서 인간들의 분포 지역이 점점 넓어지면서

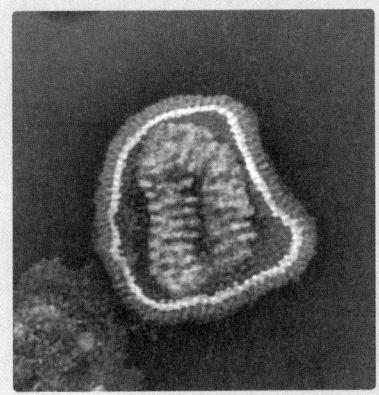 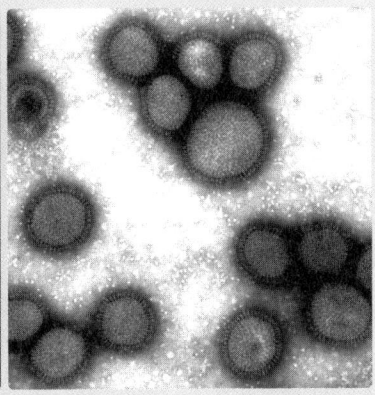

질병은 또다시 인류의 역사를 바꾸게 될까. 대규모의 전염병 유행이나 신종 질병의 발생은 인류를 공황 상태에 빠뜨릴 만큼 사회적 영향력이 매우 크다.

자연계에 존재하는 동물과 인간이 접촉할 기회가 늘어난데다, 원래는 야생인 동물들을 가축으로 집단사육하면서 가축을 통한 질병발생건수도 증가일로를 거듭하고 있다. 그 결과 동물에게서만 발생하던 질병이 이제는 사람을 감염시켜 질병을 일으키는 인수공통전염병으로 변해가고 있다. 조류독감, 에볼라열, 에이즈, 브루셀라, 탄저 등 수많은 전염병들이 인간과 동물의 접촉에 의해 동물로부터 인간으로 전파된 질병이다.

1976년 미국 필라델피아에서 개최된 재향군인회에서 이전까지 알려지지 않았던 수많은 환자들이 발생하였다. 조사 결과 레지오넬라균에 의해 발생한 질병으로 밝혀졌다. 그런데 이 레지오넬라균은 냉방기의 냉각수와 같이 고인 물에서 증식한 다음 호흡기를 통해 감염되는 질병이다. 냉방기 사용이 보편화되기 전에는 환자발생이 거의 없었으니 인간 생활환경의 변화가 새로운 질병을 야기한 셈이다.

환경의 변화는 인체의 항상성에 영향을 주어 언제라도 질병을 야기시킬 수 있다. 사람은 누구나 질병 없는 삶을 꿈꿀 것이다. 그러나 우리의 생활환경이 계속 변화해가고 있는 지금 주변 환경에 잘 적응하지 않으면 언제라도 새로운 질병이 발생할 가능성을 지니고 있다. 그러므로 우리 주변에서 일어나고 있는 환경변화를 직시하고, 새로운 환경이 이롭지 않은 환경이라면 그런 환경이 조성되지 않도록 노력해야 할 것이고, 피할 수 없는 환경의 변화가 찾아온다면 잘 적응하는 것만이 질병으로부터 해방될 수 있는 방법이 될 것이다.

질병 없는 세상을 계획하는 일은 에너지, 물, 기후와 같은 환경을 잘 다스리는 일이 선행되어야 가능한 일이다.

예병일 연세대학교 원주의과대학 교수

5장

물

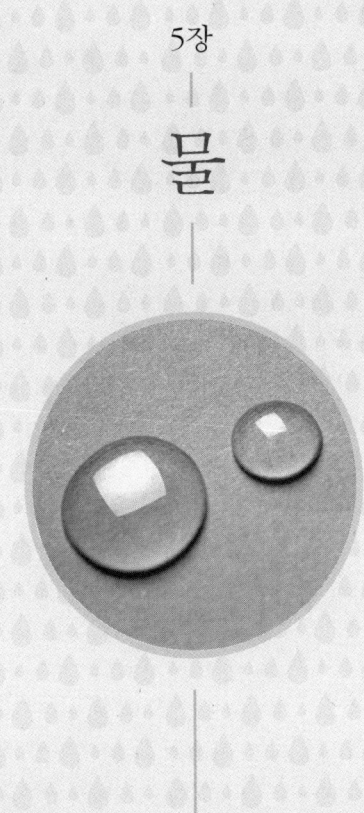

"세계은행은 20세기가 석유 분쟁의 시대였다면 21세기는 물 분쟁의 시대가 될 것이라고 경고한 바 있다. 석유는 바이오 연료나 신에너지로 대체될 수 있지만, 물은 그 무엇으로도 대체할 수 없으니 더 심각한 셈이다. 물을 지배하는 나라가 미래를 지배할 것이라는 말이 점차 현실로 다가오는 듯하다."

이성규
한국과학창의재단에서 발행하는 인터넷 과학신문 〈사이언스타임즈〉에 첨단과학과 우리나라 전통 과학을 쉽고 재미있게 알려주는 기사와 칼럼을 연재하고 있다. 과학이 동화 속에 스며든 이야기를 쓰는 데에 관심이 많다. 지은 책으로는 『교과서 밖으로 뛰쳐나온 과학1, 2』 『밥상에 오른 과학』 등이 있다.

물 전쟁 시작될까

지난 2008년 7월 미국 워싱턴에서 열린 세계미래회의에서는 무서운 이야기가 오고갔다. 앞으로 10년 안에 제3차 세계대전이 발발한다면 물 전쟁이 될 것이라는 예측이었다.

세계미래회의란 1966년 앨빈 토플러Alvin Toffler와 짐 데이토Jim Dator 등 저명한 미래학자들이 주축이 되어 설립한 비정부기구로 미래 사회를 예측하고 매년 미래전망보고서를 내놓고 있는 단체다. 그런데 이 유명한 단체가 머지않은 미래에 물 전쟁이 일어날 것이라고 예측한 것이다. 도대체 물 전쟁이란 무엇을 말하는 걸까?

세계미래회의가 예측한 물 전쟁이란 다름 아닌 물을 서로 차지하기 위해 싸우는 전쟁을 의미한다.

물을 차지하기 위해 일어난 '6일 전쟁'

현재 전 세계에 두 나라 이상의 영토를 흐르는 '다국적 강'은 무려 263개나 된다. 유럽의 다뉴브 강은 14개 나라, 아프리카의 나일 강은 11개 나라, 남아메리카의 아마존 강은 9개 나라를 거쳐 흐른다. 그러니 강물을 서로 차지하기 위한 나라 간의 다툼이 일어날 수밖에 없는 상황이다. 실제로 강물을 놓고 국가 간에 전쟁이 일어난 적도 있다.

 1967년 6월 5일 오전 7시 45분, 이스라엘 공군기들이 이집트를 기습적으로 공격했다. 공군기들은 멀리 리비아 사막지대를 통해 들어왔기 때문에 레이더망에 잡히지 않았다. 또 주요 지휘관들의 출근시간이라 이집트는 제대로 대응할 수조차 없었다.

 이 기습작전으로 이집트 공군은 개전 하루 만에 거의 궤멸되다시피 했다. 제공권을 장악한 이스라엘군은 지상군을 진격시켜 이집트의 시나이 반도와 수에즈 운하를 장악했고, 요르단과 시리아 군과의 전투에서도 대승을 거두었다. 조그만 국가인 이스라엘이 단 6일 만에 주변의 아랍 국가들을 상대로 싸워 이긴 것이다.

 '6일 전쟁'이라고도 불리는 이 3차 중동전쟁의 원인은 바로 강물 때문이었다. 국경이 접해 있는 요르단 강을 이용해 이스라엘이 농업지대를 조성하려 하자, 시리아가 요르단 강 상류 지역에 댐을 건설하기 시작했던 것이다. 댐이 완공될 경우 이스라엘 지역

이스라엘과 아랍국가 사이에 벌어진 6일 전쟁은 강물 때문에 빚어졌다.

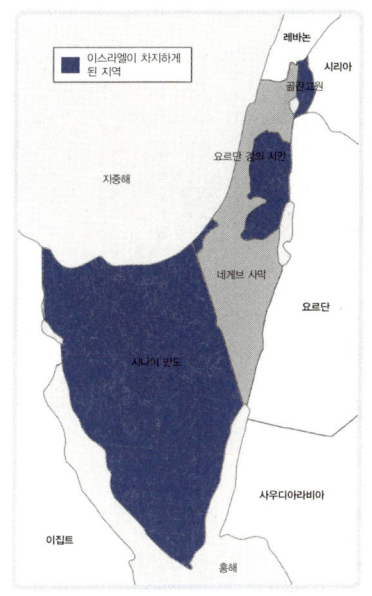

6일 전쟁에서 승리한 이스라엘은 요르단 강의 서안, 골란고원 등을 차지했다.

을 흐르는 요르단 강으로는 물이 흘러 들어가지 않게 된다. 이에 위기의식을 느낀 이스라엘은 폭격기를 보내 댐을 파괴했고, 그렇게 해서 발발한 전쟁이 바로 6일 전쟁이다.

전쟁에서 승리한 이스라엘은 요르단 강 서안과 갈릴리 호의 수원지인 골란 고원 등을 점령해 그 일대의 수자원을 확실히 확보하는 성과를 거두었다.

세계의 5대 물 분쟁 지역

인류 역사상 세계에서 가장 먼저 문명을 발달시킨 4개 지역을 일컬어 세계 4대 문명발상지라고 한다. 이라크 남부의 티그리스-유프라테스 강변의 수메르 문명과 나일 강변의 이집트 문명, 인더스 강변의 인도 문명, 황허 강변의 황허 문명이 바로 그것이다.

그중 가장 오래된 문명의 시초지인 유프라테스 강도 요즘 물 때문에 심각한 분쟁을 겪고 있다.

유프라테스 강은 터키 동부 아르메니아 고원에 위치한 아라라 산 기슭의 반 호수에서 발원하여 시리아와 이라크를 거쳐 페르시아 만으로 흘러드는 서아시아 최대의 강이다. 길이만 해도 무려 2,700킬로미터에 이르며, 3개국의 1억 300만 인구의 젖줄 역할을 하는 중요한 강이다.

그런데 강 상류 지역의 터키가 1990년부터 모두 22개의 댐과 제방을 건설하여 건조한 남부 지역의 농경지에 물을 끌어대면서 문제가 생기기 시작했다. 댐을 건설한 후 터키는 하류로 강물을 흘려보내지 않았고, 이에 시리아와 이라크가 격렬하게 항의하고 나선 것이다.

세계4대 문명은 모두 강을 중심으로 발달했다. 이집트 문명은 나일 강, 메소포타미아 문명은 티그리스-유프라테스 강, 인도 문명은 인더스 강, 황허 문명은 황허 강을 중심으로 발달했다.

그러나 터키는 자국 영토 내의 물에 대해서는 마음대로 사용할 권리가 있다고 주장했다. 이에 하류 지역의 이라크는 자신들은 지난 6,000년간 사용해온 물에 대한 역사적 권리를 지니고 있으며 강물은 자연스럽게 순환하도록 해야 된다는 생태적 권리를 내세웠다.

한편 중류 지역의 시리아는 터키에 대해서는 이라크와 똑같은 입장을 취하고, 하류 지역의 이라크에 대해서는 터키 측의 입장을 취했다. 같은 이슬람 국가라 해도 언제 전쟁이 벌어질지 모르는 일촉즉발의 상황인 셈이다. 거기에다가 소수민족인 쿠르드족이 독립을 위해 터키의 수력발전소 설립에 반대하며 오랫동안 게릴라전을 펼치고 있어서 상황은 더욱 복잡하다.

이집트 문명의 발상지인 나일 강 역시 물로 인한 다툼이 심한 지역이다. 나일 강은 부룬디·콩고·에티오피아·케냐·르완다·수단·탄자니아·우간다 등의 나라를 거쳐 종착지인 이집트로 흐른다.

이집트는 현재 이용가능한 물의 양보다 수요량이 훨씬 많아 수자원 확보에 열을 올리고 있는 국가이다. 때문에 이집트는 나일 강 상

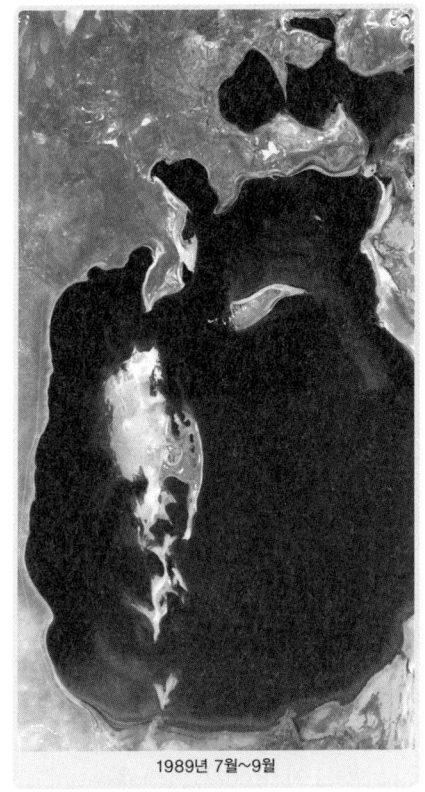 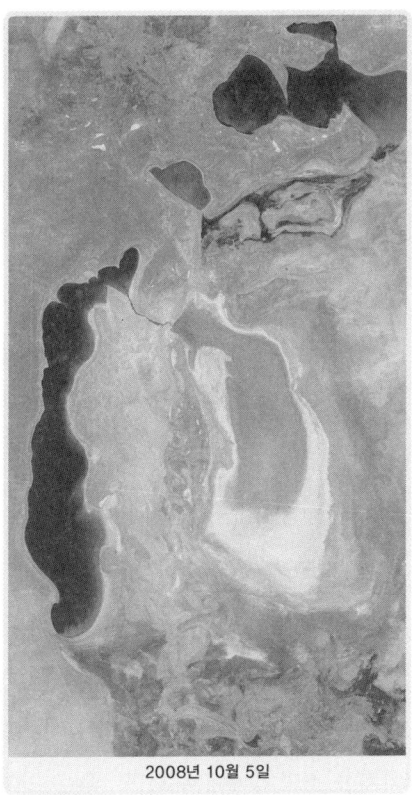

1989년 7월~9월 / 2008년 10월 5일

죽어가고 있는 아랄 해. 1989년의 아랄 해(왼쪽)는 물이 풍부했지만, 2008년의 아랄 해(오른쪽)는 흘러드는 강물의 양이 줄어들어 사막화되고 있다.

류 지역의 나라가 댐을 건설할 경우 언제든지 공격할 수 있도록 전쟁 준비를 끝내 놓고 상대국들을 위협하고 있다.

실제로 이집트는 1980년대 중반, 수단을 향한 공중폭격 명령을 내리기 일보 직전까지 간 적도 있다. 에티오피아 등 인구가 급속히 늘어나고 있는 상류 국가들도 물 수요량이 급증하고 있어, 날이 갈수록 나일 강을 사이에 둔 갈등이 커지고 있다.

기후가 매우 건조한 중앙아시아 중심부에 위치한 아랄 해는 국가

간의 협력이 이루어지지 않아 발생한, 세계적으로 가장 유명한 환경 재앙 지역이다. 1960년경부터 구소련은 아무다리야 강, 시르다리야 강 등의 물을 이용해 우즈베키스탄, 카자흐스탄, 투르크메니스탄 등지의 넓은 땅을 목화 농경지로 바꾸었다.

이로 인해 아랄 해로 흘러드는 강물의 양이 크게 줄고 염분 농도가 높아져, 예전에는 풍부했던 철갑상어와 잉어 등의 어류가 멸종 위기에 놓일 만큼 죽음의 호수로 변하고 말았다. 호수 크기도 예전의 1/4로 줄어 나머지는 사막이 되어버렸다.

힌두 문화의 중심지를 이루는 갠지스 강 역시 인도와 방글라데시 간의 갈등을 빚는 원인이 되고 있다.

21세기는 물 분쟁 시대

물로 인한 분쟁은 국가 간의 문제만이 아니다. 아프리카 북동부에 위치한 소말리아에는 최근 '우물 과부'라는 신조어가 생겨났다. 우물을 서로 차지하기 위한 전투에서 남편을 잃은 과부라는 뜻이다.

지난 2003년부터 극심한 가뭄이 계속되자 우물이 하나밖에 없는 소말리아의 라브도레 마을에서는 두 부족 간의 살육전이 시작되었다. 우물을 빼앗길 경우 부족 전체가 위험해지므로 전투는 치열했다. 3년 동안 이 마을에서 무려 200여 명이 전사할 정도였다.

우리나라의 경우에도 지난 2001년 완공된 전북 진안군의 용담댐 물 배분량을 둘러싸고 전북권과 충청권이 갈등을 빚은 바 있다. 또 낙동강의 수질오염 문제를 놓고 대구시와 부산시가 오랫동안 얼굴을 붉히기도 했다.

이처럼 물이 분쟁의 주요 요인으로 떠오른 가장 큰 이유는 바로 세계 인구의 폭발적인 증가 때문이다. 1960년경 30억 명이었던 세계 인구는 불과 40년 만에 그 두 배인 60억 명으로 불어났다. 이는 그 이전 400만 년 동안의 인구 증가보다 더 많은 수치이다.

문제는 앞으로도 세계 인구가 계속 증가할 거라는 데 있다. 2025년이 되면 80억 명, 2050년에는 90억 명 이상이 될 것이라 추정된다.

더구나 경제성장과 생활의 선진화로 1인당 물소비량은 급속히 늘어나는 추세다. 경제개발협력기구 OECD 회원국들의 1인당 물 소비량은 사하라 이남 아프리카 지역의 15배에 이른다.

하지만 인간이 쓸 수 있는 민물의 양은 예나 지금이나 똑같이 한정되어 있다. 그러니 물 공급의 불공평이 심화되어 서로 싸울 수밖에 없는 것이다.

지난 50년간 전 세계에서 물로 인해 발생한 국가 간의 폭력사태만 해도 무려 37건이나 된다. 또 물 부족이나 수질오염으로 목숨을 잃는 사람들의 수는 연간 500만 명에 달한다. 이는 전쟁으로 인한 사망자보다 훨씬 많은 숫자이다.

영어로 경쟁자를 뜻하는 라이벌 rival 이란 단어가 개울이나 시내를 뜻하는 라틴어 리부스 rivus 에서 유래한 걸 보면, 물로 인한 다툼의 역사는 꽤 오래된 듯하다.

세계은행은 20세기가 석유 분쟁의 시대였다면 21세기는 물 분쟁의 시대가 될 것이라고 이미 경고한 바 있다. 석유는 바이오 연료나 신에너지로 대체될 수 있지만, 물은 그 무엇으로도 대체할 수 없으니 더 심각한 셈이다. 물을 지배하는 나라가 미래의 세계를 지배할 것이라는 말이 점차 현실로 다가오는 듯하다.

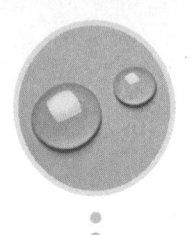

빗물도 모으면 돈이 된다

남아프리카의 내륙에 있는 작은 나라 보츠와나에서는 돈을 세는 화폐 단위가 '풀라pula'이다. 풀라는 그 나라 말로 비를 뜻한다. 풀라보다 단위가 좀 더 작은 화폐는 '테베thebe'라고 하는데, 테베 역시 빗방울이란 뜻이다.

왜 보츠와나 국민들은 비와 빗방울이란 말을 화폐단위로 사용했을까? 그들의 생활방식을 살펴보면 그 이유를 잘 알 수 있다. 보츠와나에서는 집이나 학교마다 커다란 수조를 두고 비가 올 때마다 빗물을 모아서 식수나 생활용수로 사용한다.

이곳에서 빗물은 하늘이 내려주는 돈과 마찬가지로 소중한 존재이다. 즉, 빗물을 돈처럼 소중하게 여기는 생활습관 때문에 자연히 화폐단위로 그와 같은 말을 사용하게 된 것이다.

우리나라에서도 역사적으로 물을 돈처럼 아주 소중히 여겼다. 예로부터 물이 매우 귀했던 제주도에서는 잔칫집에 초대받아 갈 때 선물로 물을 가득 담은 항아리를 가져가곤 했다. 물이 곧 돈이나 과일 같은 값진 선물이었던 셈이다.

제주도에서는 비가 올 때 나무를 타고 새끼줄을 따라 흘러들어온 빗물을 항아리에 모은 후 식수로 사용하곤 했다. 여름철에는 그 항아리 물을 상하지 않게 하기 위해 개구리를 거기에 넣어 기르는 집도 있었다고 한다.

조선시대에는 집집마다 장독대 외에 물독대라는 걸 따로 두었다. 거기에다 사시사철 내리는 빗물을 받았고, 천수天水라고 하여 귀하게 여겼다. 또 입춘 전후에 받은 빗물은 '입춘수'라고 하여, 그 물로 술을 빚어 마시면 기운이 왕성해진다고 믿었다.

자연친화적인 빗물 이용 기술

우리가 사용할 수 있는 물은 모두 비에서 비롯된다. 유유히 흐르는 강물과 수돗물, 그리고 지하에서 퍼올리는 우물물도 빗물에서 시작된다.

비가 얼마 만큼 많이 오고 적게 오는가에 따라 자연환경과 사람들의 생활방식도 결정된다. 우리나라처럼 비가 많이 내리는 지역에서는 논농사가 발달했으며, 이보다 비가 조금 적게 내리는 지역에서는 밭농사가 발달했다.

또 비가 간혹 내리는 지역에는 초원이 발달하여 소나 양·말·염소 등을 키우며 사는 유목민들이 많다. 그리고 비가 거의 내리지 않는 지역은 식물이 자라지 못하는 사막이어서 사람도 살지 못한다. 즉, 강수량에 따라 거기에 사는 사람들의 삶이 결정되는 것이다.

마찬가지로 세상의 모든 물 문제 역시 빗물에서 시작된다. 우리나라의 경우 2020년이 되면 약 10억 톤의 물이 부족할 것이라고 한다. 그런데 우리나라에서 1년 동안 내리는 비의 양이 약 1,240억 톤이다.

제주도에서는 빗물을 항아리에 모아 식수로 사용하곤 했다.

빗물의 1퍼센트만 활용해도 10년 후에 다가올 물 부족 문제를 해결할 수 있는 것이다.

그러나 문제가 그리 간단하지 않다. 서울의 경우 1962년에는 빗물이 땅속으로 스며드는 양이 총 빗물량의 약 40퍼센트에 달했다. 그런데 현재는 그 절반 수준인 23퍼센트밖에 되지 않는다.

빗물이 땅속으로 많이 스며들어야 지하수도 풍부해지고 강도 오랫동안 마르지 않는다. 그러나 빗물이 땅속으로 스며들지 않게 되면 지하수가 고갈되고 강의 수위가 낮아질 뿐 아니라 지반침하로 인한 건물붕괴의 위험까지 있다.

실제로 서울의 지하수 수위는 최근 6년 동안 0.6미터나 낮아졌다. 특히 주택가가 밀집된 지역의 지하수 수위는 3.2미터나 내려간 것으로 조사되었다. 왜 예전처럼 빗물이 땅속으로 잘 스며들지 못하는 것일까.

그 원인은 바로 아스팔트와 콘크리트 바닥에 있다. 도시의 땅이란 땅은 모두 아스팔트 아니면 콘크리트로 뒤덮여 비가 스며들 맨땅이 거의 없기 때문이다. 땅속으로 스며들지 못한 빗물은 모두 모여 하수도로 흐른다.

비가 내리자마자 빠른 속도로 하수구로 흘러가버리니, 갑작스레 폭우가 내릴 경우 도시 부근의 하천은 물이 자주 넘칠 수밖에 없다. 또 하수구의 배수구가 막혀 빗물이 제대로 빠지지 못하게 되면 도시 전체가 물에 잠겨버리기도 한다.

때문에 이제는 빗물을 빠르게 내보내는 것보다는 빗물을 도시 속에 가둬 자연친화적으로 사용하는 빗물 이용 기술에 많은 국가들이 관심을 두고 있다.

일본 스미다 구의 빗물 이용

일본 지바 현에 있는 이치카와 시는 도로가 다른 도시와는 다른 구조로 되어 있다. 도로 가장자리에 침수 트렌치라는 시설이 있어서, 아스팔트에 스며들지 못하고 흘러나온 빗물을 모아 땅속으로 스며들게 한다. 또 지붕에서 내려온 빗물이 땅속으로 잘 스며들 수 있는 침투 시설도 있다.

일본의 수도인 도쿄 근처에 들어선 신도시 하치오지의 뉴타운은 도시 전체에 빗물 시스템을 종합적으로 반영한 계획도시이다. 주택가 도로변마다 침수통을 설치하여 빗물을 잘 스며들게 하고, 하천 바닥도 물이 스며들 수 있는 돌과 흙으로 만들었다. 또 대부분의 건물에 빗물 관리 시설을 설치하고, 아파트 단지에는 홍수를 조절할 수 있는 작은 저수지를 만들어놓았다.

일본 도쿄의 스미다 구는 빗물 이용을 가장 잘 실천하는 대표적인 지역으로 꼽힌다. 1990년에 완공된 스미다 구청 건물에는 옥

스미다 구의 스모-레슬링 경기장인 국기관은 지붕에서 떨어지는 빗물을 최대 1천 톤까지 지하탱크에 모을 수 있다.

상 한쪽 지붕면을 이용해 연간 약 4,600톤의 빗물을 받을 수 있는 시설이 있다. 이 물로 구청 화장실에서 사용하는 물의 80퍼센트가량을 충당하며, 옥상에 마련된 녹지공원의 식물들을 키운다.

1982년부터 빗물 프로젝트를 시작한 스미다 구는 보조금 지원을 통해 빗물 사용을 적극 권장하고 있다. 대표적인 건물이 스모-레슬링 경기장인 국기관이다. 약 8,400평방미터인 국기관 지붕에서 떨어지는 빗물은 최대 1천 톤을 저장할 수 있는 지하탱크에 모아진다.

그중 약 500톤은 수세화장실 용수와 냉각탑의 보충수로 사용되고, 나머지 500톤은 홍수를 대비한 임시 저류탱크로 사용된다. 즉 하나의 빗물 이용 시설로서, 생활용수 및 홍수 방재를 위한 전천후 시스템으로 사용하고 있는 것이다.

이밖에도 스미다 구에는 주택가 골목마다 '로지손'이라는 특이한 빗물 이용 시설이 마련되어 있다. 개인주택의 지붕으로부터 빗물을 모아 로지손에 저장한 후, 식물 재배용수와 소방용수로 사용하는 것이다. 또 비상시에는 로지손의 물을 음용수로도 사용할 수 있다.

이 같은 스미다 구의 빗물 이용 프로젝트는 2000년 G8의 환경포

럼에서 '최고의 실천 사례'로 선택된 바 있다.

독일 베를린에 소재한 소니센터에도 빗물 이용 시설이 설치되어 있다. 약 4,000평방미터의 유리와 천으로 된 거대한 텐트형 지붕에서 수집된 빗물은 전자동 시스템에 의해 화장실이나 야외 오락시설 용수 및 빌딩의 화재에 대비한 소방용수로 이용된다. 비상용 저장조가 차게 되면 물은 자동으로 하수시스템에 유출된다. 빗물을 사용할 수 없을 때는 도시 수돗물이 공급된다.

한편 빗물 대신 안개에서 모은 물을 이용하는 '안개 집수 시설'을 설치한 곳도 있다. 칠레의 춘공고 지역은 연 강수량이 37밀리미터에 불과하다. 따라서 이곳 주민들은 소나기에서 생활용수를 얻는가 하

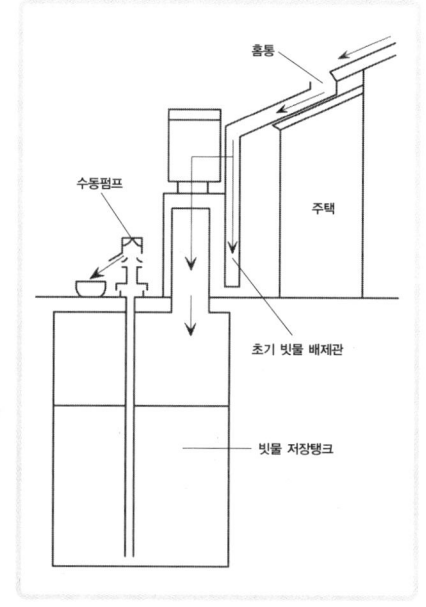

스미다 구에는 주택가 골목마다 로지손이라는 빗물 이용 시설이 설치되어 있다. 오른쪽 그림에서 볼 수 있듯이, 로지손은 홈통을 통해 들어온 빗물을 저장탱크에 모은 후 필요할 때 펌프를 통해 끌어올리는 빗물 이용 시설이다.

면 설거지한 물로 청소를 하는 등 물을 아주 절약하며 살아간다.

우리나라의 1인당 하루 평균 물 소비량이 약 400리터인 데 비해 이곳 주민들의 하루 평균 물 사용량은 14리터에 불과하다. 수십 개의 안개 집수 시설은 지난 1992년에 설치되었다.

큰 기둥에 설치한 배구 네트와 비슷한 폴리프로필렌 재질의 거대한 집수망에서 모아진 물이 수로와 파이프를 통해 저수지로 모아진다. 안개 집수망 1개의 표면적이 약 48평방미터인데, 여기서 하루에 144리터의 물을 모을 수 있다고 한다. 이렇게 저장된 물은 간단한 염소 소독을 거친 후 마을로 공급되는데, 이 시설이 들어선 후 주민들은 이제 하루에 약 31리터의 물을 공급받게 되었다고 한다.

다양한 빗물 이용 시설

우리나라는 국토의 약 70퍼센트가 산악 지형이라 빗물이 곧바로 강이나 바다로 흘러든다. 또 도시화가 진행되면서 땅속으로 스며드는 빗물의 양도 갈수록 줄어들고 있다. 선진국의 빗물 이용률이 40퍼센트 정도인데 비해 우리나라의 이용률은 26퍼센트에 불과하다. 때문에 이제 우리나라도 빗물의 이용에 눈길을 돌리고 있다.

충남 계룡시 엄사면에 있는 한 3층 건물의 옥상에는 '빗물저금통'이 설치되어 있다. 비가 올 때마다 빗물을 동전처럼 빗물저금통에 그대로 모아두는 것이다. 이 건물에서 식당을 운영하고 있는 주인은 이 30톤 용량의 빗물저금통에 모인 물로 식기 세척을 비롯해 화장실 청소, 화단 물주기 등 생활용수로 활용하고 있다. 특히 유난히 더웠던 2008년 여름에는 빗물저금통이 위력을 발휘했다. 건물 옥상에 물이 가득 담긴 저수조가 있으니 아래층의 주택은 냉방기가 필요 없을 정도로 시원했던 것이다. 수도세도 절약하고 전기세도 아낄 수 있으니 빗물저금통으로 일석이조의 효과를 거둔 셈이다.

서울시 봉천동에 있는 서울여상의 화단에도 빗물저금통이 설치되어 있다. 토지공사의 지원으로 설치된 빗물저금통으로 이 학교 학생들은 120개의 상자텃밭에 오이·호박·가지·고추 등을 키우고 있다. 또 빗물을 이용해 키운 학교 화단에는 금낭화와 제비꽃·싱아 등이 예쁘게 자라났다.

세계적인 모범사례로 꼽히는 대규모 아파트 단지의 빗물 시설도 우리나라에 들어섰다. 서울 광진구에 위치한 스타시티라는 주상복합아파트 단지에는 옥상과 정원에서 받은 빗물을 지하 4층의 저장탱크에 모은다.

3개의 저장탱크에 모을 수 있는 빗물의 양은 3,000톤이나 되는 어마어마한 양이다. 이 물로 단지 내의 빗물 분수대를 비롯해 실개천 등의 녹지공간을 조성하고 공용화장실 용수로도 사용한다고 한다. 화재 발생시엔 소방용수로 활용하기도 한다. 스타시티는 이 시설의 설치로 6개월 동안 약 2만 톤 이상의 물을 절약할 수 있었는데, 이를 돈으로 환산하면 약 4천만 원이나 된다고 한다.

하지만 빗물은 몇 가지 단점을 지니고 있다. 요즘 내리는 비의 대부분이 산성비와 먼지비이기 때문이다. 보통 빗물은 대기 중의 이산화탄소가 녹아 약한 산성을 띠는데, 공기 중에 오염물질인 이산화황이나 이산화질소가 많을 경우 pH농도가 더욱 낮아져 산성비가 된다. 반대로 황사 등으로 대기에 미세먼지가 많으면 pH농도가 높아져 알칼리화된 먼지비가 된다.

빗물의 오염이 얼마나 심한지 알아보기 위해 서울 원효대교의 도로에서 흘러나온 빗물에 물벼룩을 넣었더니 1~2시간 안에 모두 죽었다고 한다. 한마디로 물벼룩도 살지 못할 만큼 나쁜 물이었던 셈이다.

그럼 이런 빗물을 모아서 사용하는 빗물 이용 시설은 과연 괜찮을까. 이를 알아보기 위해 서울대 빗물연구센터 연구팀이 서울대 기숙사의 빗물 이용 시설에 저장된 빗물의 pH농도를 측정해본 적이 있다. 그랬더니 산성비가 유입되어도 빗물 저장 시설에서 시간이 지나자 점차 중성화되는 것으로 나타났다.

먼지비의 경우에도 불순물은 철망으로 만든 그물망에서 걸러지고 미세 먼지는 저장되어 있는 동안 바닥으로 자연스럽게 가라앉기 때문에 시간이 지나면 특별한 화학처리를 하지 않아도 식수 외의 생활용수로 사용할 수 있을 만큼 맑아졌다고 한다.

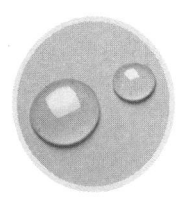

바닷물을 식수로 만드는 해수 담수화 기술

부족한 물을 바닷물로 충당할 수는 없을까? 방법이 꼭 없는 것은 아니다. 바닷물에서 염분만 제거하면 먹을 수 있기 때문이다. 실제로 바닷물의 염분을 0.05퍼센트까지 낮추면 마실 수 있는 것으로 알려져 있다. 그럼 바닷물에서 어떻게 하면 염분을 제거할 수 있을까.

바닷물을 끓여서 물을 얻다

그 방법은 기원전 4세기 고대 그리스의 철학자 아리스토텔레스에 의해 이미 밝혀졌다. 그는 바닷물을 끓이면 수증기가 나와 소금만 남고, 그 수증기를 다시 액화시키면 순수한 물이 된다는 사실을 알고

바닷물을 염분이 낮은 물로 바꾸는 데엔 아직까지는 많은 비용을 지불해야 한다.

있었다.

그후 문헌상에 이 방법을 처음 기록한 이는 아라비안의 연금술사이자 화학자인 자비르Jabir ibn Hayyan였다. 그는 책에서 "선원들이여, 바닷물이라도 끓여서 그 증기를 해면체에 포집하여 짜면 갈증을 해소할 수 있다"라고 적었다.

이처럼 바닷물을 사람도 먹을 수 있는 물로 만드는 것을 '해수 담수화'라고 하는데, 사막이 많은 중동 지역 등의 일부 국가에서는 바닷물을 끓여 소금기만 남기고 수분을 증발시키는 이 '증발식 담수화' 방법으로 물을 얻고 있다.

1560년 튀니지에 이 방식으로 최초의 해수 담수화 공장이 세워져,

하루 약 5.4톤의 물을 에스파냐 병사 700명에게 공급했다. 산업혁명기를 거치면서 사탕수수에서 설탕을 얻기 위해 이 같은 증발법은 더욱 발달하기 시작했다.

사탕수수의 경우 많은 양의 물과 함께 증발시키면 설탕 결정을 얻을 수 있는데, 그로 인해 효율적인 증발기가 발전한 것이다. 그 영향으로 19세기 말 여러 곳에 해수 담수화 공장이 설치되었지만, 에너지 효율이 낮고 생산단가가 너무 높아 본격화되지는 못했다.

그러다 제2차 세계대전이 발발하면서 사막 지역의 군인들에게 물을 공급할 필요가 생기자 해수 담수화 기술의 개발이 본격화되었다. 1960년에는 드디어 쿠웨이트에 하루에 4천 톤의 물을 생산할 수 있는 대규모 해수 담수화 생산 시설이 최초로 설립되었다.

세계 최고의 도시로 부상하고 있는 아랍에미리트 두바이의 인근 도시 후자이라에는 현재 45만 톤 규모의 해수 담수화 시설이 들어서 시민 13만 명에게 수돗물을 공급하고 있다. 이스라엘 해양 휴양 도시인 아스켈론에도 2개의 해수 담수화 플랜트 단지가 건설되고 있으며, 에스파냐 정부도 남부에 20개의 담수화 플랜트를 건설할 계획이다. 특히 사막이 많은 걸프 만 지역은 해수 담수화 시설이 많이 건설되어 전 세계 담수화 용량의 3분의 2가 설치되어 있다.

아랍에미리트 후자이라에 건설된 담수화 플랜트 전경

한편 산업 발전에 이용하기 위한 해수의 담수화 시설도 추진되고 있다. 칠레의 주요 산업인 광업은 용수를 많이 필요로 하는 대표적인 산업이다. 칠레는 북부 안토파가스타 구리광산의 용수 공급을 위해 태평양에서 물을 끌어올려 고도 2,800미터의 사막에 위치한 광산에 매일 45,000톤의 용수를 공급할 담수화 시설을 추진하고 있다.

우리나라의 해수 담수화 시설

우리나라 독도에도 경비대원과 주민, 등대 직원들을 위한 해수 담수화 시설이 설치되어 있다.

동도에는 하루 70명이 사용할 수 있는 생산용량 27톤 규모의 설비가 설치되어 있고, 독도의 유일한 주민이 살고 있는 서도에는 물 걱정 없이 살 수 있도록 10명이 사용할 분량의 4톤 규모 담수화 설비가 설치되어 있다.

이밖에 우리나라에는 전남 신안군 홍도, 북제주군 추자도 등 70여 곳의 물 부족 도서 지역에 해수 담수화 시설이 운영되고 있다.

그런데 바닷물을 끓여야 하는 증발법은 상당히 많은 에너지를 필요로 한다는 단점을 지니고 있기 때문에 최근에는 역삼투압 방식을 사용하거나 증발법과 역삼투압 방식을 함께 사용하는 해수 담수화 생산 시설이 건설되고 있다.

역삼투압 방식이란 삼투압을 반대로 이용, 특수한 막의 반대 방향에서 압력을 가해 바닷물에서 순수한 물만 뽑아내는 기술이다. 요즘 가정에서 흔히 사용하고 있는 정수기와 비슷한 원리인데, 물질의 농도가 높은 곳에서 삼투압 이상의 압력을 가하면 고농도 용액에서의 순수한 물이 저농도 용액 측으로 흘러 들어가는 역삼투 현상이 일어

추자도에 설치된 담수 정수장

나게 된다.

이러한 역삼투압 방식은 증발법에 비해 에너지 소비량이 약 3분의 1정도밖에 되지 않고 조작이 쉬워 최근에 각광받고 있다.

우리나라는 세계 1위를 고수해올 만큼 증발식 담수시설 기술이 독보적이지만 역삼투식 시설 기술은 아직 미흡해 핵심 기술을 100퍼센트 국산화하지는 못했다. 이에 따라 우리나라는 지난 2007년 학계와 산업계가 공동으로 머리를 맞대 해수담수화플랜트사업단을 발족시킨 바 있다.

이 사업단은 10만 명이 하루 동안 사용할 수 있는 세계 최대 용량의 역삼투압 방식의 담수화 시설 건설과 에너지를 보다 적게 사용하고 오염을 최소화할 수 있는 기술 개발을 목표로 하여 연구를 진행하고 있다.

한편 원자력을 이용한 해수 담수화 시설 연구도 진행되고 있다. 원자로의 핵분열 반응시 나온 뜨거운 열로 바닷물을 끓여서 바닷물을 민물로 바꾸는 연구이다. 이를 위해선 기존의 원자력발전소에 설치된 원자로보다 크기가 작은 중소형 원자로를 사용해야 한다.

1990년대부터 국제원자력기구 IAEA를 중심으로 세계 각국의 과학자들이 이 기술에 대한 연구를 활발히 진행하는 중이다. 우리나라의 경우 1997년부터 대형 원자로를 개량해 전기도 생산하면서 바닷물을 민물로 바꿀 수 있는 다목적 중소형 원자로인 스마트 SMART를 개발하고 있다.

스마트는 원자로 1개로 하루에 전기 9만 킬로와트를 생산하면서 4만 톤의 바닷물을 민물로 바꿀 수 있다. 이 정도면 10만 명이 사는 도시에 전기와 물을 동시에 공급할 수 있다.

이처럼 바닷물을 이용한 담수화 기술은 성장 잠재력이 매우 높다. 세계적인 미래 예측 잡지인 〈퓨처리스트〉는 올해의 중요한 예측 열 가지에 해수 담수화 기술을 포함시키기도 했다.

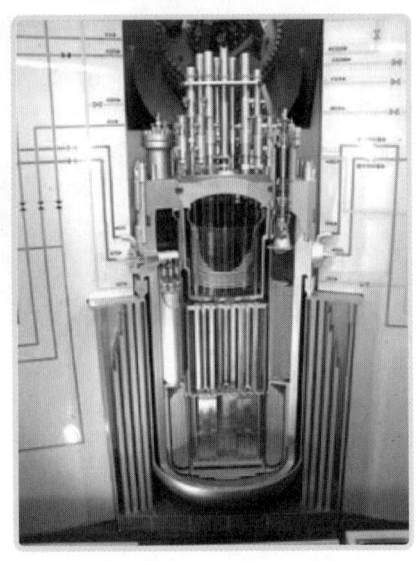

해수 담수화를 지원하는 일체형 원자로 모델

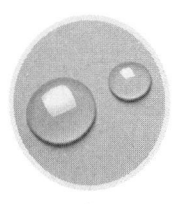

마법의 물, 해양심층수

　요즘 백화점이나 대형마트 매장에 가보면 아주 '특별한 물'을 볼 수 있다. 분명 생수인데 다른 제품들보다 2~3배 비싼 생수가 그것이다. 심지어 일본에서 수입한 생수 중에는 일반 생수보다 10배 이상 비싼 것도 있다. 똑같은 생수인데 왜 그 제품들은 그토록 비싸게 팔리고 있는 것일까.

　제품의 라벨을 보면 그 이유를 알 수 있다. 라벨에는 '해양심층수'란 글자와 더불어 그 물을 얻은 취수 해역과 물에 들어 있는 무기물 함량이 나와 있을 것이다.

　'해양심층수'라는 글자가 표시된 제품은 비단 생수만이 아니다. 해양심층수로 만든 두부도 있고 해양심층수 김치와 해양심층수 소주도 나와 있다. 화장품 코너에 가면 해양심층수로 만든 화장품들을 볼 수 있다.

도대체 해양심층수가 뭐기에 그렇게 많은 제품들이 해양심층수로 만들었다는 걸 강조하고 있을까.

해양심층수란 말 그대로 바다 깊은 곳에 있는 물이다. 바닷 속

심층수를 이용하여 개발된 제품들

을 자세히 분류하면 바다 표면에서부터 200미터까지를 표층이라 하고, 거기서부터 1,000미터까지를 중층이라 부른다. 중층보다 더 깊은 1,000~4,000미터까지를 상부 심해, 4,000미터 이하를 하부 심해라 한다.

햇빛이 주로 비치는 곳은 표층까지가 대부분이며 때문에 수심 200미터 이하인 바다를 무조건 심해라고 부르기도 한다. 따라서 해양심층수는 보통 수심 200미터 이하의 깊은 곳에 존재하는 물을 가리킨다.

표층의 바닷물과 달리 깊은 곳의 물을 해양심층수라고 하여 특별히 다른 명칭으로 부르는 까닭을 알기 위해서는 우선 해양심층수의 탄생 과정부터 이해하는 것이 좋다.

해양심층수의 탄생 과정

가만히 한곳에 머물러 있을 것만 같은 바닷물도 알고 보면 끊임없이 지구 전체를 순환한다. 대부분 바람에 의해서 생기는 난류와 한류 같은 해류에 의해 강물처럼 일정한 방향으로 흐르기 때문에 지구 규

모의 해양대순환이 일어나는 것이다.

그런데 지구를 순환하는 바닷물이 그린란드의 빙하 지역에 도착하면 온도가 차가워져 비중이 커지게 된다. 비중이 커진 표층수는 무거워서 아래로 점점 내려가게 되고, 위쪽의 따뜻한 물과 활발히 섞이지 못한 채 마치 물과 기름처럼 서로 경계를 유지하면서 존재하게 된다.

이 심층수는 대서양을 따라 남하하면서 남극의 웨들 해에서 만들어진 심층수와 만난다. 합류한 심층수는 다시 인도양과 태평양의 바다 깊은 곳으로 이동하는데, 북태평양의 북부 해역에 이르게 되면 상층의 따뜻한 바닷물과 섞이면서 표층 근처로 떠오른다.

표층수에서 심층수가 되어 전 세계를 한 바퀴 돌고 다시 표층으로 떠오르는 바닷물의 이 여행은 몇 년이나 걸릴까. 어떤 과학자들이 방사성 동위원소법으로 측정해본 결과 약 1,670년이 걸린다는 연구 결과가 나온 적이 있다. 다른 과학자들도 보통 1,500년 내지 2,000년 정도 걸릴 것으로 추정하고 있다.

따라서 한 번 해양심층수가 되면 적어도 1,500년 이상은 계속 깊은 바닷속에서만 머무르게 된다. 이로 인해 해양심층수만의 특성을 갖게 되는 것이다.

바다의 표층에서는 햇빛이 투과하므로 식물성 플랑크톤과 해조류 등이 광합성을 통해 유기물을 생산한다. 이 유기물은 동물성 플랑크톤이나 작은 어류들이 먹는다. 그러나 표층 아래의 햇빛이 도달하지 않는 심해에서는 유기물을 먹고사는 미생물의 양이 크게 줄어든다.

또 표층의 유기물은 가라앉으면서 영양염 형태로 분해된다. 이 때문에 해양심층수는 영양염류가 풍부하며, 각종 병원균과 유기오염

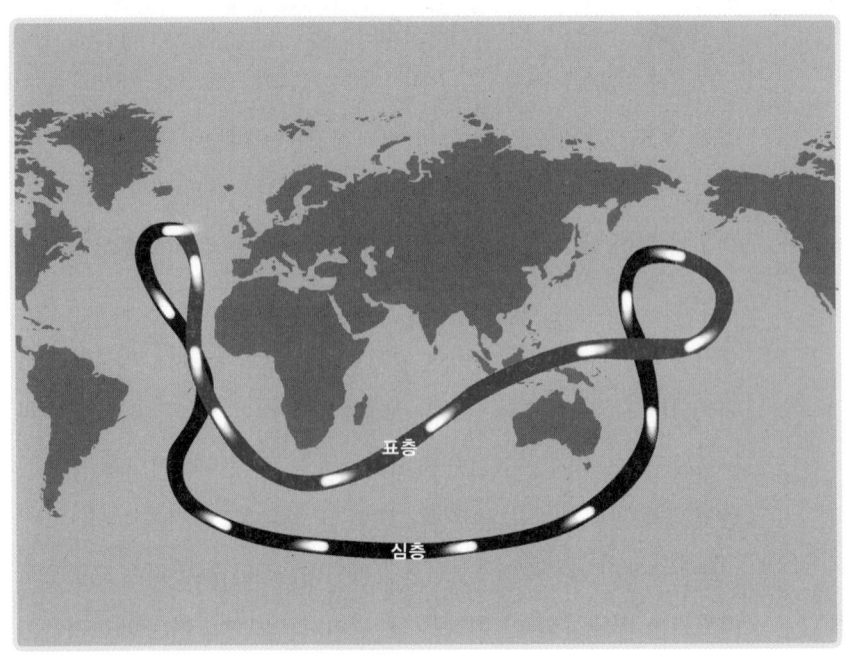

표층수에서 심층수가 되어 전 세계를 한 바퀴 돈 다음 다시 표층으로 떠오르는 바닷물의 여행은 2천 년 정도 걸린다.

물이 적어 매우 깨끗한 특성을 지니게 된다. 더불어 여름이나 겨울 등 계절의 변화에 관계없이 항상 2도 정도의 낮은 온도를 유지하는 '저온성'이라는 특징도 지닌다.

아주 오랜 세월 동안 높은 압력에서 숙성되어 성질이 매우 안정적이며, 그로 인해 인간에 필요한 필수 미량원소와 다양한 미네랄이 인체의 구성과 흡사한 분포로 존재한다는 장점도 있다.

표층수와 심층수를 이용한 해양온도차발전

해양심층수에 제일 먼저 관심을 보인 나라는 미국이었다. 1970년대 중반 오일쇼크가 터지자 미국 과학자들은 해양심층수를 이용해 전기에너지를 얻는 '해양온도차발전'을 연구하기 시작했다.

해양온도차발전이란 수온이 높은 표층수와 수온이 낮은 심층수의 특성을 이용하는 기술이다. 기화점이 낮은 암모니아를 액체 상태로 수온이 높은 표층수에 통과시키면 기화되어 증기 상태가 된다. 여기서 발생한 증기를 수온이 낮은 심층수에 통과시키면 기화점 이하로 떨어져 다시 액체로 변한다. 이때의 압력 차로 작동유체가 팽창해 터빈을 돌려 전기를 발생시키는 것이 바로 해양온도차발전의 원리이다. 화력발전소에서 수증기를 작동유체로 해 터빈을 돌리는 원리와 똑같다.

그러나 그후 국제 유가가 안정되면서 해양온도차발전에 대한 연구가 시들해졌다. 또 해양온도차발전은 표층수와 심층수의 수온 차가 17도 이상인 경우에만 경제성이 있으므로, 우리나라처럼 사계절이 뚜렷할 경우 건설하기 어렵다. 하지만 어쨌든 이 연구를 계기로 해양심층수에 대한 비밀이 세상에 널리 알려지게 되었다.

그후 일본은 미국과 달리 해양심층수를 수산자원 분야에 이용하는 연구를 시도했다. 심층수에 영양염이 풍부하다는 점을 이용해 식물성 플랑크톤의 증식에 대한 연구를 시작한 것이다. 또 한해성 어패류의 사육과 배양 연구도 진행되었다.

여름철 수온 상승과 질병으로 인한 어류의 대량 폐사를 막는 데도 차갑고 청정한 해양심층수가 제격이다. 예를 들면 겨울에 성장하는 김과 미역처럼 저온 수에서 잘 자라는 해조류에 저온의 해양심층수를 이용하는 것이다. 우리나라도 해양심층수를 이용해 김 양식을 시범적으로 해본 결과, 일반 표층수에 비해 성장 속도가 2배 정도 빠른 것으로 나타났다.

또 심층수로 게를 양식한 결과, 3년 만에 7년 동안 자란 것처럼 성장했으며, 새우 종묘장에 사용했을 때엔 바이러스 발병률이 현저히 줄었다.

뿐만 아니라 해양심층수를 농산물 생산에도 이용하는 방법이 다양하게 연구되고 있다. 강원대학교의 강원희 교수팀은 해양심층수를 이용해 리코펜이 많은 토마토 생산, 기능성 콩나물과 새싹채소, 육묘 배양에서의 웃자람 방지 등 많은 성과를 거두었다.

리코펜이란 과일이나 야채가 붉은색을 띠도록 하는 성분으로 인체의 항산화 효과나 면역을 강화시키며 심혈관 질환을 예방하는 효능이 있다.

또 육묘 배양이란 고추, 배추 등의 농작물을 키우기 위해 어린 모를 못자리에서 기르는 일이다. 이때는 생장 에너지를 비축시키기 위해 웃자람을 어느 정도 막아줘야 한다. 그런데 정제하지 않은 심층수를 이용해 육묘 배양을 한 결과, 염분이 웃자람을 막아주는 효과를 발휘했던 것이다.

이렇게 볼 때 한 번 취수한 해양심층수를 여러 번에 걸쳐 이용하는 다단계 활용도 가능하다. 먼저 심해에서 처음 끌어올린 해양심층수는 매우 차가우므로 훌륭한 냉방용 에너지가 된다. 하루에 약 100톤의 심층수를 끌어올릴 경우 아무리 더운 여름철이라도 8~16가구를 하루 종일 시원하게 할 수 있다. 그리고 냉방이나 냉장에 활용한 해양심층수는 어느 정도 수온이 올라가 있으므로 버리지 않고 그대로 한해성 어종 양식에 활용할 수 있다.

한편 해양심층수를 식수로 만들기 위해서는 탈염장치를 통해 해양심층수를 담수와 농축수로 나누어야 한다. 담수는 먹는 생수나 각종 혼합음료로 제조되며, 농축수는 소금과 각종 유익한 물질을 추출하는 데 쓰인다.

동해의 해양심층수

현재 해양심층수 개발에 성공한 국가는 미국·일본·노르웨이·대만·한국 등 5개국뿐이다. 우리나라는 강원도 고성군에 소재한 한국해양연구원 해양심층수연구센터에서 2005년부터 동해의 해양심층수를 취수해 다양하게 연구하고 있다.

김과 미역 같은 해조류의 성장 효과를 비롯해 표층수 및 심층수와 이를 혼합한 물이 지닌 각각의 배양 특성 등을 비교 연구하는 중이다. 특히 우리나라는 해양심층수를 식수와 식량·에너지 자원으로 이용하는 데 연구의 초점을 두고 있다. 발전소·냉각·양식 등의 기술 개발, 해수 농법을 이용한 벼·보리 등의 식량 증산과 저농약 재배, 인삼·채소 등 특용작물 재배가 연구 대상이다.

우리나라의 동해는 해양학계에서 '미니대양'으로 부를 만큼 해양심층수가 풍부한 바다이다. 동해는 수심이 얕고 폭이 좁은 유입구와 유출구를 가진 그릇 형상을 하고 있다.

그로 인해 동해의 심층수는 내부에서 순환하는 고유수로 인접한 바다와 바닷물이 교환되는 양이 매우 적다. 겨울철에 블라디보스토크 부근으로부터 상한 북서 계절풍이 불어와 해면을 차갑게 하면 비중이 높아진 부근의 해수가 가라앉으면서 심층수의 긴 여로가 시작된다.

이렇게 만들어진 동해 고유수는 300~700년에 걸쳐 순환하는 것으로 추정하는데, 수온은 약 1도 이하이고, 염분은 약 34.1퍼밀이다. 바닷물 1킬로그램 속에 녹아 있는 모든 고체 물질, 즉 염류의 총량을 그램수로 나타낸 것을 염분이라고 하는데, 34.1퍼밀은 바닷물 1킬로그램 속에 34.1그램의 염류가 함유돼 있다는 뜻이다.

우리나라는 지형적으로 수심이 깊은 동해가 해안에서 비교적 가까운 거리에 위치해 있기 때문에 해양심층수 이용에 유리한 조건을 가지고 있다.

해양심층수에는 칼슘·칼륨·인·나트륨·철·구리·아연·요오드·망간 등 매우 풍부한 미네랄이 포함되어 있는데, 이외에도 현대 과학으로 밝혀내지 못한 백여 종의 미량 미네랄을 함유하고 있는 것으로 알려졌다. 즉, 해양심층수에 대한 연구는 이제가 시작인 셈이다. 앞으로의 연구 결과에 따라 해양심층수는 담수의 대체 자원으로서뿐만 아니라 활용 가능성이 무궁무진한 '마법의 물'이 될 수도 있다.

생명의 근원, 물

물은 물 분자의 특이한 구조로 인해 생명체의 근원이 될 수 있었다. 물 분자 구조의 가장 큰 특징은 수소 원자와 산소 원자가 104.5도 각도로 굽어 있는 형태를 띤다는 점이다. 이로 인해 물은 전기적으로 극성을 띠게 된다. 또한 수소결합 구조로 연결되어 보통의 화학결합보다 10배 정도 강하다. 따라서 물은 매우 강한 표면장력을 지니며, 끓는점과 녹는점이 상당히 높은 편이다. 만약 물 분자의 구조가 104.5도로 굽은 형이 아니라 180도 일직선 형이었다면 지구 상에 생명체가 탄생하지 못했을지도 모른다. 직선형이었다면 결합력이 약해서 물의 끓는점이 −150도, 얼음의 녹는점도 −200도 정도로 낮았을 테니 말이다.

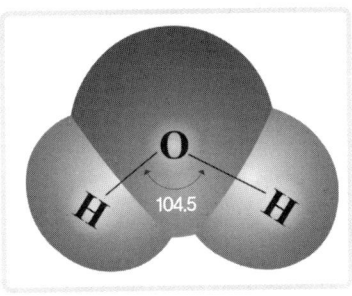

물 분자와 비슷한 구조를 가진 황화수소(H_2S)가 상온에서 기체로 존재하는 것만 봐도 물이 상온에서 액체로 존재한다는 사실은 신기할 따름이다.

더불어 수소결합으로 인해 물은 모든 물질 중 비열이 가장 크다. 비열이란 물질 1그램의 온도를 1도 올리는 데 드는 열량을 의미한다. 비열이 크다는 것은 그만큼 물의 온도를 올리는 데 많은 에너지가 필요하다는 뜻이다.

반대로 물의 온도를 내리는 것도 많은 에너지를 잃어야 가능해진다. 이런 물의 특성은 지구의 온도를 일정하게 유지하는 데 매우 큰 역할을 한다. 낮에 태양이 비출 때 육지는 금방 데워지는 반면 비열이 큰 바다는 천천히 데워진다. 반대로 태양이 사라진 밤에는 육지가 매우 빨리 식는 반면 바다는 천천히 식는다.

이처럼 지구에 분포하고 있는 막대한 양의 물은 기온이 급격히 변화하는 것을 방지하여 생명체가 살기에 적합한 환경을 유지시켜주고 있다. 내륙지방보다 해안지방의 일교차와 연교차가 작은 것도 이 때문이다.

마찬가지로 생물의 체내에 포함된 물도 체온이 쉽게 올라가거나 내려가는 것을 막아주는 체온조절 역할을 한다. 사람이 하루에 보통 500밀리리터나 흘리는 땀의 가장 중요한 작용은 체온조절이다.

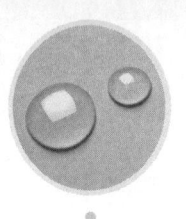

인공강우 기술의 비밀

전 세계인의 이목이 집중된 베이징 올림픽의 개막식이 열리기 12시간 전인 2008년 8월 7일 오전 8시. 베이징 기상 당국에 비상이 내려졌다. 황허 강의 상류 지역에서 생긴 비구름이 베이징으로 향하고 있는 것이 관측되었기 때문이다.

만약 그대로 둔다면 개막식이 시작될 즈음에 천둥과 번개를 동반한 비가 내릴 가능성이 높았다. 그렇게 되면 지난 몇 년간 준비한 개막식 행사가 무용지물이 되고 마는 위기 상황이었다.

기상 당국은 그 같은 사실을 공군에 통보해 비행기 2개를 띄웠다. 그 비행기들은 화학약품을 살포해 베이징 주변으로 몰려드는 구름을 흩어지게 했다. 그래도 비가 올 확률이 높다고 판단한 기상대는 오후 4시부터 인공 소우탄을 발사하기 시작했다.

옛날 같았으면 상상할 수 없는 일이었지만, 이제 비를 인공적으로 내릴 수 있는 시대가 되었다.

그날 밤 11시 40분까지 21개 지점에서 20차례에 걸쳐 발사한 인공 소우탄은 무려 1,104발이나 되었다. 기상 당국은 만약의 사태에 대비해 1만 벌의 비옷을 주경기장 입구에 비치해 지급할 준비를 마친 상태였다.

하지만 그날 자정 무렵까지 진행된 올림픽 개막식 행사 내내 비는 오지 않았다. 또 베이징 주변 지역에 내리던 비도 그쳤다는 소식이 들려왔다. 그제서야 베이징 기상 당국 관계자들은 조마조마했던 가슴을 쓸어내릴 수 있었다.

그날 1,104발의 인공 소우딘에 담아서 쏘아올린 물질은 총 15킬로그램의 요오드화은이었다. 그 물질 덕분에 베이징으로 향하던 구름은 미처 도달하기도 전에 베이징 주변 지역에만 비를 내렸던 것이다.

물 • 351

지난 2005년 5월, 제2차 세계대전 승전 60주년 기념식을 앞둔 러시아 모스크바의 붉은광장에서도 그런 일이 벌어진 적이 있다. 세계 53개국의 정상들이 참석한 그 행사 전날부터 모스크바 시내에는 폭우가 계속 내렸다. 그런데 행사 당일 새벽까지 천둥과 번개를 치며 쏟아 붓던 비가 행사 직전부터 거짓말처럼 그쳤다. 그리고 행사가 끝나던 오후까지 비는 내리지 않았다.

이것 역시 새벽 5시 50분부터 공군 비행기 11대가 뿌려댄 요오드화은 덕분이었다. 11대의 비행기는 각자 맡은 구역을 비행하며 요오드화은을 살포함으로써 비구름을 제거한 것이다.

세계 최초의 인공강우 실험

어떻게 이 같은 일이 가능했을까. 그것은 바로 인공강우 기술을 이용해 비구름을 제거했기 때문이다. 인공강우 기술이란 구름에 인공적인 영향을 주어 비를 내리게 하는 방법을 말한다.

이때 인공적인 영향을 주는 물질을 구름씨라 하는데, 구름씨를 적정하게 뿌려주면 인공강우가 된다. 하지만 구름씨를 적정량 이상 과다하게 뿌리면 구름의 수분이 적어져 빗방울이 적어지고, 비구름이 차츰 가벼워져 약한 바람에도 날아가 버리게 된다.

인공강우 기술을 최초로 선보인 과학자는 미국의 빈센트 쉐퍼 Vincent Shaefer 박사이다. 쉐퍼 박사는 안개가 가득 찬 냉장고 속에 드라이아이스 조각을 떨어뜨리면 수많은 작은 얼음 결정들이 생기는 것에서 힌트를 얻어, 1946년 11월 경비행기로 매사추세츠 주의 버크셔 산맥 근처 4천 미터 높이의 구름에 드라이아이스를 뿌리는 실험을

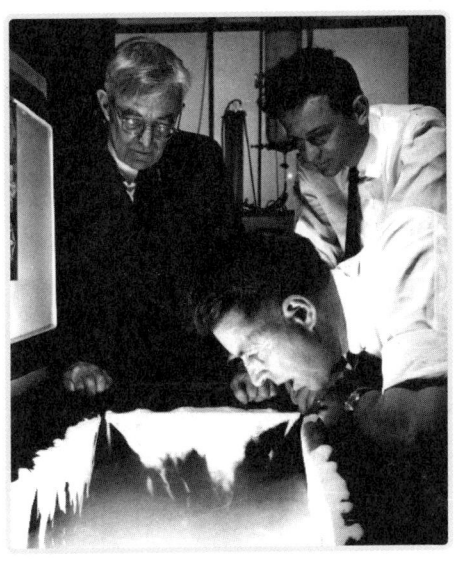

쉐퍼 박사는 냉장고 속에 드라이아이스를 넣으면 얼음 결정이 생기는 것에서 착안하여 인공강우를 만드는 데 성공했다.

강행했다. 그러자 약 5분 후 실제로 눈이 내리기 시작했다.

이듬해인 1947년에는 버나드 보니것Benard Vonnegut이라는 화학자가 요오드화은이 얼음 결정과 비슷한 구조를 가지고 있다는 걸 알고는 인공강우 실험을 실시했고 역시 성공했다. 그 이후 세계 곳곳의 기상학자들 사이에서 인공강우에 대한 연구가 활발하게 이루어졌다.

세계 최고 수준의 인공강우 기술을 보유한 것으로 알려진 러시아는 1932년에 세계 최초로 인공비연구소를 설립했으며, 그후 제2차 세계대전 승전 기념일 같은 큰 행사가 있을 때마다 인공강우 기술을 역으로 이용한 비구름 제거 기술을 선보였다. 그러나 국제적으로 실험 결과를 보고한 적이 없어 러시아의 인공강우 기술은 베일에 싸여 있다.

비가 내리는 원리

그렇다면 인공강우는 구체적으로 어떤 원리에 의해 이루어지는 것일까. 이를 알기 위해선 먼저 비가 내리는 원리부터 이해해야 한다.

공기 중의 수증기가 하늘 높이 상승해서 응결한 구름 속에는 작은 물방울과 얼음 알갱이인 빙정들이 섞여 있는 경우가 많다. 그런데 물방울이나 빙정은 그 크기가 매우 작다. 이런 것들이 수천에서 수만 개가 모여야 겨우 작은 빗방울을 하나 만들 수 있다.

구름 속에서 이들이 서로 충돌하여 뭉치면 커지게 되고, 이렇게 커진 물방울과 빙정은 무거워져 결국 아래로 떨어진다. 떨어지는 도중에 기온이 따뜻하면 비가 되고, 기온이 낮으면 눈이 된다.

열대 지방이나 여름철 중위도 지방에서 흔히 발달하는 구름은 온도가 0도보다 높아 구름 전체가 작은 물방울들로만 이루어져 있다. 따라서 그런 구름에서는 작은 물방울들만이 서로 충돌하여 뭉쳐서 비가 된다.

그런데 우리나라와 같은 중위도 지방이나 한대 지방에서 발달한 구름 속에는 물방울과 빙정이 섞여 있다. 때문에 이런 구름에서는 빙정에 수증기가 계속 달라붙어 빙점이 커진다. 이렇게 무거워진 빙정이 지표 가까이 떨어졌을 때 기온이 높으면 비로 내리고, 기온이 낮으면 눈으로 내린다.

즉, 비는 지면 부근이 영상의 온도일 때 물방울의 크기가 대부분 0.5밀리미터보다 큰 경우의 강수 현상을 말한다. 또 눈은 구름으로부터 지면까지의 기온이 영하일 때 얼음 결정으로 내린 강수를 말한다. 이에 비해 눈이 녹아서 비와 섞여 내리거나 비와 눈이 같이 내리는 현상을 진눈깨비라고 말한다.

그럼 우박은 어떻게 해서 내리게 되는 걸까. 달라붙은 물방울 때문에 커진 빙정이 떨어지면서 차가워진 구름 알갱이와 충돌해 점차 커진 것이 우박이다. 그런데 보통 우박은 떨어질 때 구름층을 한 번만 통과하는 게 아니라 도중에 상승 기류를 타고 구름 속을 몇 번 오르내리면서 알갱이가 더욱 커진다. 그것은 우박을 잘 관찰해보면 알 수 있다.

우박을 쪼개어 보면 마치 나이테처럼 투명한 얼음층과 불투명한 얼음층이 나타난다. 우박이 만들어질 때 구름 속을 오르락내리락하며 녹았다 얼기를 되풀이했기 때문에 생긴 것이다.

따라서 그 수를 세어 보면 우박이 떨어지면서 몇 번이나 오르락내리락했는지 알 수 있다. 만들어진 얼음의 지름이 5밀리미터 이상인 것은 우박, 그보다 지름이 작아 2~5밀리미터인 것은 싸락눈이라고 한다.

비를 내리게 하는 씨앗, 구름씨

그러면 이제 비나 눈 혹은 우박이 되기 위해서 필요한 것이 무엇인지 눈치챘는가? 그렇다. 비가 내리기 위해선 조그만 수증기 입자들을 서로 뭉치게 하는 중심 물질이 있어야 한다. 이처럼 구름에서 비나 눈을 내리게 하는 씨앗을 구름씨라고 하는데 빗방울을 형성하는 것은 응결핵, 작은 얼음 덩어리를 형성하는 것은 빙정핵이라 한다.

실제 구름에는 순수한 수증기만 있는 게 아니라 바닷물에서 나온 소금 입자나 식물의 포자, 연기, 자동차 배기가스 물질, 각종 먼지 등도 함께 섞여 있다. 이런 물질들이 구름씨 역할을 하여 비나 눈을 내리게 하는 것이다.

따라서 구름씨가 발달하지 않은 경우 아무리 구름이 많이 끼어 있어도 비가 내리지 않는다. 이때 인공적으로 구름 속에 구름씨를 뿌리면 비가 내리도록 할 수 있는데, 이것이 바로 인공강우법이다.

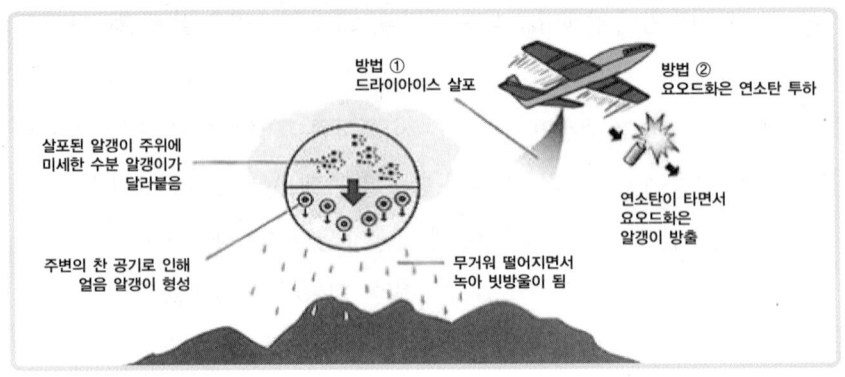

인공강우 실험 방법

　인공강우에서 사용하는 구름씨로는 일반적으로 드라이아이스와 요오드화은 등을 가장 널리 이용한다. 최근 들어서는 염화나트륨이나 염화칼륨 같은 흡습성 물질도 구름씨로 이용한다.
　중위도 지방이나 한대 지방에서 발달한 구름처럼 물방울과 빙정이 섞여 있는 구름의 경우, 영하 10도 이하이면 드라이아이스를, 영하 4~6도 이하이면 요오드화은을 뿌리는 것이 적합하다. 요오드화은이나 드라이아이스가 빙정핵의 역할을 하거나 구름 입자를 빙결시키고 그러면 많은 입자들이 응결해 비나 눈이 내리는 것이다.
　반면 열대 지방에서 발달하는 0도 이상의 구름에는 염화나트륨이나 염화칼륨 같은 흡습성 물질을 사용한다. 이 물질들은 구름 물방울을 끌어들여 빗방울로 떨어지게 하는 역할을 하기 때문이다.
　하지만 인공강우 기술도 아무 구름에나 적용할 수는 없다. 빙정을 형성할 만큼 온도가 낮거나 강수를 발달시킬 수 있을 만큼 수명이 긴 구름이어야 비를 내리게 할 수 있다. 또 수증기를 많이 함유하고 있지 않은 구름은 아무리 구름씨를 뿌려도 비가 내리지 않는다. 비를 오게 할 수 있는 구름은 대류운이나 층운형 구름 등이며, 구름 높이가 지상 1킬로미터 이내여야 적당하다.

인공강우의 경제성과 부작용

현재 세계적으로 인공강우 기술을 보유한 국가는 미국과 러시아를 비롯해 중국·호주·멕시코·태국·그리스·아르헨티나·남아프리카공화국 등 40여 개국에 달한다.

최초로 인공강우 실험에 성공한 미국은 목화 재배와 농장이 발달한 텍사스 주에서 여름철에 인공강우를 사용함으로써 농작물의 재배 수익을 높이고 있다. 또 캘리포니아·네바다·유타 등에서는 산악 지역의 강설 증가 프로그램을 통해 수자원을 확보하고 있기도 하다.

최근 들어 인공강우 연구가 가장 활발한 국가는 중국이다. 현재 중국은 각 성에 하나 이상의 인공강우센터를 보유하고 있으며, 연간 35,000여 명의 인원과 전용 항공기를 투입해 기상조절 프로그램을 연구하고 있다.

지난 2007년 중국 랴오닝 성은 60년 만에 찾아온 최악의 가뭄으로 봄부터 비가 한 방울도 내리지 않아 논밭이 갈라지고 식수조차 얻기 힘들 정도였다. 그때 중국 당국은 인공강우를 실시하여 총 8억 톤이나 되는 비를 내리게 했다. 이는 인공강우 사상 최대 규모였다.

우리나라는 1990년대 중반부터 인공강우 실험을 시도했으며, 지난 2001년에는 기상청과 과학기술부가 공동으로 공군 항공기 2대를 동원하여 경상도 지역에서 항공실험을 실시한 바 있다. 그 결과 경남 의창, 대구, 울산, 경주, 포항, 청도, 양산 등지에 강수 현상이 발생한 것으로 보고되었다.

지금까지 외국의 인공강우 실험 결과에 의하면 인공강우는 들어간 비용에 비해 얻을 수 있는 효과가 더 뛰어나 경제성이 충분한 것으로 나타났다.

식수와 농업용수를 얻기 위해 미국에서 실시한 지상실험 결과에 따르면 1년간 60만 달러를 투자하여 약 5천만 톤의 물을 얻었다고 한다. 물 1톤을 얻는 데 1.3센트 정도 소요되어 경제성이 매우 높았던 것이다. 호주도 수력발전에 의한 전력 생산량을 높이기 위해 인공강우 항공실험을 실시한 결과, 연간 64만 달러를 투자하여 2억 4천만 톤의 물을 확보했다. 물 1톤당 0.3센트 정도의 비용밖에 들지 않은 셈이다.

그러나 인공강우 기술이 아무리 좋다고 해도 그에 따른 부작용도 만만찮다. 지난 2002년 러시아에서는 맑은 날씨를 만들기 위해 구름을 몰아내는 역 인공강우를 실시했다. 그러다 곳곳에 산불이 발생하여 급히 인공강우를 실시했지만, 이미 큰 비구름이 모두 사라진 후여서 산불 진화가 불가능했고 결국 큰 피해를 입었다.

중국의 경우에도 베이징 올림픽 때 실시한 구름제거 작업의 여파로 베이징 시 주변 3개 성이 한때 극심한 가뭄에 시달렸다고 한다. 주변 하늘에 떠 있는 구름을 쫓아버리거나 모두 비로 만들었기 때문이다.

기우제에 숨겨진 과학

우리 조상들은 비가 오랫동안 오지 않을 경우 하늘에 기우제를 올렸다. 그런데 인공강우 기술을 이해하고 보면, 기우제 역시 과학적으로 어느 정도 효과가 있다는 것을 알 수 있다.

　기우제를 올릴 때 동네 사람들이 모두 산으로 올라가 곡식이나 동물 등의 제물을 며칠 동안 태우는데, 그때 발생하는 시커먼 연기와 먼지가 구름씨의 역할을 할 수 있기 때문이다. 또 기우제를 올릴 정도라면 비가 아주 오랫동안 내리지 않았으므로, 이제는 어느 정도 비가 내릴 때가 되었다는 이야기도 된다. 이런 이유로 기우제는 꽤 많은 효과를 거둘 수 있었다.

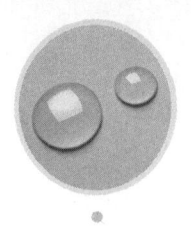

가장 큰 쓰레기장이
되어버린 바다

2007년 12월 7일 서해는 강한 바람과 높은 파도로 인해 기상 상태가 매우 좋지 않았다. 태안 앞바다에서는 인천대교 건설공사에 투입된 해상크레인 예인선단 2척의 쇠줄에 묶여 거제로 향하고 있었다.

그런데 갑자기 예인선의 쇠줄이 끊어지면서 해상크레인이 바람과 파도에 떠밀려 가기 시작했다. 해상크레인이 떠밀려 가던 곳에는 마침 유조선 허베이스피리트 호가 있었다. 어떻게 손쓸 틈도 없이 해상크레인은 허베이스피리트 호와 3차례나 충돌해버렸다.

다행히 인명피해는 없었지만 문제는 그때부터 시작되었다. 유조선에 실려 있던 원유가 바다로 흘러나와 길게 검은 띠를 드리운 것이다. 이것이 바로 우리나라 해상 기름유출 사고 가운데 최악이자 최대 규모의 태안기름유출사건이다.

  그날 나쁜 기상상태 때문에 오일펜스를 제때 설치하지 못해 검은 기름띠는 인근의 만리포와 천리포 해변까지 퍼져 나갔다. 사나흘 후 기름은 천수만과 안면도까지 확산되었으며, 1개월 후에는 전라남도 진도와 제주도의 추자도 해안에서까지 발견되었다.

  그날 사고로 바다로 흘러나간 기름은 총 12,000여 킬로리터. 이는 그때까지 우리나라 최대 규모의 기름유출사고였던 1995년의 시프린스 호 사건보다 무려 2.5배나 많은 양이었다. 이로 인해 태안·서산·보령·서천·홍성·당진 등 6개 시군이 특별재난지역으로 선포되었으며, 양식장 및 어장·해수욕장 등의 시설에 엄청난 피해가 발생했다.

  그후 전 세계적으로 유례가 없는 120여 만 명이나 되는 자원봉사자들의 힘으로 사고 지역은 기적처럼 청정해역으로 회복되었다.

국내 최대 규모의 기름유출사고인 태안 사건 현장

기름유출 사고의 파괴력

대기오염과 함께 환경파괴의 주요 원인이 되는 해양오염 중에서 가

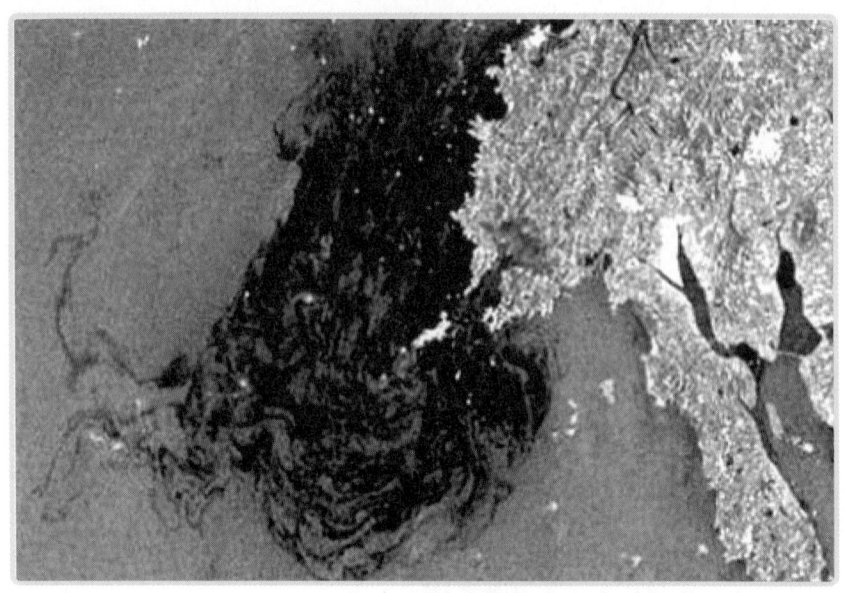

사고 발생 5일 후 유럽우주항공국의 인공위성이 태안 앞바다를 촬영한 모습. 대규모의 검은 기름띠가 바다 위를 떠다니고 있다.

장 파괴력이 큰 것이 바로 태안사건과 같은 기름유출 사고이다. 역사상 가장 큰 피해 규모를 기록한 사고는 1989년 미국 알래스카에서 발생한 엑슨발데스 호 사건이었다.

알래스카의 프린스윌리엄 해협에서 좌초한 엑슨발데스 호에서 흘러나온 기름은 42,000톤이나 되었는데, 그로 인해 바닷새 30만 마리, 포유류 동물 수천 마리가 떼죽음을 당했다. 총 피해액은 4조 원 이상으로 추산되었으며, 1만 1천 명이나 되는 인원이 오염된 해안에서 정화작업을 계속했지만, 환경 피해는 아직도 회복되지 않았다.

그러나 이 사고로 인해 미국 의회는 당시 10년간이나 끌어오던 유류오염에 관한 법률을 통과시키고, 방제 기술과 체제를 전면적으로 개편했다. 이 법에 따라 미국에서 새로 건조되는 유조선은 이중바닥으로 하여 충돌사고가 발생해도 기름이 유출되지 않도록 하는 등 사고예방과 방제, 피해보상 등을 위한 제도들이 마련되었다.

또한 액슨발데스 호 사건의 여파로 1990년 국제해사기구의 후원으로 전 세계 94개국이 유류오염의 예방, 대응 및 협력에 관한 국제협약을 채택해 국가 간 협력이 본격화되기도 했다.

그동안 발생한 대형 기름유출 사고들을 살펴보면 액슨발데스 호 외에도 1967년 토리캐넌 호 사건, 1979년 애틀랜틱 엠프레스 호 사건, 1993년 브레이어 호 사건, 1996년 시엠프레스 호 사건, 2003년 프레스티지 호 사건 등을 들 수 있다.

해상 기름유출 사고의 가장 큰 문제점은 기름이 급속하게 넓은 지역으로 확산된다는 데 있다. 약 100리터의 기름은 0.1마이크론의 두께로 1제곱킬로미터의 수면을 뒤덮을 수 있다. 그러나 기름막을 해상에서 물리적으로 수거하려면 두께가 0.1밀리미터 이하로 얇아지기 전이어야 하므로, 조금만 방제작업이 늦어져도 어떻게 손쓸 도리가 없다.

일단 초기 방제에 실패하면 유출된 기름은 증발, 용해, 분산, 에멀션화, 광산화, 생분해 등 복잡한 풍화과정을 겪게 된다. 해수로 녹아들어 용해되고 휘발 성분은 대기 중으로 증발하는데, 그후 점성이 높아진 기름은 갈색의 끈적끈적한 에멀션이 된다. 그렇게 되면 기름을 회수하고 제거하는 방제작업은 더욱 어려워진다.

바다에 유출된 기름은 제일 먼저 바다 포유류 동물과 바닷새, 어류, 해안 서식 동식물에게 치명적인 피해를 입힌다. 어류의 경우 기름을 피해 달아난다 해도 용해된 기름성분을 섭취하여 간이나 쓸개에 기름의 분해 산물이 농축된다.

또 식물성 플랑크톤은 생산력이 떨어지게 되며, 동물성 플랑크톤과 알·치어 등도 생활에 장애를 받게 된다. 특히 개펄이나 습지의 경우 기름이 퇴적물 속으로 스며들 수 있어 기름 오염에 가장 취약한 지역으로 꼽힌다. 이곳에 사는 해양생물들은 수십 년 동안 그 영향을 받을 수 있다.

바다 쓰레기 천태만상

바다에 죽어 있는 거북이의 배를 해부해보면 대부분 그 속에서 비닐봉지를 발견할 수 있다. 왜 거북이는 비닐봉지를 죽을 만큼이나 많이 먹는 것일까. 그 이유는 투명한 비닐이 바다거북이들이 제일 좋아하는 먹이인 해파리와 비슷하게 생겼기 때문이다.

이외에도 물고기나 물개, 바닷새 등 수천 마리의 동물들이 매년 비닐봉지나 음료수 깡통, 버려진 낚싯줄 등에 의해 숨이 막혀 죽어가고 있다. 어떤 고래의 위 속에서는 꽁꽁 뭉쳐진 그물이 발견되는가 하면 50여 개의 플라스틱 봉지가 나오기도 했다.

바다에 쓰레기를 버리기 시작한 것은 아주 오래전으로 거슬러 올라간다. 인간이 뗏목을 타고 바다를 항해하기 시작하면서 배 위에서 생긴 쓰레기들은 그대로 바다에 버렸다. 그 같은 쓰레기 처리방식은 초호화 유람선이 등장한 지금까지 거의 변하지 않고 있다.

바다에서는 먹고 남은 음식 찌꺼기나 오물, 분뇨, 심지어 기름이 섞인 폐수까지 무엇이든 버려야 할 것이 생기면 간단히 바다에 던져 버린다. 그러나 아무리 넓은 바다라 할지라도 그처럼 마구 버릴 경우 견디지 못한다.

1975년 미국 국립과학아카데미에서 조사한 바에 의하면 전 세계의 각종 선박에서 버리는 쓰레기의 양이 연간 634만 톤이나 된다고 한다. 시간당으로 계산해보면 매시간 약 700톤의 쓰레기가 버려진 것으로 나온다. 즉, 1시간마다 1톤짜리 트럭 700대분의 쓰레기가 무작정 바닷속으로 들어간 것이다.

그러나 이것은 30여 년 전에 조사한 결과이므로 현재는 그보다 훨씬 많은 쓰레기가 바다에 버려지고 있을 것이다.

그럼 바닷속에 버려졌을 때 분해 시간이 가장 오래 걸리는 쓰레기는 무엇일까?

많은 이들이 통조림 깡통이 분해되는 데 시간이 가장 많이 걸릴 것이라고 생각하겠지만, 정작 가장 오랜 시간이 걸리는 물질은 플라스틱이다.

바닷속에서 종이는 분해되는 데 1개월, 대나무는 1~3년, 통조림 깡통은 100년이 걸리는 데 비해 플라스틱은 무려 500년 이상의 세월이 걸린다. 또 플라스틱은 쓰레기 중에서도 해양생물들에게 가장 심각한 영향을 끼친다. 전 세계 바다에서 해마다 플라스틱 때문에 죽어가는 바다 포유류가 10만여 마리, 바닷새가 200만여 마리에 달한다.

플라스틱은 체내에서 소화가 되지 않기 때문에 다른 먹이를 먹지 못해 영양실조에 걸리게 되며, 소화기관이 막히거나 상처를 입혀 죽음에 이르도록 하는 것이다.

물고기를 잡은 후 버리는 그물이나 어구도 해양생물을 죽이는 무서운 도구로 변한다. 1978년 버려진 대구잡이 그물이 수년 동안 떠다니면서 물고기들을 죽이는 것이 처음 알려졌는데, 그처럼 버려진 그물에 의해 물고기들이 잡히는 것을 '유령의 고기잡이'라고 부른다.

일례로 1980년 북태평양에서 건져 올린 1,500미터짜리의 버려진 그물 속에는 99마리의 새와 2마리의 상어, 75마리의 연어가 죽어 있었고, 그 외에도 이전에 죽은 연어의 뼈가 수도 없이 발견되었다.

특히 배와 함께 떠다니는 그물로서, 물고기가 그물코에 걸리거나 그물에 감싸이게 되는 유자망에는 '죽음의 벽'이라는 별명이 붙어 있다. 이 그물은 가로 65킬로미터, 세로 15미터의 규모로 한꺼번에 백만 단위의 물고기를 잡아들인다. 이런 그물이 버려져서 바다 한가운데에 떠다닌다고 생각해보라. 얼마나 끔찍한 일이 벌어지겠는가.

해마다 바다에서 잃어버리거나 버려지는 그물만 해도 800킬로미터에 달한다. 이 같은 그물에 의한 해양생물의 피해는 1990년대 이후 국제적인 관심사로 떠올라, 1991년 제46차 국제연합총회에서는 북태평양의 유자망 어업을 1992년 말까지 전면 금지하는 결의안이 통과되기도 했다. 또 몇몇 국가들은 자국의 영해에서 유자망 사용을 금지하기도 했다.

굴이나 따개비, 해초 등이 배 바닥에 달라붙어 자라는 것을 방지하기 위해 칠해진 선박의 오염방지 페인트도 해양오염을 일으키는 또 다른 원인으로 지목된다. 선박 페인트 속에 첨가되는 TBT라는 유기 주석 화합물은 해양생물들의 부착방지 효과가 월등한 대신 다른 중금속에 비해 독성이 아주 높다.

특히 이 물질은 굴이나 홍합 등의 성장을 억제할 뿐만 아니라 소라 같은 고동류의 성전환을 유발하는 등 생태계에 악영향을 끼친다. 그런데 선박 페인트는 오랜 기간이 경과할 경우 서서히 벗겨져 바닷물 속으로 녹아들게 된다. 그렇게 되면 부착생물뿐만 아니라 다른 해양생물들까지 죽이거나 나쁜 영향을 미쳐 기형 물고기 등을 태어나게 만든다.

그러나 전 세계의 바다를 오염시키는 물질은 선박이나 선원들보다 거의 대부분 육지로부터 나온다는 사실을 알아야 한다. 육지에서 버리는 생활하수와 공장에서 흘려보내는 폐수가 결국 모두 바다로 모일 뿐 아니라, 굴뚝이나 자동차, 소각장 등에서 나오는 수많은 독성 물질의 상당량이 대기를 통해 바다로 유입된다.

현재 전 세계의 바다를 오염시키는 물질의 약 80퍼센트가 육지로부터 나온다고 한다. 남극의 경우만 해도 맥머도 만에 있는 거대한

바다를 뒤덮은 엄청난 이 바다 쓰레기를 어떻게 해야 할까. 수많은 해양동물들이 바다에 버려지는 쓰레기에 의해 죽어가고 있다.

미국 기지의 모든 하수 오물이 그대로 바다로 흘려보내진다.

또 오스트레일리아의 강들은 해마다 1만 톤의 인과 10만 톤의 질소를 바다로 실어 나르고 있다.

이와 같은 폐수와 생활하수, 질소와 인 등의 영양염류가 과다하게 바다로 유입되고 해수의 온도가 높아질 경우 플랑크톤의 수가 갑자기 늘었다가 한꺼번에 죽어 바닷물이 붉은색으로 변하는 적조현상이 나타나기도 한다.

적조를 일으키는 생물은 주로 편모조류나 규조류 등과 같은 식물플랑크톤인데, 인 등의 물질을 먹고 갑작스레 번식해 바다에 산소가 부족해지면 물고기나 조개 등이 숨을 쉴 수 없어 떼죽음을 당하게 된다.

최근에는 맹독성의 와편모조류인 피스테리아 피시스가 확산되어 공포의 대상이 되고 있다. 이는 어패류뿐만 아니라 사람들에게까지 치명적인 영향을 미치는 것으로 알려져 있다.

이에 전 세계가 해양생물은 물론 인간에게도 피해를 입히는 해양오염을 방지하기 위해 여러모로 노력을 기울이고 있기는 하다. 1954년 '기름에 의한 해수오탁 방지를 위한 국제조약' 을 제정했고, 우리나라에서도 1978년 '해양오염방지법' 을 제정해 해양환경을 지키기 위한 규제를 가하고 있다.

미국 해양대기청 해양보전센터에서는 1년에 한 번씩 전 세계 40여 개국이 참여하는 '국제 해변정화의 날' 행사를

적조현상이 발생하면 산소가 부족해져 물고기나 조개 등이 떼죽음을 당한다.

개최하고 있다. 미국에서는 각 지역별로 매달 해변정화 작업을 주관할 책임자를 선정하고 월별 정화의 날을 정해 누구든지 참여할 수 있도록 하는 행사를 개최하고 있다. 여기 참여한 사람들은 전문가들로부터 바다의 쓰레기 오염에 대한 환경교육을 받게 된다.

우리나라에서도 '국토 대청소의 날' 행사의 일환으로 전국 연안에서 정화사업을 시행하고 있다. 하지만 이런 일회성 행사로는 해양오염 문제를 해결할 수 없을 것이다. 보다 적극적인 국제적 활동 및 규제, 해양오염에 대한 정확한 실태 파악 등이 이뤄져야 할 것이다.

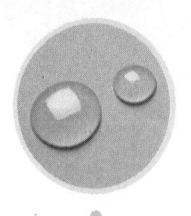

블루골드로 떠오르는 물산업

　　　　　2008년 8월 6일 청와대에서는 한국을 방문한 부시 미국 대통령과의 한미 정상회담이 열렸다. 당시 회담장 테이블에는 물이 담겨져 있는 페트병이 쭉 놓여 있었다. 회담장의 공식 음용수였던 그 물은 바로 서울시의 수돗물인 '아리수'였다.
　아리수가 담긴 페트병은 그로부터 약 20일 후 후진타오 중국 국가주석이 방한하여 이루어진 한중 정상회담장에서도 테이블 위에 올라왔다. 그뿐만이 아니다. 2008년 6월에는 대지진으로 식수난을 겪고 있던 중국 쓰촨성에 아리수가 담긴 페트병 10만 개가 지원된 데 이어, 전 세계인의 스포츠 축제였던 베이징 올림픽 경기장에도 아리수 페트병 10만 개가 전달되었다. 베이징 시의 올림픽 자원봉사자들과 재중 한국인 응원단들은 그 물을 마시며 무더위와 경기장 내의 뜨

서울시 수돗물이 담긴 아리수

거운 열기를 식혔다.

아리수는 서울시 수돗물의 새로운 브랜드이다. '크다'라는 뜻의 우리말 '아리'와 물의 한자어인 '수水'를 결합해 만든 조어이다. 또한 아리수는 고구려 때 한강을 일컫던 옛 지명이기도 하다. 광개토대왕 비문에 그와 같은 기록이 나와 있다고 한다.

서울시에서는 2004년 2월부터 서울시의 수돗물 이름을 아리수로 명명하여 사용하기 시작했다. 그리고 2008년 5월에는 아리수의 상표권을 갖고 있던 (주)보해양조로부터 상표권을 무상으로 기증 받아 서울시 명의로 이전 절차를 마쳤고, 아리수 엠블렘에 대한 상표등록 출원도 완료했다.

더불어 2008년 11월에는 중국에서 아리수의 상표권 등록을 출원하기도 했다. 왜 이처럼 서울시는 아리수에 대해 신경을 쓰고 있는 걸까. 그 이유는 일차적으로 아리수라는 브랜드를 통해 다른 수돗물과 차별화하고, 서울시민에게 안전하고 건강한 물을 제공하는 데 목적이 있다. 하지만 외국 정상과의 회담장에 아리수 페트병을 올리고, 중국 특허당국에 상표권 등록까지 한 데에는 또 다른 이유가 있다. 그 이유를 알기 위해서는 먼저 약 100년 전 서울시에서 수돗물이 최초로 만들어질 때의 역사를 알아보는 것이 좋다.

한국 최초의 현대식 수돗물 보급

1903년 12월 9일 미국인 콜브란Corlbran과 보스트윅Bostwick은 고종황제로부터 상수도 시설 및 경영에 관한 특허를 얻었다. 그후 1905

년 그들은 영국인 소유의 조선수도회사에 그 권한을 양도했고, 조선수도회사는 서울 성동구 왕십리에 위치한 뚝도에 정수시설을 건설하기 시작했다.

1908년 9월 1일 드디어 뚝도정수장은 서울시민 12만 5천 명에게 수돗물 공급을 개시했는데, 그것이 우리나라 최초의 현대식 수돗물 보급이었다. 그때부터 공짜로 먹던 우물물 시스템이 돈을 주고 먹는 수돗물 시스템으로 바뀌기 시작한 것이다.

1908년 상수도 시설인 뚝도정수장이 생기면서 우리나라 최초의 현대식 수돗물 보급이 시작되었다.

옛날에 물은 우물이나 강, 호수로부터 구하는 것으로 대가를 지불하지 않고 누구나 사용할 수 있는 공공재로서의 성격을 지니고 있었다. 그러나 개인적으로 사용하는 수돗물의 경우 개별 사용자가 수도관을 통해 공급받고 쓴 양에 대한 돈을 지불하므로 사적재의 성격을 지닌다.

물론 정부가 모든 국민에게 수돗물을 원가 이하로 공급하고 있는 현실을 본다면 수돗물 역시 공공재 성격이 내포되어 있다고 할 수 있다. 그러나 우리나라 최초의 현대식 수돗물이 개인 소유의 기업에서 출발한 것을 볼 때 근대와 더불어 공공재였던 물이 사적재로 재탄생하고 있다는 사실을 알 수 있다.

미국인들이 서부의 황금을 찾아 나선 19세기가 골드러시(Gold Rush) 시대라면 흔히 20세기는 블랙골드(Black Gold) 시대라고 부른다. 여기서 블랙골드는 석유를 일컫는 말이다. 이에 대해 21세기는 '블루골드

Blue Gold'의 시대가 될 것이라고 예측되고 있다. 블루골드는 1999년 캐나다 일간지인 〈내셔널 포스트〉지가 처음 사용한 용어로서, 바로 '물이 황금산업이 되는 시대'를 의미한다.

물이 석유나 황금처럼 막대한 이득을 안겨줄 것이라고 보는 까닭은 세계적인 물 부족 현상 때문이다.

2050년경이 되면 전 세계 인구는 약 90억 명에 이를 것으로 추정되며, 그 증가분의 대부분은 개발도상국의 인구일 것이라고 한다.

개발도상국의 인구 증가는 곧 도시화의 증가로 이어져, 2050년경이 되면 전 세계 인구의 3분의 2가 도시에 거주할 것으로 보인다. 이와 같이 도시화가 진행되면 수자원 고갈은 더욱 가속화될 수밖에 없다.

건물과 집이 들어서고 흙으로 된 땅이 콘크리트와 아스팔트로 바뀌게 되면 빗물은 땅으로 스며들지 못하고 곧장 바다로 흘러가게 된다. 거기에다 도시 인구가 사용해야 할 물의 양은 점점 늘어나기만 할 것이다. 지구온난화에 따른 급격한 기후변화도 물 부족 문제를 부채질하고 있는 형편이다.

생활용수와 농·공업 용수의 공급, 하·폐수 처리, 상·하수도 건설 등 물 관련 산업의 세계 시장 규모는 2003년 기준으로 약 830조 원에 달한다. 그리고 해마다 5.5퍼센트씩 성장해 앞으로 10년 후에는 두 배 정도로 성장할 것이라고 한다.

미국에서도 2010년에는 1천 500억 달러에 달하는 물 산업 시장이 형성될 것이라는 전망 때문에 활발한 투자가 이뤄지고 있다. 또 세계적인 물 부족 현상으로 물이 석유를 비롯한 다른 자원들을 능가하는 유망 투자 대상으로 급부상하고 있는 상황이다.

예컨대 전 세계 11개 수자원 업체들로 구성된 '블룸버그 월드워터 지수'는 2003년 이후 3년간 매년 35퍼센트의 상승률을 기록했다. 이는 같은 기간에 매년 29퍼센트의 상승률을 기록한 석유·가스 관련주와 비교해볼 때 더 높은 상승률을 보인 것이다.

세계적인 물 전문 기업

프랑스의 수도 파리를 가로지르는 세느 강 오른편의 상수도 공급 서비스는 베올리아, 왼편은 온데오라는 기업이 담당하고 있다. 베올리아는 1853년 세계 최초의 물 전문 기업으로 해외사업 비중이 2004년 기준으로 70퍼센트 이상에 달하는 다국적 물 기업이다. 베올리아의 매출액은 100억 유로가 넘고 서비스 인구는 약 1억 3천만 명에 달한다.

1880년에 세워진 온데오 역시 세계적인 다국적 기업으로, 베올리아에 이어 세계 2위의 물 기업이다. 이외에도 소어라는 회사는 세계 13위의 물 기업으로, 프랑스는 세계 물 시장의 70퍼센트를 장악하고 있는 물 산업 강대국이다.

베올리아는 1999년 우리나라에도 진출해 80여 개 대기업의 물처리 업무를 위탁 운영하고 있다. 하이닉스반도체를 비롯해 현대석유화학·금호석유화학 등의 공장 물처리 시설을 베올리아가 위탁 경영하고 있는 것이다. 또 인천 송도·만수 하수종말처리시설 및 인천 검단지구 하수도 시설도 베올리아가 국내 기업과 합작해 참여하고 있다. 2005년 기준으로 베올리아가 우리나라에서 올린 매출은 2천 300여 억 원이나 된다.

빈곤한 지역에 사는 사람일수록 비싼 물값을 치르고 있다.

이밖에 영국의 템스워터, 에스파냐의 아그바 등도 물 산업 위탁 경영의 오래된 노하우를 바탕으로 세계적인 물 전문 기관으로 성장한 회사이다.

이에 비해 우리나라의 물 산업 국제 경쟁력은 아직까지 취약한 편이다. 그러나 공기업인 우리나라의 수자원공사나 서울시에 수돗물을 공급하는 서울상수도사업은 국제적인 경쟁력을 갖추었다는 평가를 받고 있다.

상수도뿐만 아니라 종합적인 물 산업 기업을 추구하고 있는 수자원공사는 세계 최대 물 기업인 베올리아와 경쟁한 끝에 지난해 파키스탄의 이슬라마바드 수도개발청과 상수도 시설 투자양해각서를 체결했다.

이 사업은 이슬라마바드에서 56킬로미터 떨어진 인더스 강에서 물을 끌어와 이 지역 주민들에게 하루 90만 톤 규모의 수돗물을 공급하는 8억 달러 규모의 사업이다. 이 계약이 최종적으로 체결될 경우 한국 기업의 외국 상수도 개발시장 진출 1호를 기록하게 된다.

또한 수자원공사는 라오스 수도사업에 포괄적으로 참여한다는 내용의 협약을 라오스 정부 고위 관계자와 이미 맺었으며, 태국·네팔·필리핀 등지를 겨냥해 상수도사업 및 담수화산업, 하수처리 산업, 수력발전 등의 사업 분야 진출을 추진 중이다.

민간 기업으로서는 두산중공업이 해수 담수화 설비 사업 분야에서 시장점유율 40퍼센트를 차지하고 있는 세계 1위 기업이다. 세계 최초로 원 모듈공법을 개발하는 등 첨단기술력을 갖춘 두산중공업은 2000년 이후 중동 지역이 발주한 담수 플랜트를 독차지했다.

현재 전 세계적으로 빈곤한 지역일수록 깨끗한 물을 얻기 위해 더 많은 돈을 지불하고 있는 형편이다. 케냐의 빈민가 사람들은 수도시설이 없어 급수차에서 물을 사서 먹고 있다. 때문에 그들이 내는 물값은 뉴욕이나 런던보다 더 비싸다. 또 엘살바도르, 자메이카, 니카라과의 빈곤한 지역에 사는 사람들은 평균 수입의 10퍼센트를 물 구입 비용으로 지출하고 있다고 한다.

우리나라도 외국 자본에 의해 상하수도 시설과 물 관련 산업이 휘둘리지 않기 위해서는 국내 물 기업들의 경쟁력과 기술력이 하루빨리 향상되어야 할 것이다.

생수 1병의 탄소발자국은 과연 얼마나 될까?

우리가 모르고 지나치고 있지만, 생수로 인해 파생되는 환경오염은 상식 이상으로 심각하다. 생수를 담고 있는 페트병에서부터 유통에 이르기까지 생수 1병이 발생시키는 이산화탄소의 규모는 어마어마하다.

생수를 담고 있는 투명한 페트병은 폴리에틸렌 테레프탈레이트(PET)가 원료이다. PET는 투명하고 기체 차단성이 높으며 강도와 단열성이 뛰어난 플라스틱이다. 페트병의 재활용률은 약 70퍼센트로, 분리수거되지 않고 땅속에 그냥 묻힐 경우 분해되는 데 약 1,000년이란 시간이 걸린다. 그러면 생수 1병으로 인한 탄소발자국은 얼마나 될까? 탄소발자국(Carbon Footprint)이란 원료 채취에서부터 생산, 수송 및 유통, 사용, 폐기 과정 등 한 제품의 전 과정에서 발생되는 온실기체 발생량을 이산화탄소 배출량으로 환산한 수치이다. 즉, 우리가 일상생활에서 환경에 남기는 발자국인 셈이다.

과학자들에 따르면, 500밀리리터 생수 1병을 생산, 유통, 소비, 폐기할 때 생기는 이산화탄소는 약 10.6그램이고, 1.8리터 생수 1병의 경우에는 24.7그램이다. 두루마리 화장지 1개의 탄소발자국이 283그램이고, 160그램 과자 1봉지의 탄소발자국이 250그램인 것과 비교하면, 비교적 적은 편이지만 우리나라에서 1년에 소비되는 생수병이 9억 개 정도에 달하니 모두 합치면 어마어마한 탄소발자국을 찍어대고 있는 셈이다. 그런데 이는 국내에서 생산되고 소비되는 생수의 경우이다. 멀리서 수입되는 생수는 탄소발자국 또한 다를 수밖에 없다. 왜냐하면 운반할 때 발생하는 이산화탄소 양이 만만치 않기 때문이다.

그럼 프랑스에서 수입되는 빙하수의 경우는 어떻게 될까? 프랑스에서 부산항까지 배로 이동하는 거리는 무려 17,000여 킬로미터에 달하는데, 운송기간만 25일 정도 소요된다. 이때 소모되는 화물선의 연료를 계산해보면 1리터 생수 1병당 약 770그램의 벙커c유가 드는 것으로 나온다. 이것으로 끝이 아니다. 부산에 도착한 생수는 세관을 통과하고 수질검사가 끝나면 전국 각처로 운송되는데, 이때 드는 연료를 계산해보면 다시 1리터 생수 1병당 40그램의 경유가 소모된다. 모두 합치면 1리터 생수 1병당 약 810그램의 석유가 운송되는 데만 사용되는 것이다. 이를 탄소발자국으로 환산하면 약 2,400그램이나 된다. 즉, 1리터짜리 프랑스산 생수 한 병을 운송하는 데만 2.4킬로그램의 탄소발자국이 찍히는 것이다.

물 부족, 하수도로 막아보자

　　　　　프랑스 파리의 세느 강을 따라 걷다 보면 하수도박물관이라는 특이한 간판이 눈에 띈다. 그곳이 바로 파리 여행에서 빼놓을 수 없는 파리 하수도 투어를 시작하는 곳이다. 입장료를 내고 입구로 들어서면 아래에는 하수도가 흐르고 위로는 구정물이 뚝뚝 떨어지는 파이프가 촘촘히 연결된 진짜 하수도가 나타난다.

　식사 직후이거나 비위가 약한 사람은 입장하지 않는 것이 좋다는 가이드북의 설명이 실감날 정도이다. 하수도박물관에서는 이곳으로 흘러드는 하수의 처리 과정과 파리 하수도의 역사적 변천을 잘 보여주고 있다.

　파리 하수도 하면 제일 먼저 떠오르는 것이 장발장이다. 빅토르 위고가 쓴 『레 미제라블』을 보면 시민혁명 때 장발장이 청년 마리우스를 업고 하수도로 피신하는 내용이 나온다. 이 소설이 발간될 당시 파리의 하수도는 이미 수백 킬로미터나 되었는데, 장발장의 도주로로 묘사된 하수도 모습은 너무나 정확하고 자세해서 실제 고증자료로 사용되기까지 한다.

지금 파리 하수도의 총 길이는 2,300여 킬로미터로, 거미줄처럼 얽혀 있다. 그러나 오물 처리와 정비가 잘 되어 있어서 냄새가 거의 나지 않고, 하수도의 각 지점마다 파리 시내의 모든 거리 이름이 명시되어 있다. 따라서 귀중한 물건을 하수구에 빠뜨렸다고 해도 정확한 지점만 기억한다면 80퍼센트 이상 다시 찾을 수 있다고 한다. 정말 파리의 하수도는 도시 밑의 도시라고 부를 만하다.

하수도의 역사는 아주 오래전으로 거슬러 올라간다. 기원전 2000년경에 크레타섬 궁전에서는 이미 수세식 변소에 배수관을 달았으며, 기원전 6세기경 바빌론에서는 토관을 사용했다고 한다. 또 고대 로마시대 때 축조한 하수구는 얼마나 튼튼했던지 지금까지도 남아 있을 정도이다.

근대식 하수도가 만들어지기 시작한 것은 19세기경이다. 산업혁명으로 인해 도시 인구가 급증하고 전염병이 번지자 오물을 물과 함께 흘려보내는 하수관을 설치하자는 아이디어가 나온 것이다.

파리의 하수도 역사를 보여주는 전시관

그후 콜레라가 물이나 음식물에 들어 있는 세균에 의해 전염되는 수인성 질병이라는 사실이 밝혀지자, 유럽에서는 하수도 시설이 본격화되었다.

사실 근대식 하수도가 설치되기 전까지만 해도 유럽의 대도시들은 오물투성이였다. 당시 유럽에는 건물 안에 화장실이 없었기 때문에, 우아하게 차려 입은 귀부인들의 하루는 2층 창문 밖으로 오물을 버리는 것으로 시작되었다. 이처럼 오물을 길거리에 버리는 것이 당연시돼 당시 유럽 도시의 골목은 오물과 심한 악취로 견딜 수 없을 지경이었다. 특히 비라도 오는 날이면 길거리는 오물과 함께 진흙탕이 되기 일쑤였다. 따라서 긴 치마를 입고 다녔던 당시 여성들에게는 외출이 아주 곤욕스러운 일이었다. 그래서 나온 게 오물이 치마에 닿지 않게끔 굽이 높은 신이었다. 그것이 바로 오늘날의 하이힐인 것이다. 또 밖에서 나는 악취를 막기 위해 다양한 향수가 개발되기도 했다.

2007년 1월 영국의 의학잡지 〈브리티시메디컬저널〉은 구독자를 대상으로 지난 160여 년 동안 현대의학이 이룬 가장 위대한 성과를 놓고 투표를 실시했다. 그 결과 놀랍게도 하수도와 깨끗한 물이 항생제와 백신 등을 제치고 1위를 차지했다.

과거 수많은 목숨을 앗아갔던 콜레라와 장티푸스 같은 전염병이 사라진 것은 하수도가 설치되고 깨끗한 수돗물이 공급된 후부터였다. 하수도를 설치하기 시작한 산업혁명 이전만 해도 인간의 평균수명은 30~40세에 불과했다. 불결한 환경으로 인해 옮겨지는 콜레라 같은 수인성 전염병 때문이었다.

그러나 20세기 이후 인간의 평균수명은 35년 정도 늘어났고, 그것은 하수도 시스템 덕분이라고 해도 과언이 아니다. 오물과 하수를 한데 모아 주거지역에서 멀리 떨어진 곳으로 운반하면서 더러운 물로 인해 감염되던 수인성 전염병의 발생이 급격히 줄었기 때문이다.

친환경적인 하수처리 시스템

하수도가 항생제나 백신보다 더 뛰어난 의학적 효과를 발휘했다고는 하지만, 지금의 하수도 시스템에도 서서히 문제점이 드러나고 있다. 먼저 하수 발생량이 증가했다는 점이다.

근대식 하수도 시설이 나온 시점과 비교해볼 때 현대의 인구는 5배 정도 늘어났다. 인구가 늘어난 만큼 버려지는 하수의 양도 많아졌고, 지금의 시설로는 감당하기 힘든 상태까지 이르고 있다.

또 하나, 하수와 오물을 거주지역으로부터 멀리 갖다버리는 재래식 하수시설 체계로는 오염을 막을 수 없다는 점이다. 그렇게 버려지는 하수와 오물의 양이 자연정화 능력을 훨씬 뛰어넘었고, 계속해서 오염물질이 축적되어 전 지구적인 환경오염을 부추기고 있는 중이다.

때문에 미래에는 지속가능하고 좀더 창의적인 하수도 시스템이 등장할 필요성이 있다. 여기서 지속가능하다는 의미는 물질의 흐름을 자연스럽게 순환시킨다는 의미이다. 예를 들면 우리나라 선조들이 사용했던 '오줌장군' 같은 것이다. 오줌장군에다 소변을 따로 모아서

옛날 우리 조상들이 사용했던 오줌장군도 물질순환형 하수처리 방식의 일종이었다.

논밭의 비료로 사용하던 방식은 물질순환형 하수처리 방법의 시초라 할 수 있다.

독일에 있는 뒤셀도르프 시 근처의 한 외딴 마을에 가보면 이와 같은 친환경적인 하수처리 시스템을 볼 수 있다. 여기서는 일상생활에서 나오는 하수를 1차로 정화조에 모은 후 각종 오염물질을 침전시킨다. 정화조를 통과한 물은 다시 자갈을 깐 여과조로 보내져 박테리아가 유기물을 분해하게 한다. 어느 정도 깨끗해진 하수는 갈대밭으로 흘려보내지고 그곳에서 질소 등의 부영양화 물질이 흡수된다. 그러면 물고기도 살 수 있을 만큼 물이 깨끗해지는데, 그 물로 연못을 만들어놓은 집들이 많다. 이 마을처럼 주민 수가 얼마 되지 않고 외진 곳에 하수도를 설치할 경우에는 비용이 대단히 많이 들기 때문이다.

비싼 하수관 대신 자연정화 방식을 채택한 덕분에 이 마을의 시냇물은 생활하수로 인한 오염 없이 깨끗한 수질을 유지하고 있다. 이렇게 자연친화적인 하수처리 방식을 사용하면 식수원인 지하수와 강물까지 깨끗하게 보호할 수 있다.

지하의 첨단 하수도처리장

버려지는 하수를 깨끗하게 정화하는 과정에서 토양개량제를 생산하고 전기에너지도 활용하는 일석삼조의 하수처리 시스템도 등장했다. 핀란드 최대의 하수 처리장인 헬싱키 하수도처리장이 바로 그곳이다.

1994년 초현대식 시설로 지하에 건설된 헬싱키 하수도처리장은 1일 최대 하수처리 용량이 60만 톤이나 될 만큼 어마어마한 규모이다. 때문에 헬싱키에서 발생하는 하수와 빗물뿐만 아니라 인근 도시의 하수까지 처리할 수 있다.

이 시설이 지하에 건설된 것은 대규모 부지를 확보하기 어렵고, 지상 건설시 혐오시설이 들어서는 것에 대한 인근 주민들의 반대를 염려했기 때문이었다. 지하에 건설됨에 따라 헬싱키 하수도처리장에서는 악취도 발생하지 않고 민원도 전혀 들어오지 않았다.

헬싱키 하수도처리장에 유입된 하수는 먼저 기계적 처리 과정을 거치게 된다. 지하로 모인 하수를 대형관으로 끌어올리면서 스쿨링으로 큰 오염물질을 제거한 후 모래와 같은 작은 알갱이는 침전시켜 분리한다. 그 다음 미생물을 이용한 생물학적 처리와 화학적 처리 과정을 거치면, 하수는 식수로 사용해도 될 만큼 깨끗한 물로 정화된다. 이 물은 인근 바다에서 50킬로미터 떨어진 해저로 배출되는데, 깨끗하기 때문에 바다 생태계에 미치는 피해가 전혀 없다.

초현대식 시설로 지하에 건설된 핀란드 헬싱키의 하수도처리장

하수를 정화하는 과정에서 생기는 찌꺼기는 나무를 심는 흙이나 토지개량제 등으로 재활용하고

있다. 또 하수처리 과정에서 발생하는 에너지를 활용해 하수도처리장에서 사용하는 전기의 50퍼센트 이상을 충당하고 있기도 하다.

실제로 화장실 오수를 비롯한 각종 하수를 깨끗이 정화해 식수로 사용하는 곳도 있다. 2008년 1월부터 공식 가동한 미국 캘리포니아 주 오렌지카운티에 있는 하수처리 시설은 매일 약 2억 6,500만 리터의 하수를 정화할 수 있다.

하수에서 액체성분만 추출해 사람 머리카락 굵기의 100분의 3에 불과한 미세필터 2억 7,000만 개를 통과시키는 1차 처리 과정을 거친 후 각종 화학약품 처리와 살균 과정을 거치면 식수로 사용할 수 있을 만큼 깨끗한 물이 되는 것이다.

그러나 오렌지카운티의 하수처리 시설은 이 물을 곧장 가정으로 보내지 않고 지하 300미터 구간의 대수층으로 보낸다. 그곳에서 1년간 지하수와 섞어서 여과시킨 다음 다시 염소 소독 과정을 거쳐 각 가정으로 공급하기 위해서이다. 이 과정이 끝나면 이 물은 캘리포니아 서부 해안과 오렌지카운티 북부에 사는 주민 230만 명에게 공급될 예정이다. 이처럼 하수를 정화하여 식수로 사용하고자 하는 이유는 콜로라도 강과 삼각주 지역의 물이 줄어들고 있기 때문이다.

식수로 사용하는 하수도 물

하수를 정화해 식수로 사용하는 국가 중 가장 유명한 곳은 싱가포르이다. 섬나라인 싱가포르는 수원水源이 되는 강이 없다. 대신 강수량이 많고 19개의 저수지가 있지만, 400만 명이 넘는 인구가 사용하기에는 부족하다.

싱가포르의 뉴워터를 만드는 역삼투압 장치

때문에 싱가포르는 인접국인 말레이시아로부터 물을 공급받고 있다. 말레이시아와 싱가포르 사이의 조호르 해협에는 약 1킬로미터 길이의 코즈웨이라는 다리가 설치되어 있다. 이 교량을 통해 두 나라의 사람들과 차량들이 왕래하는데, 물 역시 이 다리의 파이프라인을 통해 말레이시아로부터 싱가포르에 공급된다.

말레이시아는 1960년대 초부터 매일 15억 9,000만 리터의 물을 싱가포르에 공급하고 있는데, 애초에 책정된 물값이 너무 낮아 가격 재조정 협상을 벌인 바 있다. 그 과정에서 서로의 입장 차가 너무 커서 국가 간의 감정이 격화되기까지 했다.

이에 싱가포르는 말레이시아에 대한 물 의존도를 낮추고 물 기근을 이겨내기 위해 하수를 식수로 재활용하는 방안을 적극 추진하게 되었다. 2003년 싱가포르 대통령이 직접 정화한 하수를 마시는 장면을 홍보하면서, 각 가정에도 정화된 하수가 식수로 공급되기 시작했다.

이처럼 하수를 정화해서 만든 물을 '뉴워터New Water'라고 하는데, 이는 새로 태어난 물이라는 의미를 지니고 있다. 첫해 뉴워터는 싱가포르 하루 물 사용량의 1퍼센트에 불과했지만, 2008년에는 물 수요의 15퍼센트를 차지했으며, 앞으로는 전체 물 공급의 30퍼센트를 차지하게끔 그 양을 늘릴 계획이라고 한다.

뉴워터는 먼저 유기물과 질소·인 등을 제거하는 일반적인 하수 처리 과정을 거친다. 그리고 난 후에 다시 미세여과장치 및 역삼투압 장치, 자외선소독 등 3단계 처리 과정이 더해진다. 이렇게 처리하면 증류수만큼 깨끗한 물이 된다. 물론 아직까지도 '하수도 물'이라는 이미지 때문에 일부 거부감을 가지는 이들도 있다.

따라서 모든 정화 과정을 마친 뉴워터는 다시 저수지로 보내져 그곳 물과 섞여서, 정화 과정에서 모두 제거된 광물질을 다시 함유하는 '맛있는 식수'로 재탄생하게 된다.

오물을 없애고 전염병을 예방하기 위해 출현한 하수도가 이제는 기후변화에 대비하고 친환경적인 시스템으로 다시 태어나고 있는 것이다.

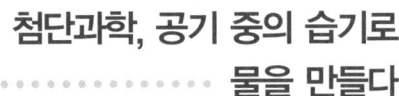

첨단과학, 공기 중의 습기로 물을 만들다

보다 편리하고 안정적으로 물을 얻을 수 있는 방법은 없을까? 2008년 12월 캐나다의 '엘레멘트 포'라는 회사가 만든, 공기 중의 습기를 물로 바꾸는 가정용 물 제조기는 이런 고민에서 만들어진 제품이다. 무게 20킬로그램의 미래형 에어컨처럼 생긴 이 제품의 이름은 '워터밀'이다.

워터밀은 습도 69퍼센트, 기온 33도의 조건에서 하루에 약 14리터의 물을 만들 수 있다. 이는 일반 가정에서 사용하는 식수 양의 2배 정도이다. 이 장치는 주변 습도에 따라 대기 중 습기의 10~40퍼센트를 물로 바꾸는데, 주변 환경을 3분마다 점검해 새로운 환경에 적응하는 특징을 지니고 있다.

지난 2007년에는 우리나라의 한 중소기업에서도 공기 중의 수분을 이용해 물을 만드는 에어정수기를 개발했다. 에어정수기는 공기 중의 수분이 응결되어 구름과 비가 되는 원리를 응용한 신개념 정수기이다. 즉, 팬으로 흡입한 외부 공기를 필터로 정화한 후 냉각해 공기 중 수분을 응결시키고, 이 수분을 다시 필터로 정수해 음용수를 얻는 방식이다.

이 제품은 식수 제조, 공기 청정, 제습, 냉온수 공급, 정수 기능을 모두 갖추고 있어 식수가 부족한 중동 지역이나 동남아시아 등지에서 호평을 얻은 바 있다.

2007년에는 이스라엘의 연구팀이 전기를 사용하지 않고 건축물을 이용해 공기에서 최소 40리터 이상의 물을 만드는 기술을 개발하기도 했다. 거꾸로 뒤집어진 피라미드처럼 생긴 30평방미터 크기의 이 기구는 'WatAir'로, 어떠한 악천후나 오염된 환경에서도 매일 물을 만들어낼 수 있다고 한다.

공기 외에도 석고에서 물을 뽑아내는 기술도 발명되었다. 네덜란드의 한 에너지 벤처기업 연구팀은 2008년 6월 사막 지역에서 발견되는 광범위한 석고에서 물을 분리하는 실험에 성공했다는 내용의 논문을 발표했다.

이에 의하면 석고는 화학식이 $CaSO_4 \cdot 2H_2O$로서, 석고 분자 1개당 2개의 물 분자를 갖고 있으므로, 석고 중량의 20퍼센트 정도는 물이다. 그래서 특정 환경에서 약 60도가 되면 석고에서 탈수 반응이 나타난다. 85도에서는 반응이 가속되고 100도에서는 매우 빨라진다. 연구 팀은 별도의 에너지를 들이지 않고 사하라 사막에서 석유나 가스로 시추할 때 불타 사라지는 화염에너지를 이용해 석고에서 물을 분리하는 실험에 성공했다.

이슈@전망

국경을 초월한 물 산업 전쟁 시작되다

물은 문명의 발전과 연관이 깊을 뿐 아니라 인간의 몸 구성에도 큰 비중을 차지한다. 사람의 몸은 약 70퍼센트가 물로 구성되어 있어서, 체중이 60킬로그램인 건강한 청소년은 한마디로 42킬로그램짜리 물통이라고 할 수 있다. 걸어다니는 물통임에도 불구하고 인체는 물 보유량에 매우 민감하다. 1~2퍼센트만 수분이 손실되어도 인체는 심한 갈증을 느끼며 5퍼센트 이상의 수분이 손실되면 반혼수 상태, 10퍼센트 이상을 잃으면 생명에 지장을 받는다. 사람은 다른 영양소들의 공급이 중단되면 수주 혹은 수개월까지 버틸 수 있지만, 물은 며칠만 못 마셔도 인체에 큰 타격을 입는다. 하지만 우리가 이용할 수 있는 물은 극히 제한적이다.

국제연합의 '물-공유된 책임'이라는 보고서는 세계의 물 부족 인구가 현재 10억 명에서 2025년에는 30억 명, 2050년에는 50억 명에 이를 것이며, 21세기에는 물 분쟁이 에너지 분쟁보다 더 많아질 것이라고 전망했다. 또 인구 증가에 맞춰 2025년까지 세계 식량 공급이 현재보다 55퍼센트가 늘어나면 물 사용량은 더 급격히 증가해 심각한 물 부족을 겪을 것이라고 전망했다.

물은 식량 및 공업 생산과도 직결된다. 따라서 물을 확보하려는 국가간, 지역간 갈등은 점점 심각해지고 있다. 지구촌에서 갈등이 심각한 곳은 요르단 강과 나일 강이 흐르는 지역이다. 1970년대 초반부터 시작된 이집트, 수단 등 아프리카 8개국의 나일 강 쟁탈 분쟁은 아직도 계속되고 있으며, 터키와 시리아, 이라크는 유프라테스 강을 두고, 중국과 인도는 브라마푸트라 강을 두고 첨예하게 대립하고 있다. 세계 인구의 40퍼센트가 인접국의 물에 의지하고 있으며, 경쟁적으로 댐을 쌓아 물을 확보하려는 나라간 경쟁으로 강의 생태계가 파괴되고 수자원이 급속히 고갈되고 있다.

인구증가에 의한 물 부족 현상, 선진국의 물 인프라 시설의 노후화에 따른 개선 사업, 중국, 브라질 등 개발도상국의 산업화, 도시화에 따른 생활하수, 산업폐수의 증가, 물 산업 시장의 급격한 확대 등 각 나라별 관심이 점차 물 산업에 집중되고 있음은 주지의 사실이다. 이에 따라 세계 물 산업의 시장 규모도 2004년 886조 원에서 2015년 약 1600조 원의 거대 시장으로 형성될 전망이다. 물 산업에 대한 각 나라별 관심이 점차 높아지는 것은 어쩌면 당연한 일이다.

우리나라 역시 물에 대한 관심이 상당히 높아지고 있다. 우리나라는 연간 강수량 1283밀리미터로 세계 평균인 973밀리미터보다 많은 비가 내린다. 하지만 국토의 70퍼센트가 급경사의 산지로 이루어져 있고, 강수량 대부분이 여름철에 집중적으로 내려 많은 양이 바다로 흘러간다. 반면 인구밀도는 높아 1인당 강수량이 부족해 '물이 부족한 나라'라는 인식이 퍼져 있다.

우리나라에서 사용하고 있는 물의 대부분은 강물을 원수로 사용하고 있다. 서울, 경기 지역의 대부분에서는 한강의 팔당댐 물을 사용하고 있고, 경상도 지역에는 낙동강을 취수 원수로 사용하고 있다. 하지만 눈을 돌려보면 주변에는 다양한 취수원

앞으로 우리가 쓸 수 있는 물은 얼마나 될까? 국제연합에 따르면 현재 세계 인구의 5분의 1이 물 부족으로 인해 깨끗한 물을 마시지 못하고 있다.

이 존재한다. 지구의 물 중 97퍼센트를 차지하고 있는 해수를 담수화하여 사용할 수 있고, 200미터 아래의 깊은 바다에 있는 해양심층수를 사용할 수 있다. 또한 비가 오면 빗물을 모아두었다가 정화하여 사용하고, 복류수, 지하수 사용 등 대체 수자원 개발로 부족한 물을 보충할 수 있다.

다른 방법으로는 하수를 재이용하는 방법이다. 우리나라 하수처리장에서는 연간 68억 톤의 물이 처리되고 있다. 생물학적으로 하수를 처리하고 막을 이용해 부유 물질을 걸러내고 소독해서 사용한다면 화장실 용수, 청소 용수 등으로 재사용이 가능하다.

정부는 지난 2007년 7월 상하수도 사업을 광역화·효율화함으로써 10년 안에 세계 10위권 '물 기업'을 두 개 이상 육성하겠다는 내용의 '물 산업 육성 5개년 추진계획'을 발표했다. 이는 제너럴일렉트릭, 지멘스, 베올리아, 그리고 수에즈 등 선진 물 기업들이 국경을 초월한 '물 산업 전쟁'을 준비하고 있는 시점에서, 뒤떨어진 국내 상하수도 서비스 부문의 경쟁력을 확보하고, 미래 수출 전략산업으로 집중 육성하겠다는 강력한 의지를 표명한 것이라고 볼 수 있다.

선진국과 비교하였을 때 우리나라 물 사용량은 많은 편이다. 강에서 물을 취수하고 정수장에서 깨끗하게 물을 처리하여 상수도관을 통해 가정까지 물을 배달하고 가정에서 사용한 물은 하수처리장에서 처리하여 다시 하천으로 방류한다. 물을 아껴서 사용한다면 이 과정에서 소요되는 많은 에너지와 비용을 줄일 수 있다. 물 부족을 해결하기 위해 댐을 건설하고, 대체 수자원을 찾고 하수를 재이용하는 방법을 찾는 것도 중요하지만 현실을 인식하고 물을 절약하는 습관을 갖는 것이 제일 좋은 방법이 아닐까 생각한다.

남궁은 명지대 환경에너지공학과 교수

| 찾아보기 |

ㄱ

가스 하이드레이트 169
가스화합성액체연료(BTL) 131
게바라, 체 212
고유수 347~348
광촉매 147~150
교토의정서 68, 71~75, 78~79, 81, 85, 88~89
국제기후자료센터 251
국제에너지기구(IEA) 89, 95
국제연합환경계획 229
그라솔린 133
그린화 7~8
글래드웰, 말콤 59
기우제 358~359
기후변화에 관한 정부간 패널(IPCC) 16~17, 22, 28, 31, 34~36, 39, 42, 56, 60~62, 67, 69
기후변화협약 6, 68, 71, 88

ㄴ

납 301, 303, 313
내분비계 장애물질 306~311, 313
노로 바이러스 280~282
뉴아폴로 플랜 8
뉴워터 385~386

ㄷ

다이에틸스틸베스트롤 308
단작 210, 212, 219
데이토, 짐 319
댕기열 249, 272~273, 277, 314
동토층 65, 66
드라이아이스 352~353, 356
드레이크, 에드윈 94
DDT 308~309
디쉬, 롤프 102
다우프, 자크 130
디젤, 루돌프 125

ㄹ

라센B 빙붕 48, 64
라퀼라 식량안보 선언 246
레이캬비크 153~155, 158, 160
레지오넬라균 315
로멜, 에르빈 128
로지슨 330~331
리프킨, 제러미 144~145

ㅁ

마틴, 존 47
말라리아 45~46, 249, 266~273, 275, 314
맬서스, 토머스 206~207
미나마타병 302, 305, 313

미생물 22, 133, 147~148, 151, 169, 190~192, 257, 272, 279~280, 288, 301, 310, 343

ㅂ

바이오가스 105~112
바이오디젤 96, 123~125, 127~129, 131, 171
바이오매스 96, 107, 140, 146, 170
바이오에탄올 131~132, 171
바이오연료 123~128, 130~133
베른, 쥘 149
베스타스 115, 117~118
베올리아 374~375, 389
보니컷, 버나드 353
보방 100~102
부영양화 300
브라운, 레스터 206
블루골드 370, 372~373
비스페놀 A 313

ㅅ

산성비 181, 293, 295, 333, 334
성형고체연료(RDF) 137~139
세계미래회의 6, 319
소로, 헨리 데이비드 175
소카 142
수소에너지 89, 144~145, 151, 153~155, 157, 159~160, 163, 170~171
수은 301~302, 304~305, 313
수질오염 9, 129, 299, 304, 324~325
쉐퍼, 빈센트 352~353
스모그 288~289, 297
스미다 구 329~331
스즈키, 세번 67~68, 70
스크립스해양연구소 21
스턴 보고서 178
슬로푸드 186, 240, 242, 244
식중독 189, 278~280, 282~284
식품첨가물 195, 245
신재생에너지 8, 84, 89, 91, 96, 99, 106, 113~114, 120~121, 136, 146, 151, 161, 168, 170~171

ㅇ

아랄 해 323~324
아레니우스, 스반테 16~17, 20
아르나손, 부라기 157, 160
아이슬란드 72, 74, 152~159, 161
액슨발데스 호 362~363
에너지 매체 147
열사병 263~265
영거 드라이어스 51, 55~56
오존 23, 71, 146, 289, 297~298

온산병 313
온실기체 5~6, 19, 22~23, 25, 31, 34~35, 38, 47, 59, 65~66, 69~76, 78~82, 85~89, 119, 145, 171, 173, 178, 207, 254~255, 377
온실효과 18~20, 23, 25, 254~255
요오드화은 351, 353, 356
용존 산소 301
〈워낭소리〉 230~231
워터밀 387
원자력 수소 164~168
윈드 스크러버 47
유공충 55
유럽기후거래소 80~81
유전자조작 184, 189, 214~216, 237
유채유 128~131
6일 전쟁 320~321
이산화탄소 7~8, 19~23, 25, 31~33, 43~44, 47, 59~60, 65~66, 70~71, 74~76, 78, 80, 87, 89, 95, 119~120, 133, 146, 169, 173, 254~255, 258, 296~297, 377
이상한파 285
이타이이타이병 303
인공강우 350, 352~353, 355~358
인터내셔널 리버스 84

ㅈ
자비르 336
장구벌레 271, 275
존슨, 하네스 158
지구온난화 17~18, 20, 26~28, 37~42, 44, 48, 50, 54, 61, 63, 65, 70~71, 87~89, 167, 177~178, 181, 184, 186~188, 205~206, 216, 219, 225, 229, 232, 253, 256, 258, 267, 270~272, 274, 276, 284~285, 295~298, 311~312, 314, 373
지글러, 장 208
지베렐린 222~223, 227
지열 84, 153, 155~159, 170
쯔쯔가무시병 249, 272~273, 277

ㅊ
청정개발체제(CDM) 81~82, 84~85
초고온 가스냉각로 164~168

ㅋ
카드뮴 301~303, 313
카란주카 157
카본프리 152~153
카슨, 레이첼 306, 311
카츠, 제임스 141
캘린더, 가이 스튜어트 17, 20
크롬 301, 303~304, 311

클로로퀸 267
킬링, 데이비드 21, 23

ㅌ
탄소 중립 87
탄소발자국 377
탄소배출권 73, 77~82, 84~85
태안 360~362
태양에너지 18~19, 101, 103~104, 107, 147, 170
태양열 100~103, 146, 163, 170~171
토카막 143
토플러, 앨빈 319
〈투모로우〉 48~50, 52, 54, 57
투발루 37~38, 178
티핑 포인트 58~67

ㅍ
폐기물에너지 134~140, 142, 170
폐식용유 123~124, 126~127, 130~131
폐플라스틱 139~141
포스터, 노먼 99
폴라니, 칼 188
폴란, 마이클 217, 242~243
푸리에, 장 밥티스트 25
풍력 8, 81, 89, 96, 113~121, 146, 151, 163, 170~171
프로클로로코커스 32
플라스마 143
플라스모디움 268
피델, 카스트로 212
PCB 309, 313

ㅎ
한슨, 제임스 26~28, 59~61, 64
해상풍력단지 113, 115, 117~118, 120
해수 담수화 335~340, 376
해수순환 48, 53~57, 60, 66
해양심층수 341~348, 389
해양온도차발전 344~345
핵융합 143
허베이스피리트 호 360
헤센주농업연구소 107
헬리오트롭 102
호른스 레우 115~116, 119
환경호르몬 209, 306, 309, 313
황열병 249, 272~273, 277, 314
흰개미 133

지구를 생각한다
© 김수병 박미용 박병상 이성규 이은희 2009

1판 1쇄	2009년 9월 17일
1판 4쇄	2010년 6월 25일
2판 6쇄	2018년 4월 10일

지은이	김수병 박미용 박병상 이성규 이은희
기획	한국과학창의재단 김형진 장미경
펴낸이	김정순
책임편집	허영수 한아름
마케팅	김보미 임정진 전선경
펴낸곳	(주)북하우스 퍼블리셔스
출판등록	1997년 9월 23일 제406-2003-055호

주소	04043 서울시 마포구 양화로 12길 16-9(서교동 북앤빌딩)
전자메일	henamu@hotmail.com
홈페이지	www.bookhouse.co.kr
전화번호	02-3144-3123
팩스	02-3144-3121

ISBN 978-89-5605-388-2 03530

이 도서의 국립중앙도서관 출판도서목록(CIP)은 e-CIP 홈페이지(http://www.nl.go.kr/cip.php)에서 이용하실 수 있습니다. (CIP제어번호 : CIP2009002815)